编 委 会

荣格精选集
C. G. JUNG

伊雍

自性现象学研究

[瑞士] C. G. 荣格 著 杨韶刚 译

译林出版社

图书在版编目（CIP）数据

伊雍 ： 自性现象学研究 / （瑞士） C.G. 荣格 (C. G. Jung) 著 ； 杨韶刚译. -- 南京 ： 译林出版社, 2025. 7. -- （荣格精选集 / 申荷永主编）. -- ISBN 978-7-5753-0651-5

Ⅰ. B84-065

中国国家版本馆CIP数据核字第2025HR6319号

著作权合同登记号 图字：10-2012-30 号

伊雍：自性现象学研究 ［瑞士］C.G.荣格 / 著 杨韶刚 / 译

责任编辑 王瑞琪
特约编辑 陈 锐
装帧设计 胡 苨
校 对 张 堃
责任印制 董 虎

出版发行 译林出版社
地 址 南京市湖南路 1 号 A 楼
邮 箱 yilin@yilin.com
网 址 www.yilin.com
市场热线 025-86633278
排 版 南京展望文化发展有限公司
印 刷 江苏凤凰通达印刷有限公司
开 本 880 毫米 ×1240 毫米 1/32
印 张 12.5
插 页 2
版 次 2025 年 7 月第 1 版
印 次 2025 年 7 月第 1 次印刷
书 号 ISBN 978-7-5753-0651-5
定 价 68.00 元

出版说明

“荣格精选集”简体中文版由瑞士苏黎世荣格作品基金会授权译林出版社出版。译本以20卷的瓦尔特出版社德文版和普林斯顿大学出版社英文版为底本，由申荷永教授精选其中关键篇目，并组织专业译者进行译介，意在向广大读者介绍荣格分析心理学的要旨。书中边码为原书段落码，方便读者检索。书中保留荣格原注、英译注、英编注，并增补了部分中译注，详细的参考文献可见http://www.yilin.com/Book/BookView?BookID=9061，希望有助于读者研读查考。《伊雍：自性现象学研究》选自荣格全集第9卷第2部分（*Aion: Researches Into The Phenomenology Of The Self*, Princeton University Press, 1967）。

译林出版社

导 读

自性与尽心

“自性”，或称之为大写的自己(Self)，以及有关的“自性化”(individuation)过程，属于荣格分析心理学的核心内容。有关论述，属于心理学之道的本质探索，可视为荣格对德尔菲神殿箴言“认识自己”的响应。

同时，在这部《伊雍：自性现象学研究》[1]中，荣格也将神话、哲学、宗教和文化，比如基督教中的象征，以及诺斯替的传统等，融入对“自性”原型及其原型意象的分析与阐释。于是，看似理论性很强的著作，已是包含荣格分析心理学积极想象和扩充技术的运用。

荣格用这样一段话，作为《伊雍：自性现象学研究》的开

1 伊雍(Aion)，也有译作“爱翁”或“埃里恩”。

始:“无意识心理学的研究使我面对着一些事实,这些事实要求我们构想一些新的概念。其中一个概念就是自性(Self)。我们这样来表述这个实体概念,意思并非是要取代早已被人们所熟知的自我(Ego)这个概念,而是以某种超越概念的形式把自我也包含在内。”于是,荣格所说的“自性”,属于其分析心理学原创性概念,与人们所熟知的“自我”(ego,甚至是小写的self)不同,需要专业的定义与阐释。

荣格说:“我曾经建议把那些虽然在目前还无法被完全认识的全部人格称为自性。根据定义,自我附属于自性而且与自性有关,就像其整体的一部分。”荣格也曾用形象的比喻,来说明自性与自我的关系:自性如大海,自我则是大海里面的鱼。尽管在《荣格全集》中,荣格曾在不同的语境下,对自我和自性有不同的描述与阐释;但以上出自《伊雍:自性现象学研究》中的论述仍可作为重要参考。

在介绍“自我”与“自性”之后,荣格进而阐释“阴影”(shadow),这是《伊雍:自性现象学研究》的第二章内容。阴影也属于分析心理学体系中的独特概念,荣格想用其来表达人们内心深处隐藏的心理事实。阴影的存在或是由于自我的压抑,或是自我从未觉察和认识到的部分,但大多是让自我蒙羞或难堪的内容。这些让我们自己不满意而存在于我们自己无意识中的人格特点,往往会被我们投射到其他的人身上。

荣格坦言:“阴影是一个对整体自我人格形成挑战的道德

问题。”因为，如果不付出相当大的道德努力，那么人们也不可能意识到阴影的存在。“要想意识到它，就必须承认确实存在着人格的阴暗方面。”这是荣格在此书中的表达。荣格的学生诺伊曼（Erich Neumann）曾写过有关阴影的心理学著作：《深度心理学与新道德》。荣格在为其作序时说：“新时代的缺点或邪恶，首先给医学心理学家留下了深刻的印象……治疗神经症终究不是一个技术问题，而是一个道德问题。”因为阴影的背后，或者通过阴影，我们不得不面对人类内在恶的存在。当然，在分析心理学体系中，阴影主要还是临床心理学的概念和方法，因为所有的病症背后，可能都是阴影试图在表达。对于作为深度心理治疗的分析心理学而言，所谓治疗和分析，必然都会遇到阴影或者要与阴影打交道。因而，在这种意义上，作为整合与完整性的自性，便具有至关重要的治愈意义。

同阴影一样，阿尼玛（Anima）和阿尼姆斯（Animus），也是分析心理学体系中的原创性概念，也与对自性的认识和理解有关，因为都属于原型意象系统中的组成。《伊雍：自性现象学研究》中的第三章，便是对阿尼玛和阿尼姆斯的描述与阐释。在荣格看来，除了阴影之外，阿尼玛、阿尼姆斯便是能够在无意识水平对自我产生重要影响的原型意象。若是说人们对心理投射的理解可以增加对阴影的觉察和认识，那么荣格认为，正是阿尼玛和阿尼姆斯完成了投射的机制与效应。一般来说，阿尼玛常被用来形容男人内在的女性意象。在荣格探索无意识的心路历程中,阿尼玛的存在是其真实的感受,接近于一种灵魂的气氛或灵魂向导的作用。阿尼姆斯则是与阿尼玛相对应的概念,表示女人内在的男性意象。在对自性现象学进行反思的时候,荣格也用爱欲(Eros)来形容阿尼玛,用逻各斯(Logos)来形容阿尼姆斯。根据分析心理学的理论,阿尼玛和阿尼姆斯都会经由拟人化的形式出现于梦中,或者以意象和象征的形式出现于心理分析过程或者生活之中。

荣格在介绍与阐释"自我"、"阴影"、"阿尼玛与阿尼姆斯"之后,开始讨论和呈现其"自性"的心理学。基于分析心理学的理论与理解,荣格表示:"被同化到自我中去的无意识内容数量越多、意义越重大,自我就会与自性更加接近,尽管这种接近可能是一个永无休止的过程。"然而,这样的一种心理过程,"不可避免地会导致自我的膨胀,除非在自我与无意识原型之间画出一条明确的分界线"。于是,阴影、阿尼玛与阿尼姆斯等原型意象,也就具有了重要的临床意义,有助于自我与自性关系的确立,以及以自性为中心的和谐发展。

接着,如荣格之一贯风格,《伊雍:自性现象学研究》深入于神话、宗教、哲学与文化等领域,这也正是荣格心理分析扩充技术的体现,将有关的原型意象置于广阔的文化背景之中来放大与阐释,努力扩充自性现象学的深远意义。

这种放大与扩充,如荣格用"Self"来表达"自性",也如《易经》中对"大人"的形容:"夫大人者,与天地合其德,与日月合其明，与四时合其序，与鬼神合其吉凶……”（《易经·系辞》）于是，这种“大人”也可理解为获得自性之人或自性化者。正如孟子的理论：“尽其心者，知其性也。知其性，则知天矣。”（《孟子·尽心》）于是，存心养性，便可以事天，也便具有真实的心理分析的意义，犹如荣格之自性与自性化的论述。张载之“大心篇”，也正是对此“大人”与“尽心知性”之意义的发挥：大其心则能体天下之物。于是，荣格所表述的自性，以及自性化的意义，也尽在其中。

申荷永

2018年7月于洗心岛

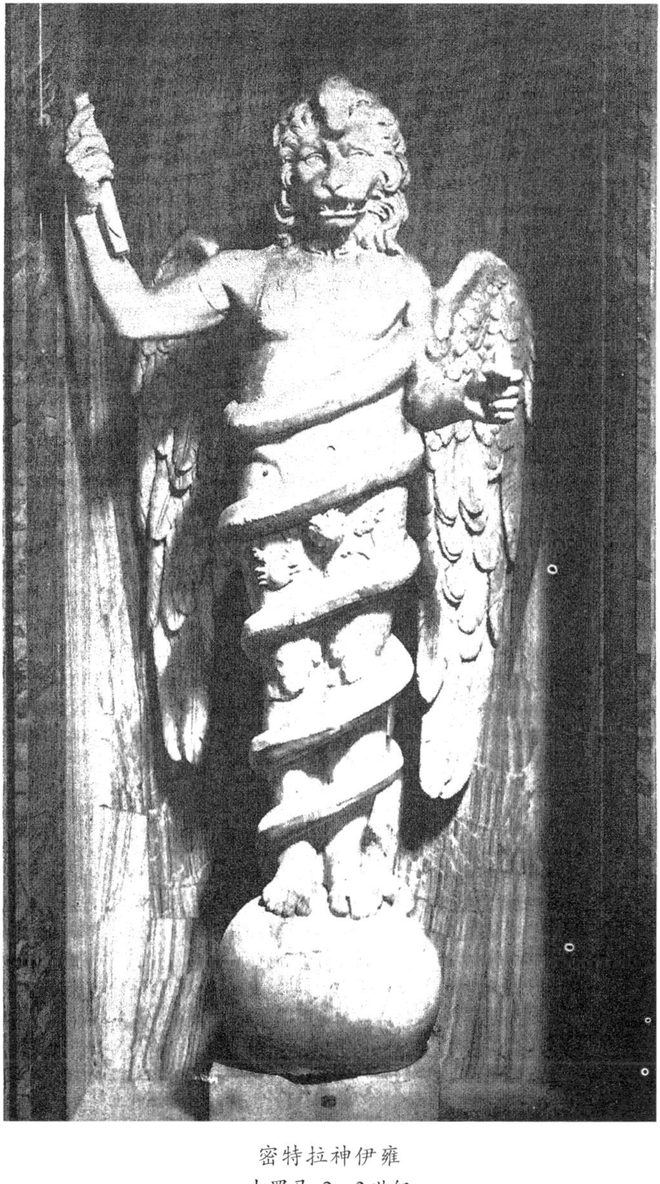

密特拉神伊雍

古罗马,2—3世纪

目　录

序　言

本书的主题[1]是关于永世的观念(希腊文是Aion,即伊雍)。我的研究想要借助于基督教、诺斯替教和炼金术中关于自性的象征,寻求阐明精神境界在“基督教永世”内部的变化过程。基督教传统从一开始就不仅与波斯人和犹太人关于时间之始终的观念有关,而且充斥着各种关于优势逆转之反向变化(enantiodromian)[2]的暗示。我这样说的意思是指基督和反基督者这个两难问题。正如《启示录》所示,历史上大多数关于时间和时间有限性的推测很有可能是受占星术观念影响的。因此,我的反思主要倾向于围绕双鱼座的象征来进行就很顺理成

1　在瑞士版本中,这个前言是以下文开始的:“在这一卷(心理学论文VIII)中,我要撰写两本书,尽管它们有内外之别,但由于它们处理的都是本书的这个大主题,即永世的观念,因此它们仍属一体。虽然我的合作者玛丽—路易斯·冯·弗朗茨博士通过分析‘佩尔培图阿的激情’而描述了心理学从古代到基督教时代的转变,但我自己的研究则寻求借助于……”冯·弗朗茨博士的“佩尔培图阿的激情”在本卷中省略了。——英编注

2　反向变化的意思是,当一个原则、理论或思想达到某一高度时,它就必然会崩溃瓦解,进而成为另一种与其相反的原则、理论或思想,与我国所谓物极必反相似。——中译注

章了，因为双鱼座永世是和两千年的基督教发展同步相伴的。在这段时期，不仅原人这个人物（“人之子”）逐渐得到了象征性的放大，从而得到了心理上的同化，而且随之也引起了人类态度的变化，这在古代文本中早已被反基督者的期望预见到了。由于这些文本把反基督者的出现贬谪为时间的终结，因此我们可以公正地说，这是一个“基督教永世”，可以预料，它会随着世界末日前的基督复临而找到自己的终点。看起来，这个预期仿佛和占星术关于双鱼座的“柏拉图月”这个概念相一致。

我提出要讨论这些历史问题的直接动因源自下述事实，即在无意识的产物中如此经常出现的整体性的原型意象，在历史上就有其先河。正如我在《心理学与炼金术》（第五章）中所示，这些很早就与耶稣基督这个人物相一致了。我的读者经常要求我讨论一下传统的基督这个人物与整体性的自然象征之间的关系，于是我终于决定着手完成这个任务。考虑到这个任务不同寻常的难度，我的决心并不是那么容易下的，因为为了克服所有的障碍和避免可能犯的错误，就需要有一定的知识和小心谨慎地进行，但遗憾的是，我只有有限的知识。在一定程度上，我固然可以肯定我的观察是建立在经验材料基础上的，但我完全清楚我把历史的证据带到我的反思中来所冒的风险。我想我也非常清楚我给自己所赋予的责任，此时仿佛是在继续历史的同化过程一样，我增加了基督这个人物的很多象征性的放大；而在心理学方面，甚至有可能把基督的象征还原为一种心理学的整体意象。但是，我的读者绝不应该忘记，我不是在做信仰的忏悔，也不是在写一本带有某种倾向性的小册子，而只不过是在考虑怎样才能从现代意识的立场来理解某些事情——我认为理解这些事情注定是很有价值的，这些事情显然面临着在不理解和遗忘的深渊中被吞噬掉的危险。最后，通过阐明灵魂的精神背景和密室（the secret chambers），我们对这些事情的理解就会在很大程度上对我们在哲学上迷失方向进行补救。本书的精华是经过许多年，在与各个年龄段的人和各界人士的无数次谈话中逐渐建构形成的；那些在我们的社会中处于混乱和无根感之中的人，很有可能会失去与欧洲文化意义的全部联系，而陷入易受暗示的状态之中，这就是我们这个时代患上乌托邦式大众精神病的现状与原因。

我是作为一名医生，怀着医生的责任感，而不是作为一个改变宗教信仰的人来写作的。我也不是作为一名学者来写作的，否则，我就会明智地把自己挡在我的专业防火墙后面了，而且，考虑到我的历史知识的不足，我也不会使我自己暴露在受批评攻击的境地而损害我的科学声誉了。只要我的能力允许，尽管受到年高多病所限，我都将努力尽可能可靠地用我的材料来证明，并且通过引证资料出处来帮助验证我的结论的正确性。

C. G. 荣格

1950年5月

他们说，这些事情就是这样发生的，耶稣可能成为混合性质歧视中的第一个牺牲品。

——希波吕托斯，《诘问法》，VII, 27, 8

第一章

自　我

1　无意识心理学的研究使我面对着一些事实，这些事实要求我们构想一些新的概念。其中一个概念就是**自性**（self）。我们这样来表述这个实体概念，意思并非是要取代早已被人们所熟知的**自我**（ego）这个概念，而是以某种超越概念的形式把自我也包含在内。我们理解，自我是所有意识内容都与之有关的复杂因素。可以说它构成了意识领域的核心；而且，由于其中包含着经验人格，自我便成为所有个人意识活动的主体。心理内容与自我的关系便形成了其意识的准则，因为除非把它当作某个主体，否则任何内容都不可能是有意识的。

2　我们用这个定义描述了这个主体，并且划定了该主体的**范围**。从理论上讲，不可能给意识领域设置任何界限，因为它能够无限扩展。但是，从经验上讲，当它遇到**未知的**事物时，人们总会发现它还是有局限性的。其中包含着我们并不知晓的一切，所以，它和作为意识领域之核心的自我并无关联。这种未知的事物可以分为两组：一组位于外部，可以被感官体验到；另一组位于内部，可以直接被体验到。第一组由外部世界未知的事物组成，而第二组则由内部世界未知的事物组成。我们把后者称为**无意识**。

3 作为意识之独特内容的自我并不是一个简单的或基本的因素，而是一个用尽一切办法也无法描述的复杂因素。经验表明，它建立在两个表面看来大相径庭的基础之上：**躯体的**基础和**心理的**基础。躯体的基础是从完整的体内知觉中被推论出来的，它们早已具有某种心理的性质，而且都与自我有关联，因而都是有意识的。它们都是由体内刺激引起的，其中只有一部分穿越了意识的阈限。大量的这类刺激都是无意识产生的，就是说，是潜意识地产生的。它们是潜意识这个事实，并不一定意味着它们仅仅是一种生理状态，若认为它们是一种心理内容也同样不正确。有时它们能够跨越这道阈限，也就是说，成为可以知觉到的事物。但毫无疑问，大量的这类体内刺激都不可能是有意识的，它们是一些根本的成分，因而没有理由认为它们具有心理的性质——当然，除非有人赞同这种哲学观点，认为所有的生命过程都具有心理的性质。对这种难以证实的假设提出的主要反对意见认为，它把心理的概念作了扩展，使之超越了所有的界限，以某种无法用事实来提供绝对保证的方式对生命过程进行解释。如果概念过分广泛，通常表明是一些不合适的工具，因为它们往往太模糊和含混不清。因此我建议，只有在有某种意志方面的证据证明能够改变反射或本能过程的地方，才能使用“心理”或“精神”这个术语。在这里，我要推荐读者看一看我的论文“论心理的本质”[1]，在这篇论文中，我较详细地讨论了“心理”的这个定义。

4 因此，自我的躯体基础是由意识和无意识因素组成的。心理的基础亦然：一方面，自我建基于**完整的意识领域**基础之上；另一方面，建基于**全部的无意识内容**基础之上。可以把它们分为三组：第一组，可以自主再现的暂时处于潜意识中的内容（记忆）；第二组，不可能自主再现的无意识内容；第三组，根本不可能成为有意识的内容。第二组可以从潜意识内容自发地闯入意识而推论出来。第三组是假设的，它是用逻辑推理的方法从作为第二组之基础的那些事实中推理出来的，其中包含着那些**尚未**闯入意识之中或者根本不想进入意识的内容。

5 当我说自我“建基于”完整的意识领域基础之上时，我的意思并不是说它是由此而**构成**的。假如是这样的话，它就无法作为一个整体从意识领域中分离出来了。自我只是后者的参照点，建立在上述躯体因素基础之上并受其限制。

6 虽然自我的基础本身还较少被人们所知，但它是最出类拔

1 1954/1955 version:“The Spirit of Psychology.”

萃的意识因素。从经验上讲，它甚至需要花费个体的毕生经历才能获得。它似乎首先起源于躯体因素与环境之间的冲突，而且，它一旦作为一个主体得以确定下来，就会继续从外部世界与内部世界之间的更多冲突中得以发展。

7 尽管自我的基础在无限扩展，但它绝不会多于或少于作为一个整体的意识。作为意识因素，自我至少可以在理论上得到完整的描述。但这充其量也不过是对**意识人格**的一种描述。主体所不知晓或者没有意识到的所有那些特征都失去了。一种完整的描述必须把这些都包含在内。但是，要想对人格进行完整的描述，即使在理论上也是绝对不可能的，因为其无意识方面是不可能用认知来把握的。正如大量的经验所表明的，这个无意识方面绝非毫不重要。相反，在一个人身上最具有决定性的性质常常是无意识的，而且只能被别人所感知，或者只有借助外力才能努力使之被发现。

8 因此，作为一种整体现象的人格显然与自我并不一致，也就是说，与意识人格并不一致，而是形成了一个必须与自我区分开来的实体。诚然，这样做只是一种心理学的需要，并没有考虑到无意识的事实，但是对这样一种心理学来说这种区分却是至关重要的。甚至从法理学上来讲，无论某些心理事实是否是有意识的，都应该具有一定程度的重要性——例如，对责任问题的宣判。

9 我曾经建议把那些虽然在目前还无法被完全认识的全部

人格称为自性。根据定义，自我附属于自性而且与自性有关，就像其整体的一部分。正如我们所言，在意识领域内部它有自由意志。对此，我的意思并不是指任何与哲学有关的东西，只是众所周知的“自由选择”这个心理学事实，或者毋宁说是对自由的主观感受。但是，正如我们的自由意志与外部世界的必要性会发生冲突一样，在主观内部世界的意识领域之外它也发现它的局限性，在那里它与自性的事实发生冲突。正如环境或外部事件会“发生”在我们身上并限制我们的自由一样，自性也会像**客观发生的事实**一样对自我产生影响，自由意志对此几乎无力改变。众所周知，自我不仅对自性无能为力，而且有时会被处在发展过程中的人格的无意识成分所同化，并且被它们所大力改变。

10 除了进行形式上的描述之外，人们理所当然地不可能对自我进行任何概括的描述。任何其他方式的观察都必须考虑到**个体性**，个体性依附于自我，是其主要特征之一。虽然构成这个复杂因素的无数成分本身无论在哪里都是同样的，但在清晰性、情绪色彩和范围方面它们却是无限多变的。因此，根据一个人力所能及的判断，它们相互结合的结果——自我——就是个体的和独特的，而且在一定程度上保持其同一性。其稳定性是相对的，因为人格有时会发生深远的变化。这种变化不一定必然是病态的；它们也可能是具有发展性质的，因而处在正常范围之内。

11 既然自我是意识领域的参照点，它就是所有成功的适应性意图的主体，因为这些意图是通过意志而实现的。因此，自我在心理经济中发挥着重要作用。它在其中的位置如此重要，因而为这种偏见奠定了良好的基础，即自我是人格的核心，意识领域就是心理本身。如果我们低估了莱布尼茨、康德、谢林和叔本华提出的某些有启发性的观点，低估了卡鲁斯和冯·哈特曼的哲学尝试，那么，只是到了19世纪末以来，现代心理学才以其归纳法发现了意识的基础，并且在经验上证明了某种心理存在于意识之外。凭借这种发现，直到那时，自我位置的绝对性才变得相对化了；也就是说，虽然其性质仍然是意识领域的核心，但它是否也是人格的核心则大受质疑。它是人格的一部分，但不是它的全部。如我所言，人们根本无法估计其份额究竟有多大或者多小；它在多大程度上是自由的，它在多大程度上依赖于这种"超意识"心理的性质。我们只能说，它的自由是有限的，证明其独立性的方式常常具有决定意义。根据我的经验，一个人绝不应该低估它对无意识的依赖。当然，我们没有必要对那些已经高估了后者之重要性的人讲这些话。正确评估的某种标准是由一种错误估计导致的心理后果提供的，对这种观点我们将在后文再述。

12 我们已经发现，从意识心理学的观点来看，可以把无意识分成三组内容。但从人格心理学的观点来看，就要作出两种分类：一种是"超意识"心理，其内容是个体的；另一种也是"超意识”心理，但其内容不是个体的而是集体的。第一组由下述内容组成，它们是个体人格的一个组成部分，因而也同样是有意识的；第二组则构成了无所不在的、固定不变的和无论在哪里都完全同一的**心理的性质或基质本身**。这当然不过是一种假设。但经验材料的独特性质却驱使我们这样做，且不论还有很大的可能就是，在所有个体身上的心理过程的普遍相似性，都必然建立在同样普遍的和非个体的原则之上，这条原则与法则相符合，就像在个体身上表现出来的本能只是所有人类共有的本能基质的部分表现而已。

第二章

阴　影

13　个体无意识的内容是在个体的有生之年获得的，而集体无意识的内容则必然是从一开始就存在的原型。原型与本能的关系已在其他地方讨论过。[1]从经验的观点来看，具有最鲜明特征的原型，是那些对自我产生最经常和最有干扰性影响的原型。这就是**阴影**、**阿尼玛**和**阿尼姆斯**。[2]其中最容易理解和最容易被体验到的是阴影，因为其本质可以在很大程度上从个体无意识的内容中推论出来。这条规则唯一的例外就是，在极少数情况下，人格的正向性质受到了压抑，致使自我发挥的作用

1　"Instinct and Unconscious" and "On the Nature of the Psyche."

2　本章和下一章的内容源自1948年在苏黎世召开的瑞士实践心理学协会上发表的一个演讲。这份材料最初发表在*Wiener Zeitschrift fur Nervenheilkunde und deren Grenzgebiete*，I（1948）：4。

主要是负向的或不合时宜的。

14 阴影是一个对整体自我人格形成挑战的道德问题，因为如果不付出相当大的道德努力，那么谁也不可能意识到阴影的存在。要想意识到它，就必须承认确实存在着人格的阴暗方面。这种行为是产生任何自我认识的基本条件，因而一般说来会遇到相当大的抵抗。作为一种心理治疗的手段，自我认识确实经常需要在相当长的时间内付出非常痛苦的努力。

15 更仔细地考察那些阴暗的特点，也就是构成阴影的那些劣等方面，就可以揭示它们具有某种**情绪的**性质，某种自主性，因而具有强迫性，或者最好是说，具有某种占有的性质。附带地说，情绪并不是个体的活动，而是在他身上发生的某种事情。通常是在适应最薄弱之地才会出现感情，与此同时，感情可以揭示适应薄弱的原因，就是说，有一定程度的劣等方面，存在着较低水平的人格。在这个较低的水平上，情绪是不受控制的，或者很少受到控制，人的行为或多或少就像是一个原始人，他不仅仅是其感情的消极牺牲品，而且根本不能作出道德判断。

16 虽然我们运用深刻洞见和良好意志可以在一定程度上把阴影同化到意识人格中去，但经验表明，其中有某些特征对道德控制进行了最顽强的抵抗，并且证明这些特征几乎是不会受到影响的。这些抵抗通常与**投射**有关，但人们对此却没有这样的认识，认识它们是一种超乎寻常的道德成就。虽然人们可以不太费力地认识，阴影所特有的某些特质就是一个人自己的个人品质，但在这种情况下深刻洞见和良好意志是徒劳无益的，产生情绪的原因毫无疑问就存在于**他者**身上。中立的观察者会认为这是一种投射，但无论这种情况有多么显而易见，主体自己却根本不可能感知到这一点。必须使他确信，在他愿意将其具有情绪色彩的投射从其对象身上撤出之前，他已经投出了一个很长的阴影。

17 我们不妨假设，某一个人并没有表现出想要认识其投射的倾向。于是，制造投射的因素就可以腾出手来并且认识其对象——如果它有对象的话，或者产生具有其力量之特点的某种其他情境。正如我们所知，进行这种投射的并不是有意识的主体，而是无意识的主体。因此，人们是遇到了投射，而不是制造了投射。投射的作用是把主体与其环境隔离开来，因此它们之间并不存在真正的关系，而只是一种虚幻的关系。投射把世界变成了一个人自己未知面孔的复制品。因此，投射归根结底会导致一种自淫的或自闭的状况，在这种条件下，一个人会梦见一个其现实永远也无法达到的世界。由此而导致的不完整的情操，以及甚至更糟糕的感情贫乏，又反过来被投射解释为对环境的怨恨，借助于这种恶性循环，孤立感便得到了加强。在主体与环境之间不恰当插入的投射越多，自我就越难以识破其幻觉。有一次，一位在二十岁时便患上强迫性神经症并且完全切断了与世界之联系的四十五岁的病人曾对我说："但是我绝不会自己承认，我浪费了一生中最好的二十五年！"

18 看到一个人是怎样把他自己的生活以及他人的生活搞得乱七八糟，但又完全无法看出这全部的悲剧究竟在多大程度上源自他自己，以及他怎样一如既往地继续这样做，这常常是很悲惨的事。这当然都是**无意识地**进行的，因为在意识上他正致力于哀叹和诅咒一个没有信仰的世界，这个世界越来越退向远方。相反，编造这些幻觉以遮蔽其世界的正是无意识因素；而且被编织的就是一个茧，这个茧最终将把他完全封闭在里面。

19 人们可以设想，诸如此类的投射，即便并非不可能进行分解，也是非常难以分解的，它们属于阴影的领域，也就是说，属于人格的消极方面。这个假设超过了一定限度就站不住脚了，因为此时出现的象征不再指同一性别的人，而是指异性，在男人身上指的就是女性，反之亦然。投射的根源不再是阴影——阴影总是把相同的性别作为主体——而是一个异性的人物。在这里，我们遇到的是女人的阿尼姆斯和男人的阿尼玛，这是两种相对应的原型，其自主性和无意识可以解释其投射物的顽固性。虽然阴影是一个像阿尼玛和阿尼姆斯一样在神话学上众所周知的主题，但它首先代表的是个体无意识，因此其内容可以不太费力就能成为有意识的。在这一点上，它与阿尼玛和阿尼姆斯有所不同，因为虽然阴影可以比较容易地被看穿和识别，但阿尼玛和阿尼姆斯却离意识更远，而且在正常情况下即便能够被认出来也是罕见的。进行一点自我批评，一个人就能识破阴影——只要其性质是个体的。但是，当它作为一个原型出现时，人们就会遇到像阿尼玛和阿尼姆斯那样的难题。换句话说，一个人要想认识其本性中那些相对比较邪恶的方面，这是相当有可能的，但他要想见识到绝对邪恶的真面目，那却是一种罕见而又令人震惊的体验。

第三章

会合：阿尼玛与阿尼姆斯

20 那么，这个制造投射的因素究竟是什么呢？东方人称之为“织女”[1]——玛耶女神，她通过她的舞蹈而创造了幻觉。要不是我们早已从梦的象征中知道了此事，这个来自东方的线索就会把我们引向正确的道路：那个密封的、包罗万象的和具有吞噬作用的因素正确无误地指向了母亲[2]，也就是说，指向了儿子与真正母亲的关系、与其意象的关系，指向了一个在他看来要成为母亲的女人。他的厄洛斯就像是一个孩子的厄洛斯；他希望被捕捉、被吸入、被封闭起来和被吞噬。可以说他是在寻

1 Erwin Rousselle, “Seelische Führung im lebenden Taoismus,” Pl. I, pp.150, 170. 鲁塞尔把织女称为“动物灵魂”(animal soul)。有一句话是这样说的:“织者促动。”我把阿尼玛定义为无意识的拟人化。

2 此处以及接下来的部分中，“母亲”这个词的意思不是在字面意义上说的，而是作为一个能发挥母亲作用的一切事物的象征。

求母亲的保护和哺育，寻求处在母亲的小圈子里，处在从每一次关爱中释放出来的婴儿的条件下，在这种情况下，外部世界就会对他俯首帖耳，甚至把幸福和快乐强行赋予他。难怪真实的世界要消失在视线之外了。

21 正如无意识通常会把它变成戏剧一样，如果把这种情境变成戏剧，那么，在你面前的心理学舞台上就会出现一个过着退行生活的人，他在寻找他的童年和他的母亲，从一个使他无法理解的残酷冰冷的世界中逃离。通常会有一位母亲出现在他的旁边，她显然丝毫也不关心其幼小的儿子应该长大成人，但她却怀着不知疲倦的和富有自我牺牲精神的努力，对于任何有可能阻碍他长大成人和结婚的事情都一一过问。你注视着母亲与儿子之间这种秘密的阴谋，看一方是怎样帮助另一方背叛生活的。

22 这个罪恶究竟位于何处呢？在母亲一方还是在孩子一方？很可能双方都有。应该严肃地看待儿子对生活和世界的永不满足的渴求。在他身上有一种想要触摸现实、拥抱地球和使全世界的田野里结满果实的欲望。但是，他所做的只不过是一系列断断续续的开始，他的主动性及其持久性被这种秘密的记忆弄得残缺不全，这种秘密的记忆就是，世界和幸福可以作为一种礼物（从母亲那里）获得。他也和每个人一样，必然会一再遇到世界的一部分，但绝不是他想要的那一部分，因为它并非不费吹灰之力就能得来，它并没有对他妥协让步，而是一直在抵抗，必须被征服，而且只服从于强力。它提出要求，一个男人要有男子气，要有激情，尤其是当他开始使其全部存在发挥作用的时候，他要有勇气和分辨力。为此他就需要有一个不忠实的厄洛斯，一个能够使他忘记其母亲，接受放弃其生命中之初恋的痛苦。预见到这种危险的母亲，小心翼翼地在他身上灌输着信仰、奉献和忠诚的美德，以保护他避免道德分裂，这是每一次生命探险都会遇到的风险。他非常出色地吸取了这些教训，一直忠诚于他的母亲。这当然会使她产生最深刻的焦虑（例如，当他最终成为一个同性恋者时，这却是她更大的荣耀），同时也使她获得了无意识的满足，这当然是神话学意义上的满足。因为，当前在他们之间起支配作用的那种关系中，有一种完美到极点的古老而又最神圣的母子婚姻的原型。那么，平凡的现实究竟用其登记处、工资袋和月租金来提供什么样的东西才能超过圣婚之神秘敬畏呢？是那条龙追逐的那个佩戴星辰皇冠的女人，还是那条遮盖住羔羊婚娶的虔诚面纱？

23 这个神话比任何其他神话都更好地证明了集体无意识的性质。在这个层次上，母亲既年长又年轻，既是得墨忒耳又是珀尔塞福涅，而且儿子是配偶，躺在那里喝着奶而与母亲合为一体。需要费力去适应，而且还会经常使人失望的这种不完满的现实生活，当然无法与这种不可描述的完满状态相媲美。

24 在儿子这边，制造投射的因素与母亲意象相一致，因而这个因素就被视为真正的母亲。只有当儿子发现，在其精神领域中不仅有一个母亲的意象，还有女儿、姐妹、爱人、天国女神和地府的鲍波时，这种投射才能得到分解。每一位母亲和每一个爱人都变成了这个无处不在的、永恒意象的携带者和具体体现，这个意象与一个男人心中最深刻的现实相对应。这个危险的女人意象隶属于他；她代表着他有时为了生活而必须放弃的忠诚；她是为了所有在失望中结束的风险、斗争和牺牲所作出的必要补偿；她是对所有痛苦生活的安慰。与此同时，她又是伟大的幻术师，那个狐狸精，她把他勾引到与她的玛耶女神在一起生活——不仅深入到生活的合理而有用的方面，而且深入到其可怕的悖论之中，在那里，善与恶、成功与毁灭、希望与失望，都相互抵消了。因为她是他最大的危险，所以她对一个男人提出最高要求，如果在他身上有它，她就会把它接受下来。

25 正如斯皮特勒称谓她的那样，这个意象是"我的贵妇人灵魂"。我曾建议用"阿尼玛"这个术语取而代之，代表某种独特的东西，用"灵魂"这种表达方式来表示这个概念有点太笼统和太模糊了。在阿尼玛这个概念下总结出来的经验现实，可以构成极其戏剧化的无意识内容。可以用理性的、科学的语言描述这个内容，但人们完全无法以这种方式来表述其活生生的特点。因此，在对心理的生活过程进行描述时，我故意且有意识地优先选择一种戏剧化的、神话学的思维和言语方式，因为这样做不仅更具有表现力，而且比使用抽象的科学术语更加确切。这并不是在玩弄概念，总有一天其理论公式有可能分解成代数等式。

26 这个制造投射的因素就是阿尼玛，或者毋宁说是由阿尼玛所代表的无意识。每当她在梦中、在幻觉和幻想中出现时，她都采用拟人化的形式，从而证明她所具体体现的这个因素具有一个女性存在之所有卓越的特点。[1]她并非意识的创造物，而是无意识的一个自发的产物。她也不是取代母亲的一个替代性人物。相反，使母亲意象具有如此危险的强大力量的无数性质，都是从阿尼玛这个集体原型中派生出来的，她在每一个男孩子身上都是一种新的化身。

27 既然阿尼玛是在男性身上发现的一个原型，我们就完全有理由假设，在女性身上一定存在着一个相等的原型；因为正如男人是由女性成分补偿的那样，女性也受男性成分的补充。但是，我并不希望这种论点给人留下这样的印象，即这些补偿性的关系是通过推理而演绎出来的。相反，为了从经验上来把握阿尼玛和阿尼姆斯的本质，就需要有长期和多样性的体验。因此，无论我们把这些原型说成什么，它们要么是能够直接证实的，要么至少可以用事实证明是可能存在的。与此同时，我完全意识到我们是在讨论开拓性的工作，就其根本性质而言，这

1 当然，在纯文学中她是一个典型人物。最近与阿尼玛这个主题有关的出版物包括Linda Fierz-David，*The Dream of Poliphilo*，以及我的“Psychology of the Transference”。作为心理学观念的阿尼玛最早出现在16世纪人文主义者理查德斯·维图斯（Richarclus Vitus）的论著中。Cf. *Mysterium Coniunctionis*，“The Riddle of Bologna.”

项工作只能是暂时性的。

28 正如母亲是儿子这个制造投射因素的最初携带者一样，父亲则是女儿这个制造投射因素的最初携带者。关于这些关系的实践经验是由许多个体案例组成的，展现了同一基本主题的所有各种变式。因此，对它们所进行的简明描述，只不过是一种示意图式的描述。

29 女人是由一种男子气的成分补偿的，因而可以认为其无意识具有某种男性的印刻。这就导致男人和女人之间存在着相当大的心理差异，我把女人身上这种制造投射的因素称为阿尼姆斯，它的意思是心灵或灵魂。正如阿尼玛与母亲的厄洛斯相对应一样，阿尼姆斯则与父亲的逻各斯相对应。但是，我并不希望或者想要给这两个直觉概念下一个太专业的定义。我使用厄洛斯和逻各斯，只是为了有助于从概念上描述这个事实，女人意识的特点更多地具有和厄洛斯相关的性质，而不是具有与逻各斯有关的辨别和认知。在男人身上，厄洛斯这种关系功能通常不像逻各斯那样发达。另一方面，在女人身上，厄洛斯则是其真实本性的表现，尽管她们的逻各斯仅仅只是一种令人遗憾的偶发事件。它会在家庭成员和朋友圈中引起误解和作出令人烦恼的解释。这是因为它是由一些**见解**组成的，而不是由反思组成的。所谓见解，我的意思是指一种声称拥有绝对真理的**预先**假设。众所周知，这类假设可能会使人非常不愉快。因为阿尼姆斯很喜欢辩论，因此他在双方各执一词的争辩中得到最好的体现。男人也可以用一种非常女性化的方式进行辩论，此时他们被阿尼玛所占有，因而被转换成具有他们自己的阿尼玛（女性特质）的阿尼姆斯（男性特质）。在他们那里，问题就变成了个人的虚荣浮华和过分敏感（仿佛他们是女人似的）；在女人那里，这却变成了一个力量问题，无论它是与真理、正义或者其他什么"主义"有关的问题——因为裁缝和理发师已经对他们的虚荣浮华表示了关切。[1]"父亲"（意即传统观念的总和）总是在女人的争辩中发挥重大作用。无论一个女人的厄洛斯可能有多么友好或者多么乐善好施，要是她身上充满了阿尼姆斯，任何逻辑都绝不可能使她动摇。男人常常有这种感受——而且他这样做并非完全错误——只有诱惑、痛打或强奸才会具有必要的说服力。他并没有意识到，如果他退出这个战场，并且让第二个女人（例如他的妻子，如果她自己[2]并不是那匹暴烈的战马）继续这场战斗，那么这种高度戏剧化的情境马上就会陷入平庸并导致一个乏味的结局。这种健康的观念很少或者从未在他身上出现过，因为没有一个男人能够和阿尼姆斯谈话超过五分钟，而不成为他自己的阿尼玛的牺牲品。任何一个仍然具有足够的幽默感而能够客观地倾听接下来的谈话的人，都会因下述事实而感到震惊：大量的陈词滥

1 意思是指，男人也像女人那样喜欢穿衣打扮和做头发或美容。——中译注

2 这里的她是指男性身上的女性特质，即阿尼玛。——中译注

调、被误用的老生常谈、报纸和小说中的陈腐腔调，以及与粗俗的滥用和令人头疼的缺乏逻辑交织在一起的每一种描述的庸俗论调。这是一种对话，无论其参与者是谁，这种对话已经用全世界的所有语言重复过数以百万次了，而且始终保持基本一致。

30 这个奇异的事实归因于下述情况：当阿尼姆斯和阿尼玛相遇的时候，阿尼姆斯便拔出其力量之剑，而阿尼玛则喷射出其幻想和诱惑之毒药。其结果并非必然是消极的，因为他们两个也同样有可能坠入爱河（一见钟情便属于此例）。爱的语言具有惊人的一致性，怀着最大的爱和忠诚使用着老生常谈的话语，这样一来，两个相爱的人就再一次在老一套的集体情境中找到了他们自己。不过，他们生活在幻想中，致使他们以完全个体的方式相互联系着。

31 阿尼玛与阿尼姆斯的关系，无论在积极方面还是在消极方面总是充满了"仇恨"，就是说，它是情绪上的仇恨，因而是集体的仇恨。情感降低了这种关系水平，并且使它更加接近通常的本能基础，这个基础不再有任何与此有关的个体方面的事情。这种关系经常是顺其自然地发展演化，而不去理会其人类执行者，执行者本人此后也不知道在他们身上会发生什么情况。

32 虽然围绕在男人身边的那片"仇恨"的阴云主要是由多愁善感和怨恨构成的，但在女人身上，它是以固执己见的观点、解释、暗讽和曲解等形式表现出来的，其目的（有时候这个目的已经达到了）都是为了切断这两个人之间的关系。和男人一样，女人也被她那熟悉的魔鬼用幻想的面纱覆盖着，而且，当女儿独自理解了她的父亲（就是说，在一切事情上都是正确的）时，她就被转移到羊群所在的草地上，在那里，她被其灵魂的牧羊人即阿尼姆斯所放牧。

33 和阿尼玛一样，阿尼姆斯也有一个积极的方面。他通过父亲这个人物不仅要表达习俗的见解，而且（同样地）要表达我们所谓的“精神”，尤其是哲学或宗教观念，或者毋宁说是由此而导致的态度。所以，这个阿尼姆斯是一个普绪科蓬波斯[1]，是意识与无意识之间的中介，是对无意识的拟人化表述。正如阿尼玛通过整合而成为意识的厄洛斯一样，阿尼姆斯也成为一个逻各斯；阿尼玛以同样的方式把关系和关联性赋予一个男人的意识，阿尼姆斯则把反思、深思熟虑和自我认识的能力赋予女人的意识。

34 阿尼玛和阿尼姆斯对自我的影响在原则上是相同的。这种影响极其难以消除，首先因为它是不同寻常的强大，而且直接用不可动摇的正确感和公正感填满了自我人格。其次，这种影响的原因被投射出去，看起来像是存在于客体和客观的情境

1 普绪科蓬波斯，古希腊、罗马神话中祭司赫尔墨斯的别名之一，他的职责是把死人的灵魂带到冥国。——中译注

之中。我认为可以把这些特点追溯到原型所具有的独特性。这当然是因为原型是先验地存在的。这可以解释某些情绪和见解常常是完全非理性的，但又是不容置疑和无可争辩的存在。正是因为产生于原型的那种强有力的暗示性作用，这些情绪和见解或许才如此众所周知地难以产生影响。意识被它深深地吸引住了，被俘虏了，仿佛被催眠了似的。自我经常体验到一种微弱的道德失败感，然后更加防御性地、挑战性地和自以为是地采取行动，从而形成一种恶性循环，这样做只不过增加了其自卑感而已。于是，最终就被淘汰出人际关系之外，因为自卑感和狂妄自大一样，使双方无法相互再认，而没有这一点就不可能有任何关系。

35 我已经说过，获得对阴影的顿悟要比获得对阿尼玛或阿尼姆斯的顿悟更容易。针对阴影，我们的教育以某种方式为我们提供了有所准备的优势，它总是努力让人们相信，他们并不是百分之百的纯金。所以，大家很快就明白了“阴影”“自卑人格”等是什么意思。如果他忘记了，他的记忆很容易地就能被礼拜日的布道、他的妻子或收税员所唤醒。但是，针对阿尼玛和阿尼姆斯，事情可就不那么简单了。首先，在这一方面不存在任何道德教育；其次，大多数人满足于自以为是，而且宁愿对于再认他们的投射而进行相互诽谤中伤（如果没有更糟糕做法的话！）。确实，让男人产生非理性的情绪，以及让女人产生非理性的见解，似乎是一件非常自然而然的事情。这种情境很可能是以本能为基础的，并且必须一直保持下去，以保证恩培多克勒[1]诸元素的爱恨游戏将持续到永恒。本性是保守的，不会那么轻易地允许其发展进程发生改变；她会以最固执的方式捍卫其属地的不可侵犯性，而阿尼玛和阿尼姆斯就是在这块属地上漫步的。因此，意识到一个人的阿尼玛和阿尼姆斯投射要比认识其阴影方面困难得多。当然，人必须要克服某些道德障碍，例如虚荣心、野心、自负和怨恨等，但是在投射情况下，各种纯智识的困难全都加于其上，更不用说投射的内容了，人们根本就不知道应该怎样应对它。然而，一旦事情发展到极致，就会使人产生某种深刻的疑虑：一个人是否不要通过把那些最好留在那里沉睡的事物插入到意识中来，而对本性的事物干预过多。

36 根据我的经验，虽然有相当数量的人无须花费特别的智识或道德努力就能理解阿尼玛和阿尼姆斯是什么意思，但人们仍然发现有相当多的人在把这些经验概念视为任何具体事物时面临着极大的麻烦。这表明，这些概念稍稍落在了通常的经验范围之外。它们之所以不受欢迎，恰恰是因为它们似乎并不常见。其结果是，它们往往会导致偏见，像一切未曾预料到的事

1 恩培多克勒（前490—前430），古希腊繁荣时期的哲学家，他提出著名的四根说，即认为世界万物皆由水、火、土、气这四种元素组成。但是，由于水、火、土、气这些基本元素本身不能自行运动，驱使它们运动的根本原因是“爱”与“恨”。爱使诸元素相互结合而形成万物，而恨则使诸元素相互分离。——中译注

情那样而成为禁忌。

37　所以，如果我们把它作为一种要求提出来，应该把投射进行分解，由于它更有教益，而且在所有的方面都更为有利，所以我们进入的是一个新领域。直到现在，每一个人都已经相信，“我的父亲”“我的母亲”等观念无非是对真正父母的一种忠诚的反思，在所有的细节方面与原初的父母是相对应的，这样，当一个人说“我的父亲”时，他的意思无非就是指他的父亲是现实意义上的父亲。这实际上就是他所设想的他的真实意思，但是一种同一性的假设丝毫也不会产生那种同一性。这就是产生恩科卡里梅诺斯谬误（那个隐藏着的人）的地方。[1]如果一个人在这个心理学的等式中加入X的他父亲的图画，他认为这就是那个真实的父亲，那么这个等式就不会起作用，因为他所提出的未知的数量与现实并不一致。X忽略了这个事实，即他关于一个人的观念很可能是由他所感知到的一个真实的人的相当不完整的图画构成的。其次，他对这幅图画作了主观的改变。X关于其父亲的观念是一个复数量，真实的父亲只是部分地与此相对应，相当大的一部分责任落在了儿子这一边。事情确实如此，以致每次他批评或表扬其父亲时，他都会无意识地回击他自己，以此来产生那些心理后果，这些后果充斥在那

1　这个谬误源自古希腊麦加拉学派的欧布里德（Eubulides the Megarian），他是这样说的：“你能认出你的父亲吗？”能。“你能认出这个隐藏着的人吗？”不能。“这个隐藏着的人就是你的父亲，所以你能认出你的父亲但认不出他。”

些习惯于贬低或过奖他们自己的人的心头。但是，如果X小心翼翼地把他的反应与现实相比较，他就有可能注意到，他在某个地方作出了错误的判断，他很久以前并没有从其父亲的行为中认识，他关于其父亲的这幅图画是错误的。但X通常会相信他是正确的，要是有人错了的话，那也一定是别人。要是X的厄洛斯发展得不好，他要么会对他与其父亲的不恰当关系漠然置之，要么会因为其父亲的不一致性和普遍的不可理解性而感到烦恼，这个父亲的行为与X所具有的关于他的图画是不一致的。因此X认为，他完全有权利感到受了伤害、误解，甚至背叛。

38 人们可以想象，在这种情况下对投射进行分解是多么有必要。而且，总有那么一些乐观主义者相信，只要告诉人们走正确的道路，就会迎来黄金时代。但是，不妨让他们尝试向这些人解释，他们的行为就像是一条狗在咬自己的尾巴。使一个人看到其态度方面的缺点，显然要比仅仅“告诉”他们有必要得多，因为其中包含着比普通常识更多的东西。在这里，人们要反对的是那种重大的误解，在通常情况下，这种误解是难以被人们洞察到的。这就像是期待每一位可敬的公民承认自己是一个罪犯一样。

39 我提到所有这一切，只不过是想要举例说明阿尼玛和阿尼姆斯投射所属的量级的次序，以及需要用来分解它们的道德和智识的努力。但是，并非阿尼玛和阿尼姆斯的所有内容都被投射了。其中，许多是在梦中和其他活动中自发出现的，还有更多的内容可以通过积极想象而成为有意识的。我们以这种方式发现，在我们心中有一些我们绝不可能相信其存在的活生生的思想、感受和感情。诚然，对那些从未亲身体验过它们的人来说，这种可能性一点也不现实，因为一个正常的人“知道他在想什么”。这种孩子气的态度在“正常人”身上就是符合常规的，因此不能指望在这个领域毫无经验的人能够理解阿尼玛和阿尼姆斯的真实本质。一个人就带着这些思考进入了一个心理经验的全新世界，当然，前提条件是他在实践中成功地认识它们。那些确实获得了成功的人，几乎不可能对自我所不知道的且绝不可能知道的事情留下深刻印象。这种自知之明的增加即使在今天也是罕见的，而且通常早就被称为神经症患者了——要是没有其他更糟糕的称呼的话。

40 集体无意识的自主性是在阿尼玛和阿尼姆斯这两个人物身上表现出来的。他们将其内容中的事件进行拟人化处理，在从投射中撤退出来时，这些内容就可以被整合到意识中去。在这个意义上说，这两个人物代表着把集体无意识的内容过滤到意识心灵中的**功能**。但是，只要意识和无意识的倾向不会偏离太远，他们就会这样出现，或做出这种行为。如果他们之间出现任何紧张，那么直到此时仍然无害的这些功能就会以拟人化的形式与意识心灵相对抗，其行为就像是从人格中剥离下来的系统，或者就像是部分的灵魂。这种比较并不恰当，因为以前曾属于自我人格的任何东西都不会从中剥离出来；相反，这两个人物代表一种起干扰作用的添加物。他们这样做的原因是，虽然阿尼玛和阿尼姆斯的**内容**能够被整合起来，但它们本身却不能被整合，因为它们是原型。至此它们便成为心理结构的基石，心理结构的整体超出了意识的限制，因而绝不可能成为直接认知的对象。虽然阿尼玛和阿尼姆斯的作用可以成为有意识的，但它们本身却是超越了意识的因素，是知觉和意志所无法达到的。所以，尽管它们的内容可以整合，但它们却始终保持着自主，由于这个原因它们才会在心灵中不断地产生出来。从心理治疗的观点来看，这是极其重要的，因为不断的观察会对无意识表现出敬意，从而或多或少地保证了其合作。就我们所知，无意识是绝不可能被彻底"打倒"的。实际上，心理卫生的最重要任务之一就是，持续不断地关注无意识内容和过程的症状，因为我们完全有理由相信，意识心灵总是处在变得片面、坚持走老路和困在死胡同里的危险之中。无意识的补偿和抵消功能可以保证，在神经症中特别严重的这些危险能够在某种程度上得以避免。只有在理想的条件下，当生活仍然很简单，无意识仍然在发挥重大作用，人们可以毫不犹豫或毫不担忧地遵循着本能的蜿蜒之路时，补偿才会非常成功地发挥作用。一个人的文明程度越高，有越多的无意识和越复杂，他就越无法遵循他的本能。他的复杂生活条件及其环境影响如此强烈，以致淹没了本性的寂静声音。看起来，观点、信念、理论和集体倾向都想要替代它，并且支持意识心灵的所有畸变。因此，应当对无意识予以刻意的关注，这样补偿才能发挥作用。尤其重要的是，不要把无意识的原型描述为一些具有逃亡意象的急匆匆的虚景幻影，而要描述为一些经常的、自主的因素，它们也确实如此。

41 正如实践经验所示，这两个原型拥有一种有时可能会产生悲剧后果的致命性。从字面上讲，它们是命运的所有灾难性纠结的父亲和母亲，而且早就被整个世界这样认为了。它们在一起构成了神圣的一对[1]，根据其逻各斯的性质，其中一方具有**普纽玛**和**努斯**的特点，很像是不断变换其颜色的赫尔墨斯；而另一方，就其厄洛斯的性质而言，则具有阿芙洛狄忒、海伦（塞勒涅）、珀尔塞福涅和赫卡忒的特征。他们都是无意识的力量，正如古代世界相当正确地认为的那样，他们实际上是“诸神”。给他们起这个名字，是为了使他们在心理学价值观的尺度上位于中心地位，无论是否有意识地认识，他们始终都拥有这个地位；因为他们的力量是和他们保持无意识的程度相对应而发展起来的。那些看不到他们的人就在他们的掌控之中，正如当斑疹伤寒的传播源尚未被发现时，它传播得最快一样。甚至在

---

1 这句话的意思当然不是作为一个心理学的定义，更不是一种形而上的定义。正如我在“The Relations between the Ego and the Unconscious”（pp. 186ff）一文中所指出的，这种会合是由三个因素组成的：与男人有关的女性和与女人有关的男性；男人所具有的关于女人的经验或者相反；以及最后，男性和女性的原型意象。前两个因素可以通过意识实现的过程被整合到人格之中，而最后一个因素却不能。

基督教中神圣的会合并没有被废弃，而是作为耶稣基督及其新娘，即教会[1]，而占据着最高的地位。诸如此类的对比已证明是极其有助益的，它有助于我们为评估这两个原型的意义而努力找出正确的标准。我们从无意识层面所能发现的有关它们的一切是如此微不足道，以致人们几乎都感觉不到。只有当我们照亮了心灵的黑暗，并且探讨了人类命运的那些奇怪而又弯曲的路径时，我们才逐渐明白了，补充我们的意识生活的这两个因素所造成的影响究竟有多大。

42 概括地说，我愿意强调一下，阴影的整合或个体无意识的实现，标志着分析过程的第一阶段，如果没有这个阶段，我们是不可能认识阿尼玛和阿尼姆斯的。阴影只有通过与一个伙伴的关系才能得到实现，而阿尼玛和阿尼姆斯则只有通过与异性的关系才能实现，这是因为，只有在这种关系中，他们的投射才会有效。对阿尼玛和阿尼姆斯的再认，在一个男人身上会产生一个三元组合，其中三分之一是超验的：男性的主体、与其对立的女性主体和超验的阿尼玛。在女人身上情况正好相反。那个应该使三元组合成为一个四位一体的所失去的第四种因素，在男人身上就是“智慧老人”的原型，对此我并没有在这里进行讨论，而在女人身上就是那个大母神。这四种因素构成了

1 “因为《圣经》上说，上帝把人制作成男人和女人；男人就是耶稣基督，女人就是教会。”——Second Epistle of Clement to the Corinthians，viv，2（Lake trans.，I，p.151）。在图画表征中经常用玛利亚来替代教会。

一个半内在的、半超验的四位一体，一个被我称为**婚姻四元数**[1]的原型。婚姻四元数不仅为自性，也为原始社会的结构提供了一个图式，在原始社会有表兄弟姐妹之间的婚姻，有婚姻分类，居住地被划分成四个等份。另一方面，自性是一种上帝意象，或者至少不能从中被区分出来。早期基督教精神并未予以忽略，否则亚历山大的克莱门特就绝不会说，凡是知道他本人的都知道上帝。[2]

---

1 "Psychology of the Transference," pp.211ff. Cf. infra，纳塞内四元数。

2 Cf. infra, par.347.

第四章

自 性[1]

43　现在我们将转向这个问题，由于撤销了非个人投射而导致的自我认识的增加——换言之，集体无意识内容的整合——是否会对自我人格产生某种独特的影响。被整合的内容是**自性的一部分**，在这个程度上说，我们可以预期这种影响是相当大的。把它们同化进来，不仅扩大了意识领域的疆域，而且使自我的重要性得到增强，尤其是像通常那样，当自我缺乏任何通往无意识的重要途径时，这种情况尤为明显。在这种情况下，它很容易变得过分强大，而与被同化的内容成为一体。例如，一种男性意识就会以这种方式受阿尼玛的影响，甚至有可能被她所占有。

1　本章的材料源自“Über das Selbst”，发表于*Eranos-Jahrbuch 1948*。

44 我已经在其他地方[1]讨论过无意识内容整合的更广泛作用，因而无须在此予以详述。我只想提一句，被同化到自我中去的无意识内容数量越多、意义越重大，自我就会与自性更加接近，尽管这种接近可能是一个永无休止的过程。这不可避免地会导致自我的膨胀，[2]除非在自我与无意识原型之间画出一条明确的分界线。但是，只有当这种划分行为成功地给自我画出合理的边界并允许那些无意识的原型——自性、阿尼玛、阿尼姆斯和阴影——具有（某种心理性质的）相对自主性和现实性的时候，这种划分行为才会产生实际的效果。用心理学的观点对这个现实进行不切实际的描述要么毫无效果，要么只会使自我更加膨胀。一个人不可能通过宣称某些事实是不真实的就否定这些事实的存在。例如，制造投射的因素就具有不可否认的现实性。任何一个坚持否定它的人都会与它相同，不仅它本身令人怀疑，而且对个体的福祉也是一个重大威胁。每一个与这类案例打过交道的人都知道膨胀究竟有多么危险。要想摔上致命的一跤，只需要有一个台阶或光滑的地板。除了"骄傲使人失败"这个主题之外，还有其他一些不太协调一致的心身因素和精神因素，可以用来减少这种"傲慢自大"。不应该

1 "The Relations between the Ego and the Unconscious."

2 在《哥林多前书》5：2中所使用的这些词汇的意思是："你们竟还傲慢自大！你们岂不更应该悲哀"——根据一个已经得到宽容的与母亲乱伦的例子（"一个男人应该拥有他的父亲的妻子"）。

把这种状况解释为一种有意识的自我夸耀。这也不符合常理。总之，我们并非完全直接地意识到这种状况，至多只能是间接地从这些症状中推测出它的存在。这些症状包括我们当下环境的反应。膨胀把眼睛里的盲点放大了，我们被制造投射的因素同化得越多，我们与它相同的倾向就越大。由此而造成的一个明显的症状就是，我们越来越不愿意关注环境的反应，越来越不留意这些反应。

45　我们必须预想到，当**自我被自性所同化**时，会发生一场心理的巨大灾难。此时整体意象仍然保持在无意识之中，这样一来，一方面它具有古老的无意识性质，另一方面，它又可以在这个与心理相关的时空连续体上找到它自己，这两者都具有诸如此类的特点。[1]这些性质是超自然的，因而对自我意识具有某种不受限制的决定性影响，自我意识是从无意识中分化出来的，也就是从其中分离出来的，而且仍然存在于绝对空间和绝对时间之中。情况应该如此，这是非常有必要的。因此，如果自我在任何长度的时间内落入无意识因素的控制之中，其适应性就会受到阻碍，就会为各种可能发生的灾难事件打开方便之门。

46　因此，最为重要的是，应当把自我锚固在意识的世界中，而且应当通过非常明确的适应而使意识得到强化。为此，诸如注意、责任心、耐心等某些美德在道德方面就是非常有价值的，这

1 Cf. "On the Nature of the Psyche"（1954/1955 edn., pp.424f.，440f.）.

就像对无意识的症状进行精确观察和客观的自我批评在智识方面是非常有价值的一样。

47 对自我人格和意识世界的强调很容易使人作出这样的预想，这些无意识原型是用心理学分析出来的，**因此自性也要被同化到自我之中**。虽然这和我们刚才所描述的过程恰好相反，但其随后的结果却是相同的，即导致膨胀。现在必须降低意识世界的地位，才能迎合无意识的现实。首先，为了避免使它处于古代的、永恒的和“无处不在的”梦状态之中，就不得不对现实进行保护；其次，必须以牺牲意识世界为代价而为梦留出空间。在第一种情况下，这表明要把所有的美德都动员起来。在第二种情况下，自我的这种推测则只能用道德的反击来加以阻止。之所以必须这样做，是因为否则的话一个人就绝不可能达到中等程度的谦卑，这种谦卑是保持某种平衡状态的基本要求。人们可能会认为，使道德本身得到放松，但又在另一个不同的方向上作出道德努力，这并不是什么问题。例如，一个不够负责任的人必须付出道德努力才能达到标准要求；而对一个完全通过他自己的努力才扎根于这个世界上的人来说，通过放松他与世界的联系和缩减其适应性表现而使他的美德遭受失败，这可是一件道德上不小的成就。(在这一点上，人们会想起现在已被封为圣徒的“克劳斯兄弟”，为了拯救他自己的灵魂，而听任他的妻子以及一大堆子女自行其是。)

48 既然真正的道德问题全都开始于刑事法典失去作用的地

方，那么要解决这类问题就很少或绝不能依赖于先例，更不能依赖于规则或戒律。真正的道德问题起源于**责任的冲突**。如果一个人足够谦虚或者悠闲，就必然能够借助于某一个外部权威的帮助而作出某种决定。但是，如果一个人既不信任自己也不信任别人，他就绝不可能作出这样的决定，除非这种决定是以习惯上称之为“天意”的方式而作出的。《牛津词典》把这个概念界定为“不可控的自然力量的作用”。在所有这些情况下，有一个无意识的权威通过造成一种既成事实而终止人们的怀疑。（总之，对那些通过一个更高权威而作出其决定的人来说，情况也同样如此，只不过形式上更加遮蔽而已。）我们可以把这个权威要么描述为“上帝的意志”，要么描述为“不可控的自然力量的作用”，虽然从心理学上讲，人们究竟怎样思考此事，确实有很大的区别。理性主义者把这个内部权威解释为“自然力量”或本能，这可以使现代的智识感到满意，但有一个很不利的方面就是，本能表面上的胜利冒犯了我们的道德自尊；因此，我们就愿意说服我们自己，这件事情只不过是通过理性的意志行动所决定的。文明人有着对“冒犯人类尊严”的畏惧，以至于只要有可能，他就会沉溺于对这些事实进行反省的情绪中，以掩盖遭受某种道德打击的感受。他对于那些他认为能被他自我控制的东西及其意志的全知全能深感自豪，而对那些任由自己被纯粹自然所愚弄的人则非常鄙视。

49 另一方面，假如这个内部的权威被认为是“上帝的意志”

(其中隐含着“自然力量”是神圣力量的含义),我们的自尊之所以会受到补益,是因为这个时候作出的决定看上去就是一种服从的行为,而其结果就是一种神圣的意图。公正地说,这种看待它的方式,不仅会被指控为轻浮,而且也会被指责成是为道德的松懈披上了一件美德的外衣。但是,只有当一个人实际上有意将其自我中心的观点掩藏在伪善的言辞背后时,这种指控才是成立的。但是,这绝不是规律。因为在大多数情况下,本能的倾向会声称它们支持或反对某人主观的旨趣,而不管是否需要一个外部的权威来予以批准。没有必要先去咨询一下这个内部的权威,因为在从一开始就奋力要作出决定的强烈倾向中,它就存在着了。在这种奋力挣扎中,个体绝不仅仅是一个观众;他是或多或少“自愿地”参与其中的,并努力将他对道德自由的感受抛入决定的尺度之中。然而,这里却留下了一个令人疑惑的问题,究竟有多少表面上看起来是自由的决定却有着一个可能是无意识的因果关系的动机呢?这种“上帝的行为”可能就相当于任何形式的自然灾难。在我看来,这个问题似乎是无法回答的,因为我们并不知道感受到道德自由的根源究竟在哪里;而且,它们肯定就像本能那样存在着,而本能则被体验为一种强制性的力量。

50 总而言之,把以冲动的形式表现在我们身上的自然力量描述成“上帝的意志”,不仅更加有利,而且更为“正确”。我们用这种方式发现了我们自己生活在与我们祖先的心理生活习

性相一致的生活中；作为人，我们所发挥的功能就像所有时代和所有地方的人所发挥的功能一样。这种习性的存在证明了它的生存能力，因为，假如它不起作用，那么所有遵从这种习性的人早就因为适应不良而死掉了。另一方面，通过遵守这种习性，一个人就会有一个合理的生活预期。当一个习惯性的概念能够作出这样的担保时，就不仅没有理由宣称它是不正确的，而且相反，在心理学的意义上，人们完全有理由认为它是“真实的”或是“正确的”。心理学的真理并不是形而上学的洞见；它们是习惯性的思维、情感和行为方式，经验已经证明这些方式是恰当而有用的。

51 所以，当我说应当把在我们自己身上发现的冲动理解为“上帝的意志”时，我是想要强调不应该把它们视为某种主观武断的愿望或意志，而应该视为一个人必须学会怎样正确处理的绝对真理。意志只能对它们进行部分的控制。它也许能够对此进行压抑，却不能改变它们的本性，被压抑的部分会在其他地方以改变了的形式再次出现，但这次却充满了怨恨，使本来无害的自然冲动成了我们的敌人。我也希望不要把“上帝的意志”中的“上帝”理解成基督教意义上的上帝，就像狄奥提玛想要表达的那种意义，他说，“亲爱的苏格拉底，厄洛斯是一个强大的魔鬼”。希腊语中的邪神与守护神表达一种来自外部而强加于人的决定性力量，就像天意或命运一样，虽然道德决定还是要留待人类来作出。但是，他必须知道，他要作出什么样的决定，以及他正在做的究竟是什么事情。然后，如果他服从，那么他就不仅仅是遵从他自己的见解，如果他拒绝，那么他也不仅仅是毁掉他自己的发明。

52 这种纯粹的生物学立场或科学立场并没有满足心理学的期望，因为这种立场在其主要方面只不过是智识的立场而已。"理应如此"，这样说并不是一个缺点，因为自然科学的方法已经证明在心理学研究中具有重大的启发价值。但是，精神现象在其整体性上是无法完全依靠智识来把握的，因为它不仅仅包含着**意义**，而且还包含着**价值**，这依赖于与之相伴随的情感基调的强度。因此，为某一给定的精神内容描绘出类似于完整图表之类的东西，至少需要有两种"理性的"功能。[1]

53 所以，如果在处理精神内容的过程中，不仅允许人们作出智识的判断，也同样允许其作出价值判断的话，那么，其结果就不仅仅是对这个内容作出更加完整的描述，而且人们也会对这段精神内容在其整体层级中所居的特殊位置有一个更好的了解。其中，情感价值是心理学不可或缺的非常重要的评判标准，因为它在很大程度上决定着这种内容将在整个精神体系中发挥的作用。也就是说，情感价值对某一观念的强度作出评价，而这种强度又反过来表达了这种观念的能量张力及其有效潜能。例如，阴影通常有一种显然是负面的情感价值，而阿尼

---

1 Cf. *Psychological Types*，"理性"与"非理性"的定义。

玛则和阿尼姆斯一样，有某种更为积极的情感价值。阴影伴随着或多或少明确和可描述的情感基调，而阿尼玛和阿尼姆斯则表现出比较难以描述的情感性质。在大多数情况下，人们觉得它们是迷人的和超自然的。通常它们会被一种敏感、暴躁、隐秘、痛苦的亲密关系甚至绝对的氛围包围着。阿尼玛与阿尼姆斯角色形象的相对自主性，会以这些性质表现出来。在情感排序中，阿尼玛、阿尼姆斯之于阴影的关系，就像是阴影之于自我意识的关系。在情感上主要强调的似乎是后者，不管怎么说，它能够通过大量的能量消费，至少暂时地对阴影进行压抑。但是，如果不管什么样的理由，无意识占了上风，阴影与其他原型形象的价值就会成比例地增长，从而导致整个价值尺度被颠倒。离清醒的意识最远且似乎是无意识的东西，可能会呈现出某种危险的形态，情感价值就会增加你的评价尺度的高度，其排列顺序为：自我意识、阴影、阿尼玛、自性。有意识的醒觉状态的这种颠倒，有规律地发生在从醒觉状态向睡眠状态转换的过程之中，然后最生动地表现出来的是那些在白天处于无意识状态的事物。每一次“心智水平降低”都会导致一次相对的价值颠倒。

54 我在这里谈到的**主观**情感基调，或多或少地隶属于上述周期性的变动。但是也存在着基于某种共识的**客观**价值观——例如道德的、美学的和宗教的价值观，以及那些得到公认的理想或具有某种情调的集体理念（列维—布留尔的“集体表征”)。[1]主观的情调或者“价值量子”能够通过群集的种类和数量，或者通过由它们产生的心理障碍的症状，而被轻易地识别出来。[2]集体的理想往往没有主观的情感基调，但仍然保留了它们自身的情感价值。因此，这种价值是不能用主观的症状来证明的，虽然这种价值有可能用附属于这些集体理念的属性及其所特有的象征作用来证明，这与其主观效果是截然不同的。

55 这个问题有一种实践性的作用，而且有可能轻易地发生，即某种集体观念，虽然其本身非常重要——由于缺乏主观的情调——但在梦中却只以某种次要的属性表现出来，例如，某个神在梦中以其兽性的形态表现出来。相反地，这种观念也可能在意识中出现，但缺乏与其相对应的情感的强调，而且必须在随后的分析中把它调回到原型的脉络之中——这通常是诗人和预言家所要履行的任务。荷尔德林[3]在他的《自由颂》中，让这个由于频繁的使用和误用而被用旧变坏的概念，以其质朴的光辉重新升起：

---

1 *Les Fonctions mentales dans les sociétés inférieures.*

2 “On Psychic Energy,” pars.14ff., 20ff.

3 约翰·克里斯蒂安·弗里德里希·荷尔德林（1770—1843），德国著名诗人，古典浪漫派诗歌的先驱。其代表作有《自由颂》《人类颂》《为祖国而死》《日落》《梅农为狄奥提玛而哀叹》《漫游者》《返回家乡》《爱琴海群岛》《给大地母亲》《莱茵河》《怀念》等。他唯一的书信体小说《许佩里昂》是他的成名作。——中译注

她那超凡脱俗的手臂将我托起，
我的心跳得如此大胆而又平静；
而我的脸颊却依然因她的亲吻而激动不已，
她的唇的亲吻令我面红耳赤、发烧炽热。
她说出的每个词，以其特有的魔力
诞生出新创造的生命，毫无瑕疵；
听从我的女神之消息，
听从君王的旨意，崇拜爱慕不已！[1]

56 由此不难看出，自由这个理念已经发生了改变，回到了它原初的戏剧状态——变成了阿尼玛那闪耀的形象，摆脱了大地的重负和感官的暴政，它是引导我们通往极乐世界的心灵导师。

57 在我们提到的第一个案例中，集体的观念在梦中以它自身更低级的形式表现出来，当然，比较经常发生的情况是："女神"以一只黑猫的形式出现，而神则以"毫无价值的石头"的形式出现。对它们进行解释需要有关于某些事物的知识，这些事物与动物学和矿物学无关，而是与在历史上和这个事物有关的某种共识性的存在有关。这些"神话学的"方面是必然存在的，尽管在某一案例中它们可能是无意识的。例如，当一个人在考虑要把花园的大门刷成绿色还是白色时，他恰好没有想到绿色

1 *Sämtliche Werke*, I, p.126.

是代表生命与希望的颜色，但“绿色”的象征方面却仍然作为对无意识的一种**暗指**而存在着。所以我们会发现，某些在无意识生活中具有最高意义的东西，却位于意识价值观尺度的最底层，反之亦然。阴影的形象已经属于没有形体的幻象这个领域了——更不用说阿尼玛和阿尼姆斯了，除非把它们投射到我们人类同伴的身上，否则它们似乎根本就不会出现。至于自性，它是完全位于个人领域之外的，即便它出现了，也只不过是作为一种宗教神话而表现出来，它的象征从最高级到最低级的地方无处不在。因此，任何一个认可白天那一半的精神生活的人，都会声称夜晚的梦境是空虚而又毫无价值的，尽管夜晚与白天的时间一样长，而且所有的意识显然都是建立在无意识基础之上的，植根于无意识之中，而且每个夜晚都被压制在无意识中。另外，精神病理学可以相当确切地知道，无意识能够对意识做些什么，而且正是由于这个原因，外行的人似乎常常难以理解为什么要对无意识予以特别关注。例如，我们知道，白天很小的东西到了晚上就会变大，反过来也同样如此；所以我们也同样知道，除了白天小的东西到晚上就会朦朦胧胧地变大之外，就是白天看不到的东西也会这样。

58 这样的知识对任何整合来讲都是一个必不可少的先决条件，也就是说，只有当某一情感内容的两个方面都变成有意识的，只有当它不仅能够被智识所把握，而且能够依据其情感价值来理解时，才能对这一段精神内容进行整合。但是，智识和情感是很难和平共处的——从定义上来讲，它们也是有冲突的。但是，任何一个认同于某种智识观点的人偶然地也会发现，他与其情感会发生冲突，他的情感就像是一个披着阿尼玛伪装的敌人；反之，智识的阿尼姆斯也将对情感观点发动暴力攻击。因此，任何人若想获得那种不仅要依靠智识，而且要依靠其情感价值才能认识事物的这个难以达到的技艺，无论如何都必须与阿尼玛/阿尼姆斯的问题进行搏斗，以此为更高级的结合开辟通路，这种更高级的结合就是对立物的精合。这是通往整体性的一个必不可少的先决条件。

59 虽然乍一看“整体性”似乎不过就是一个（像“阿尼玛”和“阿尼姆斯”那样的）抽象概念，但它却是经验性的，因为它能以自发或自主象征的形式被心灵所预知。这些象征就是四位一体或曼荼罗象征，它们不仅在从未听说过它们的现代人的梦中出现，也广泛地散布于许多人和世世代代的历史记录中。作为**“统一”和“整体”之象征**，它们的意义已经得到了历史与经验心理学的充分证实。那种乍一看似乎是抽象概念的东西实际上代表某些确实存在且能够被体验到的东西，这表明它是自发的先验存在。因此，整体性是一种客观因素，就像阿尼玛或阿尼姆斯那样，它能独立于他之外而与主体相遇；正如后者在等级层次上有比“阴影”更高的心理层级一样，“整体性”则要求有一个比“会合”更优越的地位和价值。即使“会合”并不是通过皇室的兄妹配对所形成的那种整体的两半，但至少看起来代表的是其中必不可缺的一部分，因而成为对立物之间的紧张，作为统一性之象征的“圣子”[1]就是由此而诞生的。

60 统一与整体位于客观价值观尺度的最高点上，因为它们的象征再也不可能从上帝的形象中区分出来。因此，所有关于上帝意象的表述也都适用于整体的经验象征。经验表明，个体的曼荼罗是**秩序**的象征，在病人身上，它们主要发生在精神的迷失与重新定向期间。作为有魔力的循环，它们约束和征服了隶属于黑暗世界的非法力量，描述或创造了将混沌转换成为宇宙的秩序。[2]对意识心灵而言，曼荼罗最初看起来是一个没有给人留下什么印象的尖端或圆点，[3]而要全面理解全部的象征，则还要做大量艰辛困苦的工作，通常还要把大量的投射进行整合。如果这样的洞见只是纯智识的，那么要想获取它就不会有太大的困难，因为在世界范围内发布的关于在我们心中和我们之上的上帝、关于基督和“奥秘之体”、关于个人和超个人阿特曼等的声明，都是可以被哲学智识轻易把握的明确表述。这就是幻觉的共同起源，在这种幻觉状态下，一个人便占有了事物本身。但实际上，一个人所获得的只不过是它的名字而已，尽管有一种古老的偏见认为，名字就像有魔力般地代表着事物，为了假

1 Cf. “Psychology of the Child Archetype”; *Psychology and Alchemy*, index, s.v. “filius Philosophorum” “child” “hermaphrodite”.

2 Cf. *Psychology and Alchemy*, Part Ⅱ, ch.3.

3 Cf. infra, par.340.

定事物的存在，只要说出这个名字就足够了。在上千年的历史进程中，所有的机会都给予了理性的心灵，让它来看透这种幻想的徒劳无益，即便如此，也未能阻止智识对事物的把握只不过是接受其表面价值。在心理学中，正是我们的经验如愿以偿地清楚表明，智识对某一心理事实的“掌握”只不过是制造了它的一个概念而已，而概念也只不过是一个名称、一个声音的气息而已。这些智识的筹码能够轻而易举地遭到非议。它们很轻松地从一只手传到另一只手，因为它们既没有重量也没有实质。它们听起来很充实但实际上很空洞；尽管它们的目的是想要给我们分派一个艰巨的任务和职责，但实际上什么也没有提供给我们。智识在自己的领域中有不可否认的用途，但在其领域之外，每当它想要操控价值观时，它都是一个大骗子和幻术师。

61 一个人看起来仅凭智识的力量就能追寻任何科学，但心理学却是个例外，心理学的主体——即心灵——拥有很多方面，而不仅仅是用感知觉和思维进行调解的这两个方面。价值——情感——的功能是我们完整的意识定向的一个组成部分，不应该在任何范围的心理学判断中被遗漏，否则我们试图建造的关于真实过程的模型将会不完善。每一个心理过程都有一个依附于它的价值属性，意即它的情调。这表示该主体被心理过程**影响**的程度，或者说这个过程对他来说意味着什么（就这个过程已完全进入意识之中而言）。正是通过这种“影响”，主体才参与进来，才开始感受到现实的全部重量。这种差异大致上相当于从教科书上看到过某种疾病和一个人真正患上这种疾病之间的区别。用心理学的语言来说，除非一个人实际地体验到它，否则他将一无所有。因此，只进行单纯的智识洞察是不够的，因为这样的话一个人所能认识的只不过是言辞，而不是发自内部的事物的本质。

62 害怕无意识的人要比我们所能预料得更多。他们甚至惧怕自己的阴影。当它变成阿尼玛和阿尼姆斯的时候，这种恐惧就变成了恐慌。因为会合确实代表着在某种精神病状态下闯入意识中来的精神内容（在精神分裂症的妄想狂形式中表现得尤为清晰）。[1]克服这种恐惧往往是一种非比寻常的巨大的道德成就，但这并非通往真正的自性体验之路中必须完成的唯一的条件。

63 阴影、会合和自性都是这样一些心理因素，只有在相当彻底地体验到它们的基础上才能形成对这些因素的确切描述。正如这些概念是从真实的体验中焕发出来的一样，所以它们也只能用更进一步的体验来阐明。哲学批评将会发现，其中的一切事物都是相互矛盾的，除非从一开始就认识，它们与**事实**有关，而这种“概念”只不过是对这些事实的简略描述或定义。这样的批评对于客体本身来讲不起任何作用，就像动物学对一

1 一个经典的案例是奈尔肯（Nelken）发表的“Analytische Beobachtungen über Phantasien eines Schizophrenen”。另一个是施赖贝尔（Schreber）的*Memoirs of My Nervous Illness*。

只鸭嘴兽进行批评一样。至关重要的并不是概念；概念只是一个词语，一个筹码，只有当它代表一定程度的经验时才有意义和用途。遗憾的是，我无法将这种经验传递给我的公众。我已经尝试在许多出版物中，借助于案例材料的帮助，来呈现这些经验以及获得它们的方法。无论我的方法被真实地应用在哪些地方，我提供的事实都得到了证实。甚至在伽利略时代，如果一个人不怕麻烦而使用他的望远镜，就可以看到木星的卫星。

64 在专业心理学的狭窄领域之外，所有那些拥有比较神话学知识的人都能理解这些原型形象。他们毫不费力地就会认出阴影是黑暗的阴曹地府中的敌对代表，这是一个具有普世特征的形象。“会合”立刻就会被理解为所有神圣夫妇的精神原型。最后，考虑到自性所具有的经验的独特性，它被证明是位于统一和整体之超级观念背后的文化内涵，是所有一元论和一元系统中内在固有的。

65 我之所以认为这些平行的类比是重要的，是因为通过它们，我们就能将那些与自然经验失去根本联系的所谓**形而上学的**概念与那些活生生的、普遍的心理过程联系起来，这样它们就能重新恢复其真实和原初的意义。自我与现在被阐释为“形而上学”观念的被投射内容之间的联系，便以这种方式重新建立起来。遗憾的是，如前所述，形而上学观念的存在及其被人们所相信，这个事实丝毫无法证明其内容的实际存在，也无法证明它们所指代的客体的存在，尽管观念与事实的巧合是在一种特殊的精神状态下、一种优雅的精神状态下才会发生，但不应认为这种情况注定不可能发生，甚至主体也不能凭借意志行为致使其发生。一旦形而上学的观念失去了它们回忆和召唤原初体验的能力，它们不仅会变得无用，而且会证明是在更广阔的发展道路上的实际障碍。一个人会顽固地依附于曾经意味着财富的东西；它们变得越是无效，越是不可理解，越没有生命活力，人们反而会越加固执地依附于它们。（诚然，它们依附的只是一些贫瘠的观念；活生生的观念则有相当丰富的内涵，所以没有必要依附于它们。）所以，随着时光的流逝，意义丰富的东西变成了没有意义的东西。遗憾的是，这就是形而上学观念的不幸命运。

66 今天，这些观念可能究竟具有什么样的意义却成了一个真正的问题。这个世界——只要它还没有完全回归到传统——很早以前就已经不想再去聆听某种“讯息”；它宁愿被告知这样的讯息究竟有什么样的意义。从讲道坛上传颂的言辞是不可理解的，并且急需得到某种解释。当我们谁也没有感觉到获得救赎时，耶稣基督的死怎么可能给我们带来拯救呢？耶稣是以什么样的方式成为一个神人的？而这又是一个什么样的存在呢？三位一体究竟是什么？单性繁殖又是什么？吃人肉喝人血以及所有余下的一切又是什么呢？在这些概念世界与日常生活世界之间可能存在着什么样的联系？哪些物质现实在可能最广泛的尺度上与自然科学的关注相关？在每天二十四小时中至少有十六个小时我们专心地生活在这个日常世界中，而剩下的八个小时我们却更愿意生活在无意识状态中。任何事情在何时何地发生才会非常细微地提醒我们，存在着诸如天使、圣餐、祝福、死者复活等现象呢？因此，当我们发现在睡眠的无意识状态中出现的那些被称为“梦”的间隔，有时会包含着一个并非不值得考虑的与神话学主题类似的场景，这确实是一个发现。因为神话就是与所有这些事情有关的奇迹故事和对这些事情的处理，而这些事情也经常是信仰的对象。

67 在日常生活的意识世界中，这些事物是不可能存在的；就是说，直到1933年，只有在那些疯了身上才能发现拥有这些活生生的神话碎片。在这段时期之后，这个英雄与怪物的世界就像一场毁灭性的大火那样吞噬了所有的国家，这证明，这个神话的怪异世界在经历了数世纪的理性和启蒙之后，并没有丧失其生机活力。如果形而上学的观念不再像以前那样具有这种令人迷醉的效用，这当然不能归咎于原始性已经在欧洲人的心灵中丧失了，而只能归咎于下述事实：往昔的象征再也不能表达现在正从无意识中涌现出来的东西，而这是基督教的意识经过数世纪发展导致的最终结果，这个最终的结果就是产生了一个真正伪造的灵魂，一种错误的傲慢精神、歇斯底里、粗野、犯罪性的无道德感、教条主义的狂热、精神赝品的传播者、伪造的艺术、哲学的口吃，以及只适用于当今时代批发给民众食用的乌托邦汉堡包。那就是后基督教精神看上去的样子。

第五章

基督：自性的象征

68　我们这个世界的去基督教化，科学和技术这个路西法的发展，以及由于第二次世界大战而遗留下来的那些可怕的材料和道德破坏，曾被不止一次地与《新约全书》中预见到的末世论事件相比较。如我们所知，这些事件与反基督者的到来有关："不认父与子的，这就是反基督的。"[1]"凡是否认耶稣基督的精灵……都是反基督者……你们已经听说过他要来。"[2]《启示录》中充斥着对一些可怕事情的预期，这些可怕的事情将要在羔羊

1　《约翰壹书》2：22（DV）。

2　《约翰壹书》4：3（DV）。教会的传统观点是以《帖撒罗尼迦后书》2：3及以下内容为基础的，该书讲到了"反教"，讲到了"不法之人"，讲到了"沉沦之子"，他们都通报过天主的降临。这个"不法之人"要在上帝所在的位置上自命为上帝，但最终将被主耶稣"要用口中的气"杀死。他将要按照撒旦的操纵创造奇迹。他尤其是想要通过他的**说谎和欺诈**表明他自己的身份。《但以理书》11：36及以下被视为原型。

婚娶[1]之前，在世界末日时发生。这清楚地表明，阿尼玛克里斯蒂安娜不仅非常了解对手的存在，而且深知他未来将篡夺权力。

69 我的读者将会询问，为什么我要在这里讲述耶稣基督和他的敌人，即反基督者呢？我们的讲述必定会把我们带到基督的面前，因为他是我们文化中仍然存活着的神话。他是我们文化中的英雄，姑且不论他在历史上是否存在，他都体现了关于神圣的“原人”——神秘的亚当——的神话。位于基督教之中心的正是他，他就是同质四象体之主，意即福音传道士的四种象征，它们就像王位宝座上的四根柱子。他在我们之中，我们也在他之中。他的天国就是无价的珍珠，就是埋在地下的宝藏，就是一粒能够长成参天大树的芥菜籽，就是那座天堂的城市。[2]既然基督就在我们心中，那么他的天国也在我们心中。[3]

70 这几篇大家熟知的参考文献应当足以把基督象征的心理

1 这是《启示录》第19章中讲到的内容：“因为羔羊婚娶的时候到了，新妇也自己预备好了。就蒙恩得穿光明洁白的细麻衣，这细麻衣就是圣徒所行的义。天使吩咐我说，你要写上，凡被请赴羔羊之婚筵的有福了。”这里的羔羊指的是主耶稣，新妇就是教会。意思是说，当主到来的时候，教会要做好准备。羔羊婚娶的时间是一千年，教会要在一千年的时间里准备好。——中译注

2 关于“城市”，参见*Psychology and Alchemy*，pp.104ff。

3 上帝的天国就在你心中（或者就在你们之中）。“上帝的天国不是靠观察得来的：他们也不会说，主在这里或主在那里！”（《路加福音》17：20以下）因为它在我们心中，而且无处不在。“我的国不属于这个（外部）世界。”（《约翰福音》18：36）上帝的天国与人的相似性在关于撒种的比喻中得到了明确阐述（《马太福音》13：24；亦可参见《马太福音》13：45，18：23，22：2）。（埃及的）俄克喜林库斯的纸莎草纸片段中说：“……天国就在你心中，凡有自知之明者皆能发现之。认识你自己。”Cf. James，*The Apocryphal New Testament*，p.26；Grenfell and Hunt，*New Sayings of Jesus*，p.15.

学地位阐述得相当清楚了。**基督就是自性原型的例证。**[1]他代表一种神圣或天国的整体，一个光荣的人，一个没有罪恶污点的上帝之子。作为第二亚当，他相当于堕落之前的第一亚当，当时后者还是一个纯洁的上帝意象，对此，德尔图良说道："因此可以认为这是人心中的上帝意象，人类的精神具有像上帝一样的运动和感觉，尽管与上帝拥有的方式不同。"[2]奥利金(185—254)说得就更加明确：上帝的意象印刻在灵魂之中，而不是在身体上[3]，是一种意象的意象，"因为我的灵魂并非直接就是上帝的意象，而是根据前者意象的相似性制作出来的"[4]。另一方面，耶稣基督是真实的上帝意象，[5]我们内心世界的人就是仿照其相似的意象制作而成的，是不可见的、无形的、不朽的和不死的。[6]

---

1 Cf. "A Psychological Approach to the Dogma of the Trinity," pars.226ff.

2 *Adv. Marcion*, II, xvi; in Migne, *P.L.*, vol.2, col.304.

3 *Contra Celsum*, VIII, 49(Migne, *P.G.*, vol.11, col.1590):"造物主意象之特征印刻在灵魂之上，而非身体之上。"(Cf. trans. by H. Chadwick, p. 488)

4 *In Lucam homilia*, VIII(Migne, *P.G.*, vol.13, col.1820):"如果我认为天主和拯救者是不可见的上帝意象，那么我认为我的灵魂就是仿照造物主的意象而制作出来的，以便能够成为一种意象的意象；因为我的灵魂并非直接就是上帝的意象，而是仿照前者意象的相似性制作出来的。"

5 *De principiis*, I, ii, 8(Migne, *P.G.*, vol.11, col.156):"救世主就是上帝的物质或生存的图形。" *In Genesim homilia*, I, 13(Migne, *P.G.*, vol.12, col.156):"因此，除了我们的拯救者之外，他是所有创造物当中第一个诞生的，人类是仿照上帝的意象而制作出来的，那么上帝是仿照什么制作出来的呢？" *Selecta in Genesim*, IX, 6(Migne, *P.G.*, vol.12, col.107):"但是，不可见的上帝就是救世主。"

6 *In Gen. hom.*, I, 13(Migne, *P.G.*, vol.12, col.155):"但是，仿照上帝的意象和相似的模样制作出来的东西就是我们内部的人，不可见、无形、不朽和不死。"

我们心中的上帝意象是通过谨慎、正义、节制、价值、智慧和纪律而呈现出来的。[1]

71 圣奥古斯丁（354—430）在耶稣基督的上帝意象和作为变得像上帝一样的一种手段或可能性而被植入到人心中的意象之间作了区分。[2]上帝的意象并非在肉体的人身上，而是在“理性灵魂”之中，占有了这种意象就可以把人与动物分离开来。“上帝的意象在内心，而非在身体之中……理解就是在那里产生的，心灵就在那里，研究真理的力量就在那里，在那里上帝拥有他的意象。”[3]所以，奥古斯丁说，我们应当提醒我们自己，我们是按照上帝的意象被塑造而成的，因而只有这种理解：“……但是，在人知道他是按照上帝的意象被制作出来的地方，他就会知道，在他身上有比给予野兽更多的东西。”[4]由此显而易见，可以认为上帝的意象与“理性灵魂”是一致的。后者是更高级的具有宗教精神的人，是圣保罗那样像神一样的人。[5]

---

1 *De princip.*, IV, 37（Migne, *P.G.*, vol.11, col.412）.

2 *Retractationes*, I, xxvi（Migne, *P.L.*, vol.33, col.626）：“唯一遗留下来的……就是意象，而不是仿照意象。”

3 *Enarrationes in Psalmos*, XLVIII, Sermo II（Migne, *P.L.*, vol.36, col.564）.Also ibid., Psalm XLII, 6（Migne, *P.L.*, vol.36, col.480）：“因此我们理解，我们拥有一样东西，上帝的意象就在其中，这就是心灵和理性。” Sermo XC, 10（Migne, *P.L.*, vol.38, col.566）：“真理要在上帝的意象中寻获。” 但是*Liber de vera religione*反对这种观点，认为：“真理位于人的内心之中。” 由此显而易见，上帝的意象是与内在的人一致的。

4 *Enarr. in Ps.*, LIV, 3（Migne, *P.L.*, vol.36, col.629）.

5 《哥林多前书》15：47。

就像堕落之前的亚当一样，耶稣基督也是上帝意象的体现[1]，圣奥古斯丁对其整体格外强调。他说："这个词完全是以人的形象呈现的，可以说体现了其全部内容：这就是人的灵与身。而且，如果你非要让我说得更确切些——因为甚至地上的一个野兽也有一个'灵魂'和一个身体——那么，当我说人的灵魂和人的肉体时，我的意思是，他在他身上呈现了一个完整的人类灵魂。"[2]

72 人身上的上帝意象并没有因为亚当的堕落而遭到毁灭，而只是发生了损坏和腐烂，可以通过上帝的恩惠而得到恢复。整合的范围是通过降到地狱——即基督的灵魂降到地狱——而得到暗示的，其拯救活动甚至包括拥抱死人。在心理学上，与此相当的就是集体无意识的整合，它构成了自性化过程的一个基本方面。圣奥古斯丁说："因此，我们的终点必定是我们的完善，但我们的完善却是基督。"[3]因为他才是完善的上帝意象。由于这个原因，他也被称为"王"。他的新娘或未婚妻就是人的灵魂，它"以某种向内部隐藏的精神秘密的形式与这个词结合起来，两者可能在同一个肉体之中"，与基督和

1 *In Joannis Evangelium*, Tract. LXXVIII, 3（Migne, *P.L.*, vol.35, col.1836）："基督就是上帝，一个理性灵魂和身体。"

2 Sermo CCXXXVII, 4（Migne, *P.L.*, vol.38, col.1124）.

3 *Enarr. in Ps.*, LIV, 1（Migne, *P.L.*, vol.36, col.628）.

教会的神秘婚姻相一致。[1]在教会的教义和仪式中继续这种圣婚的同时，象征作用则在中世纪的历史进程中演化成为炼金术的对立物的结合，或“化学婚礼”，从而一方面产生了表示整体的“哲人石”的概念，另一方面则引发了化学结合的概念。

73 由于原罪而遭到破坏的人身上的上帝意象可以在上帝的帮助下“重新形成”[2]，根据《新约·罗马书》12：2，“与这个世界不相符合，却通过你的心灵的更新而得到转换，这样你就可以证明什么是……上帝的意志”（RSV）。无意识在自性化过程中产生的整体意象就是某种先验原型（曼荼罗）的类似的“重新形成”[3]。正如我早已强调过的，自性或整体性的自发象征，实际上是不可能从上帝的意象中区分出来的。尽管在上述引文的古希腊文本中使用的是“转换”这个词，但心灵的“更新”并非意味着意识会发生某种实际的改变，而是意味着

1 *Contra Faustum*, XXII, 38（Migne, *P.L.*, vol.42, col.424）：“神圣的教会在暗地里也是天主耶稣基督的配偶。因为人的灵魂正是秘密地在隐秘的精神深处加入到上帝这个词中来的，所以他们是两者共在同一肉体之中。” Cf. St. Augustine, *Reply to Faustus the Manichaean*（trans. by Richard Stothert, p.433）. 圣奥古斯丁在这里指的是《以弗所书》5：31以下：“由于这个原因，一个男人要离开他的父母，将要与他的妻子结合，他们两个将在同一肉体之中。这是一个伟大的秘密：但我说的却与基督和教会有关。”

2 Augustine, *De Trinitate*, XIV, 22（Migne, *P.L.*, vol.42, col.1053）：“在你的心灵的更新中重新形成；意象重新形成的开端必然源自第一次形成这种意象的他。”（trans. by John Burnaby, p.120）

3 Cf. “Concerning Mandala Symbolism,” in Part I of vol.9.

恢复某种原初状态，即诸灵最后复原。这与心理学的实证发现是完全一致的，有一个永远存在的整体原型，[1]它可能很容易从意识的视界中消失，或者直到由于转换而受到启发的意识在基督的形象中认出它来，才能完全被感知到。由于这种“记忆”，与上帝意象一体的原初状态便得到恢复。它产生了一种整合，在由于本能想要朝不同的甚至相反的方向分离而引起的人格分裂的鸿沟上架起了一座桥梁。不会产生分裂的唯一时刻，就是当一个人仍然像动物那样对其本能生活产生合理的无意识时。但是，当一种人为的无意识——一种压抑——不再反映本能生活时，这样做就证明是有害的，也是不可能持久的。

74　毫无疑问，最初在耶稣基督中体现出来的基督教关于上帝意象这个概念的意思是一个包罗万象的整体，甚至包括人的动物性方面。然而，在现代心理学的意义上，基督象征却缺乏整体性，因为它并不包括事物的黑暗方面，而是以路西法之敌的形式专门把它排除在外。虽然把邪恶的力量排除在外是基督教意识完全意识到的事情，但它失去的实际上是一个无实质的阴影，因为通过最初由奥利金提出的“善的缺失”这个教义，邪恶的特点就被描述成只是善的减少，因而被剥夺了其实质。根据教会的教义，邪恶只不过是“完善的偶然缺失”。这个假设导致了“所

1　*Psychology and Alchemy*, pp.207ff.

有的善均来自上帝，所有的恶均来自人类”这个观点。另一种逻辑后果就是由此而导致的在某些新教教派中恶魔这个概念的祛除。

75 幸亏有了“善的缺失”这个教义，整体性似乎才在基督这个形象中得到保证。但是，当一个人在经验心理学的平台上遇到邪恶这个概念时，他必须更充分地看待它。在这里，恶只不过是善的对立面。在古代世界，诺斯替教徒们的论点深受心理经验的影响，他们是在比教会神父更广阔的基础上来处理邪恶问题的。例如，他们的教导之一就是耶稣基督“把他的阴影从自己身上摆脱出来”[1]。如果我们对这个观点予以应有的重视，我们就能很容易地认出在反基督者的形象中被祛除的相应方面。在传说中，反基督者是作为基督生命的一个堕落的模仿者而形成的。他是一个真正的巨大的精灵，一个模仿的邪恶精灵，他追随着耶稣基督的脚印，就像一个阴影追随着身体一样。对这个英明但片面的救世主形象进行的这种补

---

1 爱任纽（*Adversus haereses*，II，5，1）记载了诺斯替教的教义，当耶稣基督作为造物主的逻各斯，创造了其母亲的存在之时，他“将她逐出普累若麻——就是说，他切断了她获得知识的渠道”。因为创造是在普累若麻外面发生的，在阴影中和虚空中发生的。根据瓦伦提尼安教派的观点（*Adversus haereses*，I，11，1），基督并非由普累若麻的永世所生，而是由位于它之外的母亲所生。她生了他，他说：“并不是没有一道阴影。”但是作为男子汉，他把这道阴影和他自己分离开并且回到了普累若麻，虽然他的母亲“被遗留在后面的阴影中，并且被剥夺了宗教精神的实质”，却诞生了真正的“下界的造物主和全能的主”。但是，位于这个世界之上的阴影，如我们从福音书中所知，就是这世上无上之元首，那个恶魔。Cf. *The Writings of Irenaeus*，I，pp.45f.

充——我们甚至可以在《新约全书》中找到它的痕迹——必定具有特别重要的意义。实际上，人们很早就对它予以了极大的关注。

76 如果我们认为基督这个传统人物等同于自性的心理表现，那么，反基督者就相当于自性的阴影，意即人类整体的阴暗的那一半，对此不应该作过分乐观的判断。根据我们的经验判断，光明和阴影如此均衡地分布在人的本性之中，因此至少可以说，他的精神整体是在多少有点朦胧之中出现的。心理学的自性概念，部分地派生于我们关于完整的人的知识，但在其他方面则是在通过内部二律背反而结合在一起的作为原型之四位一体的无意识产物中自发描述自己的，这个自性不可能遗漏隶属于光明人物的阴影，因为若没有它，这个人物就会缺失身体和人性。在经验的自性中，光明和阴影形成了一个自相矛盾的统一体。另一方面，在基督教的概念中，原型被毫无希望地分裂成为不可调和的两半，最终导致一种形而上学的二元论——最终把天国与该死的烈焰世界分离开来。

77 凡是对基督教抱有积极态度的人，都认为反基督者的问题是一个难以解决的问题。它至少是对魔鬼的反击，是由上帝的化身引发的，因为魔鬼也获得了和他同样的身材，把它作为基督的对手，因而也是上帝的对手，只是在基督教兴起之后，迟至《约伯记》的时代，他还仍然是上帝的儿子之一，而且和耶和华保持友好关系。[1]从心理学上讲，这种情况是很清楚的，因为基督在教义中的形象是如此崇高和纯洁，以致它身边的一切都变得黑暗了。实际上，它是如此片面的完美，以致需要一种心理的补充来恢复这种平衡。这种不可避免的对立很早就导致了关于上帝的两个儿子的教义，其中大儿子名叫撒旦叶。[2]反基督者的出现不只是一种先知的预言，它还是一种必然的心理学法则，这个法则的存在虽然不为约翰书信的作者所熟知，却给他带来了关于即将发生的事事相反[3]的明确知识。所以，他写作时仿佛意识到这种转换的内在必要性，虽然我们可能确信，这种观念对他来说似乎像是一种神的启示。实际上，每一种加剧了的基督意象的分化，都会导致其无意识的补充相应地加强，从而使上下之间的紧张度增加。

78 在作出这些说明时，我们完全囿于基督教心理学和象征作用的领域内。但是，谁也没有猜想到的一个因素是基督教倾向本身内在固有的死亡，它不可避免地会导致其精神的反转——并非通过模糊的机遇作用，而是根据心理学法则。力图达到绝

1 Cf. R. Schärf, “Die Gestalt des Satans im Alten Testament.”

2 “The Spirit Mercurius”(Swiss edn., pp.111f).

3 此处是指事物的二律背反，但在荣格看来，这种二律背反主宰了人类心灵的历史和人的发展，当我们到达一个极端的时候，就有可能意味着要走向另一个极端。——中译注

顶的宗教精神的理想，注定会与征服物质和掌握世界这种只在尘世才有的物质主义的激情相冲突。这种变化在“文艺复兴”时代就已经变得清晰可见了。“复兴”这个词的意思是“再生”，而且还指古老精神的更新。今天我们已经知道，这种精神主要就是一种面具；它并不是获得再生的古代精神，而是经历了奇怪的异教徒转换的中世纪的基督教精神，把天国的目标交换为尘世的目标，把哥特式风格的垂直观点交换为水平的观点（地理大发现，对世界和自然的探索）。后来导致了启蒙运动和法国大革命的一些发展，造成了当今世界的这种情境，人们只能在证明了早期基督徒关于“最终时刻”的预言这个意义上把这种情境称为“反基督的”。随着基督的到来，仿佛直到此时仍然潜在的东西却变成了外显的，或者仿佛一个钟摆在大力地摆向一边后，现在要向相反的方向作出补偿移动一样。据说，直到树根深深地扎入地狱之中，大树才能长到天国里。这种移动的双重意义在于钟摆的性质。基督是没有污点的，但是就在其生涯之初却与撒旦相遇，撒旦就是那个对手，代表在基督降临所表示的世界精神中那种极端紧张的相反方面。他就是那个以完全相同的方式伴随着“公正太阳”的“罪恶奥秘”，就像阴影属于光明一样不可分离，所以以便尼派[1]和祈祷

1 组成了诺斯替教混合主义教派的犹太基督教徒。

派[1]认为，他们就像两兄弟，一方伴随着另一方。两人都力图获得一个王国：一个想要得到天国，另一个想要成为这世上无上之元首。我们曾听说过“千年”统治时期，也听说过“反基督者的到来”，犹如世界与纪元的划分发生在皇室两兄弟之间一样。因此，与撒旦相遇并非只是一种偶然，它是一个链锁中的一环。

79 正如我们为了理解阿尼玛和阿尼姆斯原型的心理学价值而不得不记住古代诸神那样，基督是我们关于自性及其意义的最接近的类比。这当然不是一个关于人为制造的或任意给予的集体价值的问题，而是一个其本身有效和在场的问题，以及使其有效性以主体是否意识到它而被人们感受到的问题。然而，虽然基督的属性（与圣父具有同质性、永远共存、父子关系、单性生殖、受难、对立物之间牺牲的羔羊、一被分离成多，等等）毫无疑问把他挑选出来作为自性的一种体现，但从心理学的视角来看，他只相当于原型的一半。另一半出现在反基督者之中。后者除了是由其阴暗的方面组成之外，他也同样是自性的一种表现。两者都是基督教的象征，他们和在两个盗贼之间挑出一个受难的救世主的意象具有相同的意思。这个伟大的象征告诉我们，意识的进步发展与分化导致了一种对冲突的更有威胁性的觉知，而且就是指自我的受难，就是不可调解的对

1 Epiphanius, *Panarium adversus octoginta haereses*, LXXX, 1—3; Michael Psellus, *De daemonibus*（Marsilius Ficinus, *Auctores Platonici*, Venice, 1497）. 二者都提到了这个诺斯替教派。

立物之间那种令人痛苦的暂停。[1]诚然，把自我完全消灭是不可能的，因为那样的话，意识的焦点就会受到损害，而且其结果就会是完全无意识。自我的相对废除只会对那些最高和最终的决定产生影响，这些决定是我们在面对无法解决的职责冲突的情况下作出的。换句话说，这就意味着，在这些情况下自我是一个痛苦的旁观者，他什么决定也不能作，而必须服从某个决定和无条件投降。人的"天赋"，即谁也不知道其程度如何的他的那个更高级和更广阔无边的方面，拥有最终决定权。因此，我们完全可以根据基督教的传统来仔细考察自性化过程的心理学方面，这些方面可以用远远超过我们无力尝试的确切性

1 "但是，这两个极端中的一个，也是最好的那一个，应当因为他的卓越而被称为上帝之子；而另一个，与他**完全对立的**那一个，则应被称为邪恶魔鬼之子、撒旦之子和魔鬼之子。"（Origen, *Contra Celsum*, VI, 45; in Migne, *P.G.*, vol.11, col.1367; cf. trans. by H. Chadwick, p.362）对立物甚至互为条件："凡有恶之处……就必定需要有与恶相对立的善……一方追随着另一方，因此我们必须要么把两者都废除，并且否认善与恶的存在，要么如果我们承认一方，尤其是承认恶，那么我们也必须承认善。"（*Contra Celsum*, II, 51; in Migne, *P.G.*, vol.11, col.878; cf. trans. by H. Chadwick, p.106）与这个清晰而又符合逻辑的说明相反，奥利金不得不在其他地方主张，邪恶的精灵和不洁的恶魔所拥有的"权力、王位和封邑实质上并不拥有它——那种相反的美德"，而且他们并不是被创造出来的恶，而是根据他们自己的自由意志选择了邪恶这个条件（*De princip.*, I, viii, 4; in Migne, *P.G.*, vol.11, col.179）。奥利金至少已经在内涵上确定上帝的定义就是最高的善，因而与祛除恶的物质性这种倾向截然相反。当他说下面这段话的时候，他的观点非常接近奥古斯丁关于"善的缺失"这个概念。他说："因为邪恶当然就意味着剥夺了善。"但这个句子却直接放在下面这句话的前面："将善搁置一边只不过是在邪恶之中获得完善。"（*De princip.*, II, IX, 2; in Migne, *P.G.*, vol.11, cols.226—227）这清楚地表明，一方增长就意味着另一方的减少，所以善和恶代表着一个对立物的相等的两半。

和深刻性来为我们描述它，尽管自性的基督意象——基督——缺乏恰当隶属于它的那个阴影。

80 正如已经表明的那样，这样做的理由是有最高的善这个教条。爱任纽在拒绝诺斯替教的时候非常正确地指出，必须对“他们的天父之光明”表示反对，因为它“不可能照亮，甚至也不可能填满那些在其内部的东西”[1]，意即阴影和虚空。在他看来，如果假设在光明的普累若麻内部可能有一个“黑暗和无形的虚空”，这似乎是很可耻的，并应该受到谴责的。对基督徒来说，上帝和基督都不可能是一个悖论；它们必须要有一个单一的意思，而且这在当今时代依然如此。过去没有人知道，而且显然（除了少数值得尊敬的例外）就是现在也没有人知道，狂妄自大的思辨性的智识早已使古代人变得胆大妄为，竟然提出了一个关于上帝的哲学定义，或多或少地强制他成为最高的善。一位新教神学家甚至鲁莽地主张，“上帝只能是善的”。如果他自己无法看清他在智识上冒犯了上帝的自由和全知全能，那么耶和华当然能在这一方面教导他一两件事情。对最高的善的这种强行夺取当然是有原因的，其根源深藏在遥远的过去（虽然在这里我无法进入这个领域）。但是，它是“善的缺失”这个概念的有效根源，它能使恶的现实失效，而且早在圣大巴西勒（330—379）和丢尼修（4世纪下半叶）那里就能找

1 *Adv. haer.*, II, 4, 3.

到，并且在奥古斯丁那里得到了全面发展。

81 后来的这个格言“所有的善均来自上帝，所有的恶均来自人类”的最早期的权威是塔蒂安(2世纪)，他说：“没有任何恶的东西是上帝创造的，是我们自己产生了所有的邪恶。”[1]这个观点也被安条克的狄奥菲鲁斯(2世纪)在其论著《致奥图莱克书》中所采纳。[2]

82 巴西勒说：

> 你一定不要把上帝看作邪恶存在的始作俑者，也不要认为邪恶本身就存在。因为恶并不像活的存在物那样存在，我们也不可能在我们的眼前设置任何实质性的本质。因此恶是善的派生物。……所以恶并非存在于它自己的本质之中，而是产生于灵魂的残缺不全。[3]它并非未被创造，正如那些为了与善相提并论而建立了恶的恶人所说……它也不是被创造的。因为如果所有的一切都和上帝有关，恶又怎能从善中产生出来呢？[4]

83 另一段话对这段说明的逻辑作了阐释。在《创世六日》的

---

1 *Oralio ad Graecos*(Migne, *P.G.*, vol.6, col.829).

2 Migne, *P.G.*, vol.6, col.1080.

3 巴西勒认为，世界的黑暗源自天体投下的阴影。*Hexaemeron*, II, 5(Migne, *P.G.*, vol.29, col.40).

4 *Homilia: Quod Deus non est auctor malorum*(Migne, *P.G.*, vol.31, col.341).

第二布道中，巴西勒说：

> 如果说邪恶源自上帝，这是很不虔敬的，因为相反的东西不可能源自相反的东西。生不可能造成死，黑暗不是光明的起源，疾病不是健康的制造者。……现在如果恶既非不是由上帝创造的，又不是由上帝创造的，那么其本质何来呢？恶确实存在，生活在这个世界上的人谁都不会否认。那么我们还能说什么呢？恶并不是一个活生生的、有生气的实体，而是灵魂与美德相对立的一个条件，是轻浮的人由于堕落而远离了善所致。……我们每个人都应该认识，他就是其本身之邪恶的始作俑者。[1]

84 当你说“高”的时候，你立刻就会做出“低”的姿势，这个非常自然的事实就在这里扭曲成一种因果关系，并且还原成为荒谬，因为黑暗不可能产生光明，而光明也不可能产生黑暗，这是相当显而易见的。但是，善与恶的观念却是任何道德判断的前提条件。它们是对立物在逻辑上相等的一对，因而也是所有认知行为的必要条件。从经验的观点来看，我们所能说的也不过如此了。从这个立场出发，我们不得不主张，作为某种道德判断的相互存在的一半，善和恶并非相互产生于对方，而是

---

1 *De spiritu sancto*（Migne, *P.G.*, vol.29, col.37）. Cf. *Nine Homilies of the Hexaemeron*, trans. by Blomfield Jackson, pp.61f.

必然共存的。善与恶一样，也都属于人类价值观的范畴，我们是作出道德价值判断的人，但我们只在很有限的程度上才是交给我们进行道德判断的那些事实的制造者。有人把这些事实称为善，但另一些人则称之为恶。只有在死刑案件中才有诸如“普遍共识”之类的事情。如果我们持有和巴西勒相同的观点，人是恶的始作俑者，那我们也同样是在说，他也是善的始作俑者。但是，人首要的只是一个进行判断的人；涉及需要进行判断的事实，他的责任就不是那么容易确认的。为了做到这一点，我们就不得不对其自由意志的程度作出明确的界定。精神病学家知道，这是一个多么难以完成的任务。

85 由于这些原因，心理学家不再接受这些形而上学的断言，而是必须对“善的缺失”的那些公认的人类基础提出批评。因此，当巴西勒一方面断言，恶并没有自己的物质形式，而是源自“灵魂的损毁”；如果另一方面他又相信，恶确实存在，那么与恶有关的现实就是建立在灵魂的真正“损毁”基础上，这个灵魂必须要有一个同样真实的原因。如果灵魂最初被创造出来时是善的，那么它确实已经被腐蚀了，而且是被某个真实的东西腐蚀的，即便这个东西无非就是不小心、冷漠和轻率。我必须尽一切可能地强调，当我们把某件事情的原因追溯到心理条件或事实的时候，它绝不是被缩减成虚无，从而被取消，而是被转换到**心理现实**的水平。在经验上确定这个心理现实，要比在教义上承认存在着恶魔这个现实容易得多。从其真实来源上看，这个恶魔根本就不是由人创造出来的，而是早在他这样做之前就已经存在了。如果这个恶魔按照他自己的自由意志脱离上帝而去，这首先证明，恶早在人类出现之前就已经在这个世界上了，因此，人不可能是恶的唯一制造者。其次，这个恶魔已经拥有一个"损毁的"灵魂，我们必须确认这才是恶产生的真正原因。巴西勒论点中的基本缺陷在于那个预期理由（这是指逻辑学上的一种逻辑错误，把未经证明的判断作为证明论题的论据），这使他陷入不可解决的矛盾之中。根据一开始的规定，即使在面对教义所断言的恶魔是永恒的时候，我们也必须否认恶的独立存在。导致这个观点的历史原因是摩尼教二元论所呈现的那种威胁。这一点在波斯特拉的提图斯（殁于370年）那部名为《反摩尼教》的论著中阐述得格外清楚，[1]在这本书里，他以反摩尼教的口吻宣称，就其本质而言，根本就没有恶这种东西。

86 约翰·克里索斯通（约344—407）没有使用"缺失"这个词，而是使用了"背离善"这个短语。他说："恶无非就是背离了善，因此，相对于善而言，恶就是次要的。"[2]

87 丢尼修在《论天主的名称》一书的第四章对恶作了详细解释。他说，恶不可能源自善，因为如果它源自善，它就不是恶。

1 Migne, *P.G.*, vol.18, cols.1132f.

2 *Responsiones ad orthodoxas*（Migne, *P.G.*, vol.6, cols.1313—1314）.

但是，既然一切存在物皆来自善，那么一切事物在某种程度上就是善的，“恶根本就不存在”。

88 就其本质而言，恶既不是一个事物，它也不会引发任何事物。恶根本就不存在，它既非善，也非善的产物。所有存在物，就其存在这个根本事实而言，都是善且均来自善；但是，就其从善中派生出来而言，它们既非善，也并非存在。不存在之物并非完全为恶，因为绝对的不存在就是虚无，除非它被认为是在善中超然地持续存在着。因此，作为绝对存在和绝对非存在的善，将站立在最重要和最高的地方，而恶则既不在存在之处，也不在不存在之处。[1]

89 这些引文表明，对恶之现实性的强调受到了基督教父的否认。前已提及，这与教会对摩尼教二元论的态度有关，这一点可以在圣奥古斯丁那里清楚地看到。他在与摩尼教派和马吉安教派的信徒们进行论战时作了以下说明：

> 由于这个原因，万物皆善，因为有些事物比另一些事物更善，而且不太善者之善增添了更善者的荣耀。……因此，我们称之为恶的那些东西乃是善物中之瑕疵，而且根本不可能在善物之外独自存在。……但这些根本的瑕疵却证明了事物的自然之善。因为，以某种瑕疵为由称之为

1 Migne, *P.G.*, vol.3, cols.716—718. Cf. *Works of Dionysius the Areopagite*, trans. by John Parker, I, pp.53ff.

恶的东西，实质上却显然必定为善。因为瑕疵是与本性相反之物，是损害事物之本质的东西——而且只有通过削减该事物之善才能做到。**所以恶不是别的，而是善的缺失**。由此，除了在某一善物之中，它不可能存在于任何他处。……所以可能有一些其本身并非任何恶的善物，例如上帝自己，以及那些高高在上的上天之物；但是，若没有善也不可能有恶物存在。因为倘若恶没有对任何事物造成损害，它们就不是恶；倘若它们确实对事物造成了损害，它们便削减了其善；倘若它们对其产生更大的损害，那是因为它里面还有一些它们要损害的善；如果它们将其全部吞噬掉，其本质中就没有留下任何要损害之物了。这样也就不存在任何能够据此而受到损害之恶了，因为这样一来就没有留下任何实质性的东西，需要用损害来削减其善了。[1]

90 《论奥古斯丁的四部语录》(CLXXVI)说："恶并不是一种

1 *Contra adversarium legis et prophetarum*, I, p.4f; in Migne, *P.L.*, vol.42, cols.606—607. 虽然*Dialogus Quaestionum LXV*并非奥古斯丁的真实作品，但它非常清楚地反映了他的立场。第16问：既然上帝创造万物皆善，而且世间万物没有一个不是由他创造的，那么恶之何来呢？回答：恶并非一自然之物，相反它是赋予善之缺失的一个名称。因此，若没有恶也就不可能有善，但是，若没有善也就不可能有恶，在没有善之处也不可能有恶。……所以，当我们称某一事物为善之时，我们称赞的是其内在固有之本质；当我们说某一事物为恶时，我们责备的并非其本质，而是其中与其本质相反的某些瑕疵，其本质则为善。

实质[1]，因为上帝并非其始创者，它并不存在；所以，败朽之瑕疵无非就是某一误导之意愿的欲望或行动而已。”[2]奥古斯丁在讲以下这段话时对这种观点表示赞同：“钢铁并非恶；但是，当有人把钢铁用作犯罪之目的时，他才为恶。”[3]

91 这些语录明确地例证了丢尼修和奥古斯丁的立场：恶并无实质，或者说恶本身并不存在，因为它只不过是善的减少而已，只有善才有实质。恶是一种**缺陷**，是由于错误的意志决定所导致的对事物的不良使用（由于恶的欲望所致的盲从等）。伟大的教会理论家托马斯·阿奎那在提到丢尼修的上述语录时说：

> 一个对立面是通过另一个对立面而被知晓的，犹如黑暗是通过光明而被知晓的一样。因此对于什么是恶，也必须通过对善的本质的了解才能知晓。现在我们已说过上述话语，善乃众所喜爱之物；那么，既然一切本质都要求有自己的存在和自己的完善，那就一定可以说，一切被创造物之存在与完善基本上都是善的。因此，认为恶表示某种存在或者任何形式或本质，那是不可能的。实际的情况

1 “恶并无实质”（CCXXVIII）。“并不存在恶的本质——事实上，不可能存在着恶；但是，让没有善的本质存在是不可能的。”（CLX）

2 *Augustini Opera omnia*, Maurist edn., X, Part 2, cols.2561—2618.

3 *Sermones suppositiii*, Sermo I, 3, Maurist edn., V, col.2287.

必定是，冠之以恶之名意味着善的缺失。[1]

恶并不是一种存在，而善则是一种存在。[2]

每一个代理人做事都有目的，这显然是从下述事实推论出来的，即每一个代理人都倾向于针对某一明确的事物。既然一个代理人对事物有明确的指向，那就必定要有适合于该代理人的需要，因为稍有不合适，后者就不会倾向于它。但凡适合于某一事物的东西对它而言都是善的。所以，每一位代理人都是为善而工作的。[3]

92 圣托马斯本人曾回忆起亚里士多德说过的那句话："事物的颜色越白，它混杂的黑色就越少。"[4]但是，毋庸讳言，与此相反的那句话——"事物的颜色越黑，它混杂的白色就越少"——不仅与第一句话具有同样的效用，而且在逻辑上也是与其等值的。他可能还曾提到，不仅黑暗是通过光明而被知晓的，而且相反，光明也是通过黑暗而被知晓的。

93 因为只有发挥作用的才是真实的，所以，按照圣托马斯的观点，从"存在"的意义上说，只有善才是真实的。但是，他的论点引入的是一种相当于"方便、充分、适当、合适"的善。所

1 *Summa theologica*, I, q.48, ad 1 (trans. by the Fathers of the English Dominican Province, II, p.264).

2 Ibid., I, q.48, ad 3 (trans., p.268).

3 *Summa contra Gentiles*, III, ch.3, trans. by the English Dominican Fathers, III, p.7.

4 *Summa theologica*, I, q.48, ad 2 (trans., II, p.266, Aristotle, *Topics*, iii, 4).

以，我们应该把它翻译成“每一位代理人都是为了适合于它的事物而做事的”。众所周知，魔鬼也是这样做事的。他也有一种欲望，也力争完满——但不是在善的方面，而是在恶的方面。即便如此，人们也很难由此得出结论认为，他的奋争“基本上是善的”。

94 恶显然可以表征为善的减少，但是，根据这种逻辑我们也完全可以说：能把我们的鼻子和耳朵冻住的北冰洋冬季的气温，相对而言，只不过稍低于在赤道流行的热度。因为北冰洋的温度很少低于零下四十三摄氏度。在地球上没有一个地方能达到绝对零度，即便接近于达到，在这个意义上说，地球上的万物也都是“温暖的”。同样，万物或多或少都是“善的”，正如寒冷只不过是温暖的减少而已，所以，恶也只不过是善的减少而已。这种“善的缺失”的论点一直是**以未经证明的判断作为证明论题的论据**的一种委婉语，无论恶被视为一种较少的善，还是被视为被创造物的有限性和局限性的作用。这个错误的结论一定是从“天主=最高的善”这个前提中推论出来的，因为如果认为美好的善还能够创造恶，这是不可想象的。它只不过创造了善和不太善(后者被外行的人们简称为“更糟”)。[1] 正如尽管我们会在零下四十三摄氏度的气温中被残忍地冻住

1 在第四届拉特朗大公会议的法令中我们读到这句话：“因为上帝创造的恶魔和其他魔鬼在本质上是善的，但因为他们自己的运动而变成了恶。”(Denzinger and Bannwart, *Enchiridion symbolorum*, p.189)

一样，也有一些被上帝创造的人和物只是在最低限度上是善的，而在最高限度上则是不善的。

95 很有可能正是从这种倾向出发来否认恶的任何现实性，才导致我们得出这个公理："所有的善均来自上帝，所有的恶均来自人。"这与下述真理是相矛盾的，他创造了热也应该为冷负责（"不太善的善"）。我们当然赞成奥古斯丁的观点，所有的本性都是善的，但只是还不足以来避免使他们的不善表现得同样明显。

* * *

96 人们几乎不可能把独裁国家集中营里发生的，而且仍然在发生的那些事情称为"善的偶然缺失"——这听起来像是嘲弄。

97 心理学并不知道善和恶本身究竟是什么；它只是通过对一些关系的判断才知道它们的。从某种观点来看，"善"就是那种似乎合适的、可以接受的或有价值的东西；恶则是其对立面。如果我们称之为善的事物"真正"是善的，那就必定有同样是"真正"恶的事物。心理学关心的显然是一种或多或少带有主观性的判断，意即带有一种在命名价值关系时不可避免的心理对立物："善"表示某种不坏的事物，而"坏"则表示某种不善的事物。有一些事物，按照某种观点来看是极其恶的，就是说很危险的。在人类本性中也有一些事物是非常危险的，因此对于与他们站在同一条火线上的任何人来说也都是邪恶的。

掩盖这些恶的事物是没有意义的，因为那样做只能哄骗一个人产生虚假的安全感。人类的本性能够产生数量无限的恶，在人类所能经验到的范围内，以及在心理能够在它们之间作出判断和区分的范围内，恶行就像善行一样真实。只有无意识才不在善与恶之间作出区分。在心理学领域内人确实不知道它们中的哪一个在世界上占据绝对统治地位。我们只是希望善能占统治地位——也就是说，那些在我们看来似乎是合适的东西。谁也不可能说清楚普遍的善可能是什么。对我们道德判断的相对性和不可靠性即使有再多的深刻洞见，也无法使我们摆脱这些缺陷，那些其本身注定超越了善与恶的人，通常是最糟糕的人类痛苦施加者，因为他们被自己的疾病导致的痛苦和恐惧所扭曲了。

98 人类不应该忽略潜藏在他们内心深处的恶的危险性，这个问题从来没有像今天那么重要。遗憾的是，事情确实如此，这就是为什么心理学必须坚持承认恶是现实存在的，而且必须拒绝接受那些认为它不重要或者实际上并不存在的确定看法的原因。心理学是一门实证科学，它应对的是现实问题。因此，作为一名心理学家，我既没有这种倾向性，也没有能力把我自己与形而上学相混淆。只不过，当形而上学逐渐侵占了经验，而且以某种不被认为是实证研究的方式来解释它时，我就不得不提出争议。我对**善的缺失**所提出的批评只是就心理学经验而言的。从科学的观点来看，正如必定对每个人显而易见的那样，**善的缺失**是**以未经证明的判断作为证明论题的论据**为基础而建立起来的，在那里，最终必定会发生的事情就是你从一开始就置于其中的事情。这些论点是没有说服力的。但是，这些论点不仅得到了使用，而且毫无疑问已被人们所相信，这个事实是不可能那么容易得到处理的。这证明有一种从一开始就存在的倾向，它倾向于优先考虑"善"，而且竭尽全力千方百计地这样做，无论这样做是否合适。如果基督教的形而上学坚持这种**善的缺失**，它就是在表达这种倾向，必定要增加善和减少不善。因此，这种**善的缺失**可能就是一个心理学的真理。对这个问题我不想冒昧地作出判断。我只是一定要坚持，在我们的经验领域中白与黑、光明与黑暗、好与坏，都是必然要相互断定的具有相同意义的对立物。

99 这个基本事实在所谓的"克莱门汀布道"[1]中得到了正确的理解，这是一部可以追溯到150年的诺斯替教—基督教的作品集。那位未知的作者把善与恶理解为上帝的左手和右手，而且以会合或对立物的双方的角度来看待全部的创造。巴尔德撒尼斯[2]

1 哈纳克（*Lehrbuch der Dogmengeschichte*，p.332）认为，"克莱门汀布道"是4世纪初完成的，因而他的观点是，它们"没有任何证据可以明确地证明这是在2世纪完成的"。他认为伊斯兰教远比这个宗教体系优越。耶和华和真主安拉是无法反思的上帝意象，而在"克莱门汀布道"中却有一个心理的和反思的精灵在起作用。至于为什么会产生，至于上帝意象为什么会发生瓦解，就像哈纳克认为的那样，这是无法直接证明的。不应该把心理的恐惧追溯得太远。

2 巴尔德撒尼斯（Bardesanes，164—222），叙利亚诗人、占星术士、诺斯替教徒，也是一位哲学家。——中译注的追随者马里纳斯也以同样的方式把善视为“光明”并且与右手有关，而把恶视为“黑暗”并与左手有关。[1]左侧也与女性相对应。因此在爱任纽(《反异端论》,I,30,3)看来，苏菲亚就被称为“左手”。“克莱门特”发现，这个观点与上帝统一性的观点完全一致。如果一个人有一种拟人化的上帝意象——而且每一种上帝意象都以或多或少有点微妙的方式表现出拟人化的特征——那么我们就很难对“克莱门特”观点的逻辑性和自然性提出疑问。不管怎么说，这个比上述引文可能要早两百多年的观点，证实了恶的现实并不一定会导致摩尼教的二元论，也不会使上帝意象的统一性遭到破坏。实际上，它为一种统一性提供了保证，这种统一性超越了在把耶和华称为上帝的观点和基督教的观点之间的重大差异。耶和华的不公正是臭名昭著的，这种不公正不是善。而另一方面，基督教的上帝则是**唯一的**善。不可否认，“克莱门特”的宗教体系有助于我们以某种适合于心理学事实的方式来克服这一矛盾。

100 因此，稍加仔细地追踪一下“克莱门特”的思路是值得的。他说：“上帝任命了两个王国和两个时代，确定应该把现在的世界交付给恶，因为它很小且很快就会逝去。但是，他承诺要把未来的世界为善保留着，因为它伟大而永恒。”“克莱门特”又

1 *Der Dialog des Adamantius*, III, 4（van de Sande Bakhuyzen ed., p.119）.

继续说道，这种一分为二与人的结构相对应：身体来自女性，其特点是具有情绪性，心灵来自男性，他代表着理性。他把身体和心灵称为“两个三元”（two triads）。[1]

> 人是由两个混合物（字面意思是“粘贴物”）构成的，女性和男性。因此在他面前也设置了两条路——遵循法则之路和不遵循法则之路；而且建立了两个王国——一个被称为天的王国，另一个则被称为那些统治着大地的人的王国。……在这两个王国中，一个对另一个施加暴力。更有甚者，这两个统治者都是上帝的快手。

这参考了《申命记》32：39：“我使人死，我使人活。”（DV）他用左手杀人，而用右手救人。

> 这两条原则并没有把它们的物质放在上帝之外，因为并没有任何其他最初的源头。它们也没有被作为动物而从上帝那里派送出来，因为它们和他具有同样的心灵。……但是，前四种元素，即热和冷、湿和干，却是从上帝那里派送出来的。由于这个原因，他便成为每一种物质

1　女性或肉体的三元由欲望、愤怒和悲伤构成；男性的三元则由反思、知识和恐惧构成。Cf. “The Phenomenology of the Spirit in Fairytales,” Part I of vol.9, pars.425ff.

> 之父，但不是起源于元素之混合的知识之父。因为当这些元素被从虚无中结合起来时，选择就会像一个孩子一样在它们身上诞生出来。

这就是说，通过四种元素的混合，不平等就产生了，从而引起不确定性，所以必须作出决定或选择的行为。这四种元素形成身体的四重性质，也形成了恶的四重性质。这种性质是"被仔细地从上帝那里区分出来和发送出来的，但是，当根据派送者的意愿把它与虚无结合起来时，由于这种结合而引起了喜欢作恶的偏好"[1]。

101 对最后一句话要作如下理解：那四重性质是永恒的，而且是上帝的孩子。但是，朝向恶的倾向却是根据上帝的意志而从外部添加到这个混合物之中的。所以，恶并不是由上帝创造的，或者被任何其他人创造的，也不是从上帝那里投射出来的，也不是从它自己身上产生出来的。曾致力于这些思考的彼得，显然也无法确定这件事情究竟是怎样产生的。

102 看起来仿佛上帝并非有意为之（很可能在他对此一无所知的情况下），这四种元素的混合便发生了错误的转向，虽然这很难与克莱门特关于上帝的那双对立的手"相互使用暴力"的观

1 *The Clementine Homiles and the Apostolical Constitutions*, trans. Thomas Smith et al., pp.312ff（稍有改动）。

点相一致。显而易见，这场对话的领导者彼得发现，很难用这么多的话把恶的原因归咎于造物主。

103 罗马的伪克莱门特支持一种圣彼得基督教，这个教派显然属于“高教会派”或者具有仪式的味道。把这个观点与其关于上帝两面性的学说综合在一起考虑，就可以使他和早期犹太—基督教教会建立密切的联系。根据伊皮法纽的证据，在这个教会中我们可以发现以便尼派的观点，上帝有两个儿子，大儿子是撒旦，小儿子是耶稣基督。[1]这场对话中的演讲者之一米夏埃斯在说下面这句话时也同样认为，如果善与恶是以同样的方式产生的，那么它们就必然是兄弟。[2]

104 在（犹太—基督教？）启示录“以赛亚升天记”中，我们在中间部分发现，以赛亚全神贯注地看着那七个天国。[3]他首先看到的是萨麦尔及其主人，一场针对他的“大战”正在天上发生。于是，天使吹送他越过这场战争，进入到第一天国，并且引导着他登上王位。在王位右侧站立着的天使比左侧的天使更漂亮。右侧的天使“全都用**一个**声音吟唱颂歌”，而左侧的天使则在他们**之后**才唱，而且他们唱的和前者唱的不一样。在第二天国中，所有的天使都比第一天国的漂亮，而且他们之

1 *Panarium*, Oehler ed., I, p.267.

2 *Clement. Hom.*, XX, ch. Ⅶ. 既然在伪克莱门特那里无法追溯到对摩尼教二元论的防御态度（这种二元论是后世作者的一种典型特点），那就可以把这个布道的时间追溯到3世纪初，如果不是更早的话。

3 Hennecke, *Neutestamentliche Apokryphen*, pp.309ff.

间没有差异，无论是在这里还是在任何其他更高级的天国中都是如此。萨麦尔显然仍然对第一天国有重大影响，因为在那里左侧的天使不那么漂亮。而且，较低级的天国也不像较高级的天国那样金碧辉煌，尽管每一级天国在辉煌程度上要超过另一级。那个魔鬼，就像诺斯替教的统治者们一样，就居住在苍天之中，可以推测他和他的天使与占星术的诸神及影响相对应。辉煌程度从最高级的天国一路向下逐级减少，这表明他的领域与三位一体的神圣领域相互渗透，他的光明又反过来逐级向下过滤，一直延伸到最下层的天国。这描述了一幅互补的对立物的图画，就像右手和左手一样相互平衡。显而易见，这幅视觉图像，就像“克莱门汀布道”一样，属于前摩尼教时代（2世纪），当时基督教还没有必要与其摩尼教的对手们对着干。人们很容易把这看作对一种真正的阴阳关系的描述，这种描述要比“善的缺失”更加接近于实际真理。另外，它并没有以任何方式对一神教造成损害，因为它把对立物统一在一起了，就像阳和阴被统一在道（这里指的是中国古代的道家学说之道）之中一样（耶稣会会士们相当符合逻辑地把这个词翻译成“上帝”）。仿佛摩尼教的二元论首先使这些开创者们意识到这个事实，直到此时，由于尚未清楚地认识它，他们还一直坚定地相信恶的实在性。这种突然的认识完全可能使他们得出这个危险的拟人化的假设，凡是人无法统一的东西，上帝也无法统一。幸亏早期基督教徒们具有更伟大的无意识，才能够避免这种错误。

105 或许我们可以冒险作出这种推测，自《约伯记》起一直萦绕在人们心头的关于耶和华的上帝意象问题，仍继续在诺斯替教的圈子里，以及在广义的融合的犹太教中讨论着，就像基督教徒那样更加渴望对这个问题作出回答——意即作出意见一致的决定，认为上帝是至善的[1]——这并没有使保守的犹太教徒感到满意。因此，在这一点上，关于上帝的这两个对立的儿子的学说显然从一开始就起源于居住在巴勒斯坦的犹太基督教徒。在基督教本身的内部，这个学说流传到鲍格米勒派教徒之中（这是10—11世纪流行干保加利亚的一个教派）和纯洁派教徒[2]之中；在犹太教中，它曾对宗教推测产生过影响，并且在犹太教神秘哲学的“赛菲罗斯之树”[3]的两个方面得到最终的表述，被命名为“爱”和“公正”。我非常感谢一位犹太学者兹维·威尔布罗夫斯基，他把与这个问题有关的希伯来文献中的大量信息为我整理在一起。

106 约瑟夫拉比教导说：“‘你们谁也不可出自己的房门，直到

1 参见《马太福音》19：17和《马可福音》10：18。

2 纯洁派，也称卡特里教派，该词源自希腊文katharoi。最早于1143年在德国科隆出现，后来很快流传到英国、西班牙以及法国南部、意大利北部一带。——中译注

3 这个概念起源于犹太神话。在造物时，神向虚无中送出了一股能量，而这股能量不久就出现了分歧，最后分成了十种截然不同的性质，分别是善良、智慧、理解、伟大、力量、美丽、胜利、杰出、基础和天国，这十种性质就是我们所知的赛菲罗斯。但此时的赛菲罗斯已经开始具有形态，称之为生命之树，其形体也是由神创造的，每个人死后，灵魂都会回到生命之树，重新成为与其相对应的赛菲罗斯。——中译注

早晨'(《出埃及记》12：22)[1]这句诗文是什么意思？一旦把许诺赋予破坏者，他就无法在正确与邪恶之间作出区分。即便最初他确实是从正确开始的。"[2]在对《出埃及记》33：5("如果我与你们同行，哪怕很短时间，我也可能杀掉你们")这段话进行评论时，米德拉西说："耶和华的意思是说，他会在很短的时间内对你们发怒，因为这是他愤怒的时间长度，正如在《以赛亚书》26：20中所说，'暂避片刻，等待上帝的怒气平息'——并且把你们杀死。"在这里，耶和华发出了他要恣意发怒的警告。如果在这个圣怒的时刻发出一声诅咒，这无疑会是很有效的。这就是"知道上帝之所思"的巴兰[3]在巴勒要他诅咒以色列人的时候是一个危险的敌人的原因，因为他知道耶和华发怒的那个时刻。[4]

107 上帝的爱和仁慈被命名为他的右手，但他的公正及其对此的管控却被命名为他的左手。所以，我们在《列王记上》22：19中看到这样的话："我看见主坐在他的宝座上，诸天使环侍左右。"米德拉西评论说："高天之上有左右吗？这意味着代祷者站在右侧，而那些控告者则站在左侧。"[5]对《出埃及

---

1 指的是把在埃及出生的第一个人杀死。

2 *Nezikin*, I, Baba Kamma 60(*The Babylonian Talmud*, Isidore Epstein trans. and ed., p.348, 以下缩写为*BT*, 稍有改动)。

3 《民数记》24：16。

4 *Zera'im*, I, Berakoth 7a(*BT*, p.31).

5 *Midrash Tanchuma Shemoth*, XVII.

记》15：6（“主啊，你强有力的右手令人目瞪口呆，主啊，你用右手把仇敌一扫而光”）这段话的评论是这样说的：“当以色列的孩子们执行上帝的意愿时，他们把左手当成他的右手。当他们不遵从他的意愿时，他们甚至会把右手当成他的左手。”[1]“上帝的左手撞击成碎片；他的右手则实施荣耀的拯救。”[2]

108 耶和华之公正的危险方面是在下面这段话中表现出来的：“甚至圣者也如此说，圣主赐福曰：倘若我独自以慈悲为怀而创造了这个世界，那么这个世界就不可能存在。所以我要以公正和仁慈为怀来创造它，愿它永安！”[3]关于《创世记》18：23（亚伯拉罕为所多玛恳求）的米德拉西说（亚伯拉罕说）：“如果你想要这个世界永存，那就不可能有绝对的公正，而如果你想要绝对的公正，世界就不可能永存。不过，你却把两个目的全都握在手中，既想要这个世界也想要绝对公正。只要你稍加断念，世界就不可能永存。”[4]

109 耶和华甚至希望忏悔的罪人也获得公正，并且通过把他们

---

1 Cf. *Pentateuch with Targum Onkelos...and Rashi's Commentary*, M. Rosenbaum and A.M. Silbermann trans., II, p.76.

2 关于《雅歌》2：6的米德拉西。

3 *Bereshith Rabbah*, XII, 15（*Midrash Rabbah transtated into English*, H. Freeman and M. Simon ed., I, p.99，稍有改动）。

4 *Bereshith Rabbah*, XXXIX, 6（p.315）.

用手盖住，或者把他们藏在其宝座下面，而使他们受到其公正的保护。[1]

110 针对《哈巴谷书》2：3（“因为应验时间已经定下……即使显得姗姗来迟，也要耐心等待”），乔纳森拉比说：“你是在说，**我们**要耐心等待［他的到来］，但是**他**却没有等待，书上是这样写的（《以赛亚书》30：18），‘但是主还在等待，他要赐恩给你们’。……但是，既然我们在等待，他也在等待，那么是什么耽搁了他的到来呢？是神圣的公正耽搁了它。”[2]我们不得不在这个意义上来理解约翰南拉比的这个祈祷：“但愿这是你的意愿，主啊，我们的上帝，看看我们的羞耻，把我们的罪恶视为困境。给你自己披上仁慈的衣裳，把你自己掩盖在你的力量之中，把你自己隐藏在爱和仁慈之中，把你自己束缚在你的神恩之中，愿你的善良与温柔在你面前展现。”[3]上帝得到了恰当的劝勉，要记住其善良的本质。甚至有一个传说，上帝向自己祈祷：“此为我所愿，愿我的仁慈压抑住我的愤怒，愿我的同情之心胜过我的其他属性。”[4]这个传说是通过下面这个故事产生出来的：

---

1 *Mo'ed*, IV, Pesahim, 119（*BT*, p.613）; *Nezikin*, VI, Sanhedrin, II, 103（*BT*, pp.698ff）.

2 *Nezikin*, VI, Sanhedrin, II, 97（*BT*, p.659，稍有改动）。

3 *Zera'im*, I, Berakoth, 16b（*BT*, p.98，稍有改动）。

4 *Zera'im*, I, Berakoth, 7a（p.30）.

伊莱莎的儿子伊什梅尔拉比说：我曾经进入到最深处的圣所去上香，在那里我看见了阿卡斯里尔（Akathriel）[1]耶和华雅威大能者[2]坐在一个高大而尊贵的宝座上。他对我说，伊什梅尔，我的儿子，为我祈福吧！而我则回答说：愿此为你所愿，愿你的仁慈可以压抑住你的愤怒，愿你的同情之心可以胜过你的其他属性，这样你就可以根据仁慈的属性来对待你的孩子们，并且对严格的公正不进行限制！于是他对我点了点头。[3]

111 从这些引文不难看出，约伯的那种自相矛盾的上帝意象会产生什么样的影响。它已成为正统派犹太教内部之宗教思辨的一个主题，而且，通过卡巴拉的中介作用，它显然对雅各布·伯麦[4]产生过某种影响。在他的作品中我们发现了一种类似的自相矛盾，即上帝的爱与"怒火"，路西法（即《圣经》中的光之使者）永远在里面燃烧。[5]

112 既然心理学不是形而上学，那么形而上的二元论也不可能从其关于对立物之平衡的论述中派生出来，也不可能归因于

---

1 "Akathriel"是一个人造的单词，由 *ktr* = *kether*（王位）和 *el* 组成，上帝的名字。

2 上帝的一连串神圣的名字，通常译成"万军之主"。

3 *Zera'im*, I, Berakoth, 7（*BT*, p.30，稍有改动）。

4 雅各布·伯麦（1575—1624），中世纪德国神秘主义哲学家，神秘主义和泛神论的代表。他曾被黑格尔誉为"德国第一哲学家"。——中译注

5 *Aurora*, John Sparrow trans., p.423.

它。[1]众所周知，平衡的对立物是认知活动中内在固有的必要条件，若没有它们，就不可能有任何分辨。与认知活动有如此紧密之内在联系的事物，竟然会与此同时是客体的一种属性，这是完全不可能的。人们更容易设想，对事物之间的差异进行命名和评价的，或许甚至在无法分辨差别的地方制造出差异的，主要是我们的意识。

113 我已经对“善的缺失”的学说作了长篇累牍的深入探讨，因为它可能会在某种意义上有助于形成一种过分乐观主义的关于人类本性中恶的概念，也可能会有助于形成一种过分悲观主义的关于人类灵魂的观点。为了对此进行抵消，早期基督教用一种不会犯错误的逻辑，用基督来和反基督者保持平衡。因为，如果没有“低”，你怎么可以谈论“高”呢？或者，如果没有“左”，你怎么能够谈论“右”呢？如果没有“坏”，怎么能够谈论“好”呢？以及怎么能够说一个人就像另一个人一样真实呢？只有和基督在一起时，魔鬼才能作为上帝真正的对应物而进入世界，而且在早期犹太—基督教的圈子里，如已所述，撒旦

1 我那位博学的朋友维克多·怀特（*Dominican Studies*，II，p.399）认为，他可以在我这里检测出一种摩尼教的倾向。我对形而上学并不感兴趣，而是对基督教哲学感兴趣，这是毋庸置疑的。正是由于这个原因，我必须询问，如果这些事情是永恒的，那我们还要制造出地狱、遭天谴和魔鬼来做什么呢？从理论上讲，它们是由虚无构成的，而这又是怎样与永久的地狱这个教义保持一致的呢？但是，如果它们是由某些事物组成的，那么这些事物就不可能是善的。所以二元论的危险何在呢？除此之外，批评我的人还应该知道，我是多么非常地强调自性之统一性，自性这个核心原型是一个最卓越的对立物复合体，因此我的学术倾向与二元论正相反。

就被视为耶稣基督的兄长。

114 但是，我之所以必须对“善的缺失”给予如此重大的强调，还有另一个原因。早在巴西勒那里，我们就发现了把恶归因于灵魂的天性这种倾向，与此同时还赋予它一种“非存在”的特点。因为，根据这位作者的观点，恶起源于人类的轻浮，因此恶之存在只应归因于疏忽大意，也可以说，它的存在只是心理疏忽的一个副产品，这是一种**可以忽略的量**，致使恶完全消失在烟雾之中。把轻浮作为恶的一个原因，当然是一个要严肃考虑的因素，但这是一个可以通过态度改变而被放弃的因素。如果我们想做，我们就**可以**做出不同的活动。心理学的因果关系是一个如此难以理解且看上去似乎很不真实的东西，以致每一种可以还原于此的事物不可避免地都会表现出无用的特点，或者某种纯粹偶然的错误，从而可以使最小化达到极致。我们现代人对精神的低估在多大程度上起源于这种偏见，这是一个公开的问题。这种偏见更加严重了，以致有人怀疑心灵就是所有恶的诞生之地。教会神父根本就不可能考虑到，他们归因于灵魂的是一种多么致命的力量。如果一个人没有看到恶在世界上发挥的巨大作用，那他肯定是瞎了眼。确实如此，正是通过运用上帝本身的干预，才使人性脱离了恶的诅咒，因为如果没有他的干预，人就会迷失。如果把恶的这种至高无上的力量归咎于灵魂，其结果只能导致某种消极的膨胀——也就是在无意识方面一种魔力般对力量的诉求，从而使之更加难以对付。这个不可避免的后果在反基督者那里得到了预见，而且在当代诸多事件发生的过程中得到了反映，其本质与基督教的双鱼之永世相一致，现在已经走到了尽头。

115 在基督教的理念世界里，耶稣基督无疑代表着自性。[1]由于对个体性的崇拜，自性具有独特的属性，而且只在时间中出现过一次。但是，由于心理学的自性是一个超越的概念，表达的是意识和无意识内容的整体，因此只能用二律背反的术语进行描述。[2]也就是说，要想使超越情境的特点得到正确的描述，对上述属性必须用其对立面来进行补充。我们可以用这个对立物的四元数的形式对此作一个最简洁的表述。

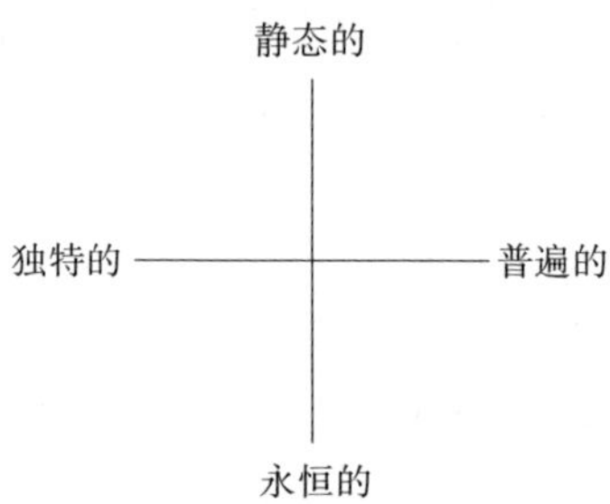

1 曾有人反对说，耶稣基督不可能是自性的一个有效的象征，或者只能是它的一个幻觉的替代物。只有当它严格地指代现今时代时，我才能同意这种观点，因为此时开展心理学的批评已成为可能，但如果假装用它来判断前心理学时代，那我就不能同意了。耶稣基督并不只是对整体性进行**象征化**，而是作为一种心理现象，他就是整体性。这是通过象征作用以及通过过去的现象学来证明的，需要注意的是，恶就是“善的缺失”。整体的观点，在任何确定的时间内，就像人是他自己那样是完整的。谁又能保证我们关于整体的概念不是同样需要进行完善的呢？只有整体的概念是根本不可能想象的。

2 正如光的超越性只能通过光波和粒子的意象得到表述一样。

116 这个公式表达的不仅是心理学的自性，而且是基督的教义图。作为一个历史人物，耶稣基督是静态的和独特的；作为上帝，他是普遍的和永恒的。自性也同样如此：作为个别的事物它是静态的和独特的；作为一种原型的象征，它是一种上帝的意象，因而是普遍的和永恒的。[1]现在，如果神学把基督仅仅描述为“善的”和“精神的”，某种“恶的”或“物质的”东西——或者“地府鬼神的”东西——就必定会从另一侧面产生出来，它代表的是反基督者。由此而导致的对立物的四元数就通过下述事实而在心理平台上统一起来，这个事实就是，自性注定不完全是“善的”和“精神的”；因此，结果导致其阴影也就不那么黑了。进一步的结果就是，再也没有必要把“善的”和“精神的”对立物与整体性分离开了。

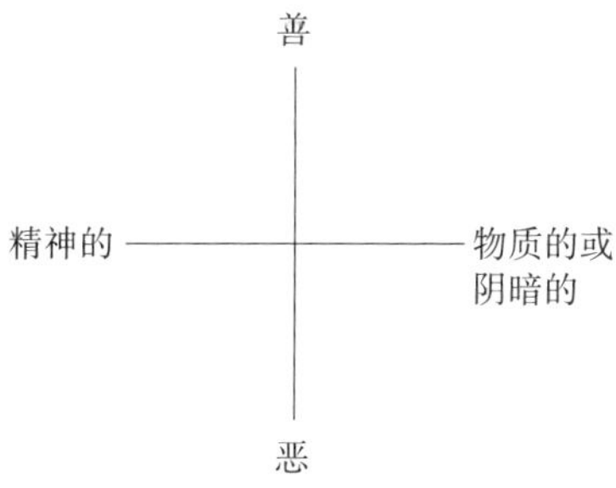

1 Cf. *Psychology and Alchemy*, pp.99ff; “The Relations between the Ego and the Unconscious,” pp.235ff.

117 这个四元数描述了心理自性的特点。作为一个整体，根据定义它必定包括光明和黑暗这两个方面。自性也同样既包含着男性也包含着女性，因而具有婚姻四元数的象征。[1]后者绝非一种新的发现，因为根据希波吕托斯的观点，诺斯替教的纳塞内派是熟知此事的。[2]所以个体性是一种“神秘的精合”，自性被体验为对立的一半之婚姻结合[3]，而且被描述为由病人自发绘画的曼荼罗图形的一个复合整体。

118 人们很早就知道，并且说过，耶稣这个人，玛利亚的儿子，就是“自性化原则”。因此，希波吕托斯的记录中巴西里德[4]说：“现在耶稣已成为范畴分离中的第一个牺牲品，而且受难的产生无非是因为复合体的分离。因为在这一点上，他说，以无形的状态遗留下来的儿子身份……需要分离成其组成成分，耶稣也是以同样的方式被分离出来的。”[5]根据巴西里德的那些相当复杂的教义，这个“非存在的”上帝生了一个三合体的儿子。第一个儿子，其本质是最好的和最精细的，一直与圣父一起高居其上。第二个儿子，具有某种较顽劣的本质，地位稍微下降了一点，但也获得了“像柏拉图在其《斐德罗篇》中用来装备灵魂的……那种翅膀”[6]。第三个儿子，由于他的本质需要加以

1 Cf. “Psychology of the Transference,” pp.222ff.

2 *Elenchos*, V, 8, 2（Legge trans., I, p.131）.

3 *Psychology and Alchemy*, p.219；“Psychology of the Transference,” pp.246ff.

4 巴西里德生活在2世纪。

5 *Elenchos*, VII, 27, 12（Legge trans., II, p.79）.

6 Ibid., VII, 22, 10（II, pp.69—70）.

纯化，因此跌落至最深处的“无形”之中。这第三个“儿子的身份”，由于其不纯洁性，显然是最恶劣和最沉重的。在非存在的上帝的这三个发散物或三种表现当中，人们不难发现精神、灵魂和身体的三分法。精神是最美好和最高级的；灵魂，作为精神与身体之间的纽带，要比精神顽劣，但也有“鹰的翅膀”[1]，因此它也能负重上升到更高的区域。两者都具有某种“精细的”本质，并且像以太和鹰一样，居住在光明之地或在它附近，而沉重、黑暗和不纯洁的身体，则被剥夺了光明，但包含着第三个儿子的神圣种子，尽管仍然是**无意识的和无形的**。可以认为，这个种子就是被耶稣基督唤醒的，借助于下述事实而得到纯化，使他能够得道升天。[2]这个事实就是，对立物是通过耶稣受难（意即通过把他一分为四）而分离开来的。[3]因此，耶稣就

1　*Elenchos*，VII，22，15（II，p.70）. 在炼金术中鹰具有同样的意义。

2　这个词在佐西莫斯关于双耳喷口杯的那段著名的段落中也曾出现过（Berthelot，*Alch. grecs*，III，li，8：人类回顾）。

3　在这里我必须说一说爱任纽（*Adv. haer.*，I，2，2ff）关于瓦伦提尼安派的荷露斯学说的一个词。荷露斯（边界、境界）是一种“力量”，或者是一个等同于耶稣基督的守护神，或者至少是从基督演化而来。它具有以下同义词：确定边界者、带领穿越者、释放者、救世主、十字架。拥有这种能力使他成为宇宙的调节者和中流砥柱，就像耶稣那样。当苏菲亚“作为一个胚胎还是无形的和不定形的时候，基督对她产生了怜悯，就通过他的十字架把她拽出来，通过他的力量而赋予她形式”，这样她至少具有了物质的形式（*Adv. haer.*，I，4）。他还为她留下了一个“不朽的暗示”。十字架就等同于何露斯，或者等同于基督的一个清晰意象，这在文本中显而易见，我们在诺拉的圣保林那里也发现：“作为上帝，耶稣基督统治着万物，他在伸出的十字架上，通过木制十字架的四极而伸展出来，通向广阔世界的四面八方，这样他就可以使来自所有土地上的人们全都获得新生。”（*Carmina*，Wilhelm Hartel ed.，Carm. XIX，639ff，p.140）至于把十字架比作上帝之“光”，参见 Part I of vol.9，“A Study in the Process of Individuation”。

是把沉睡在人性的黑暗之中的第三个儿子唤醒的原型。他就是那个“精神的内部的人”[1]。他本身也是一个完整的人类三分(trichotomy),因为耶稣这个玛利亚的儿子代表的是肉身的人,但他的直接祖先就是第二个基督,就是每周七天的最高执政官的儿子。他的第一个预见是,基督是八神会的最高执政官的儿子,就是造物主耶和华。[2]这个人类人物的三分与不存在的上帝的三个儿子完全对应,也与把人类本质分离成三个部分完全一致。我们因而就有了三个三分:

I	II	III
第一个儿子	八神会的基督	精神
第二个儿子	每周七天的基督	灵魂
第三个儿子	耶稣,玛利亚的儿子	肉身

119 正是在这黑暗之地,在沉重的肉身之中,我们才必须寻找那种“无形”,第三个儿子就隐藏在那里。如上所暗示的,这种无形似乎实际上就等同于“无意识”。人们已经在教父伊皮法纽那里注意到陌生、不熟悉这个概念,[3]也注意到了在希波吕托

1 *Elenchos*, VII, 27, 5(Legge trans., II, p.78).

2 Ibid., VII, 26, 5(II, p.75).

3 *Panarium*, XXXI, 5(Oehler edn., I, p.314).

斯那里提出的愚蠢概念，[1]它们被很好地翻译成“无意识”。无定形、陌生的和愚蠢的，指的都是事物的最初状态，指的都是无意识内容的潜能，巴西里德把它们恰当地表述为非存在的、有多种形式的和万能的世界的种子。[2]

120 关于第三个儿子的这种描述，当然可以和中世纪的哲人之子以及宏观宇宙之子相类比，他也象征着在物质中沉睡的世界灵魂。[3]甚至可以和巴西里德的观点相类比，他认为肉身可获得一种特殊的和不可预料的意义，因为在其中以及在其物质性之中借住着已经显露出三分之一的上帝。这几乎意味着，可以断言物质本身之中有大量的圣秘，而且我认为这就预示着物质后来在炼金术中——再往后——以及在自然科学中获得的那种“神秘的”意义。从心理学的观点来看，认为耶稣基督相当于第三个儿子，而且是“唤醒者”的原型，这一点格外重要，因为对立物就是通过耶稣受难而在他身上分离开来，从而变成意

---

1 *Elenchos*, VII, 22, 16（Legge trans., II, p.71）. Cf. infra, pars.298ff。

2 Ibid.,20, 5（II, p.66）. Quispel, “Note sur ‘Basilide’.”

3 提到诺斯替教义的心理学本质, see Quispel, “Philo und die altchristliche Häresie,” p.432。在那里，他引用爱任纽（*Adversus haereses*, II, 4, 2）:“在说到向外的事物和向内的事物时，他们指的并不是地方，而是指已知的事物和未知的事物。”（Cf. Legge, I, p.127）在这句话之后紧跟着的是：“但是在普累若麻（指神性的丰满和丰盛，用来对抗诺斯替主义的不完满）中，或者在被上帝所包含的事物之中，造物主或天使所创造的一切都被包含在不可言说的伟大之中，成为一个圆之中点。”所以，这个句子就被视为对无意识内容的一种描述。我们必须对奎斯佩尔关于投射的观点提出批评，投射并不会消除心理内容的现实性。也不能仅仅因为某一事实只能被描述为“心理的”，就把这个事实称为“不真实的”。心理就是最卓越的现实。

识的，而在第三个儿子身上，只要后者是无形的和未分离的，它们就会保持在无意识状态。这就相当于说，在无意识的人性中有一个与耶稣原型相对应的潜在种子。正如耶稣这个人只有通过从更高级的基督那里释放出来并在他身上把本性分离出来的光才能成为有意识的一样，在无意识人性中的那粒种子是通过从耶稣那里释放出来的光而被唤醒的，因而受到驱使对对立物作出某种类似的分辨。这个观点与下述心理学事实完全一致，甚至是在做梦者的意识心灵中并没有这种概念存在时，自性的原型意象也会在梦中出现。[1]

* * *

121 如果不在最后作点说明，我是不会结束这一章的，最后这几句话是由于我们一直在讨论的这个材料的重要性而涌上我心头的。由于心理学的研究对象是心理现象，因此心理学观点显然是一件不容易把握且常常会被误解的事情。因此在冒险重复我说的话时，如果我回到了某些基本观点的话，我这样做只是为了预防我说过的话可能会给人留下某些错误的印象，以免给我的读者造成不必要的困难。

122 在这里，我把基督和自性相提并论，这除了是一种心理学的类比之外，并没有别的意思，就像和鱼进行类比是一种神话

1 Cf. *Psychology and Alchemy*, pp.47ff and 91ff; "A Study in the Process of Individuation" in Part I of vol.9.

学的类比一样。根本不可能闯入到形而上的领域，即信仰的领域中去。人的宗教幻想所展现出来的关于上帝和基督的意象，不可避免地带有拟人的特征，而且已经得到了人们的公认；因此，它们就像任何其他象征一样，能够在心理学上得到阐释。正如古人们相信，他们已经用鱼的象征对基督的重要性作了某种程度的说明一样，对炼金术士们来说，他们用石头所作的类比可以阐明和深化关于基督意象的意义。随着时间的推移，鱼的象征作用完全消失了，哲人石的象征作用也同样消失了。但是，关于这后一种象征，可以发现有很多的说明，以独特的方式对此作了展示。这些看法和观点认为石头是如此重要，以致人们开始怀疑，人们最终是否把基督视为这个石头的象征，而不是其他的东西。这是一种发展的标志，借助于圣约翰和圣保罗书信中的某些观念，这种发展就把基督包含在人的直接内在经验领域之中，使他看上去就像是一个完整的人的形象。为了证明某种原型内容的存在，它也和那种心理学证据联系起来，这个原型内容拥有所有那些以古代和中世纪的形式表现出来的基督意象为特点的性质。因此，现代心理学面临着一个与炼金术士们相似的问题：自性是基督的一种象征，还是说基督是自性的一种象征？

123 在本研究中我对后一种选择持肯定态度。我曾尝试表明，传统的基督意象是怎样专注于某一原型的特点，即自性原型的特点。我的目的和方法并非旨在原则上对事物进行描述，而是要用艺术史家付出的那种努力，来追溯有助于形成某种独特的基督意象的各种影响。这样，我们就在艺术史中以及在哲学中和在考据学中发现了原型这个概念。这个心理学的原型只是在某一方面才与其他领域中的类似物有所不同：它指的是一种活生生的和无所不在的心理事实，而且当然是以某种大相径庭的方式展示了全部的情境。这导致人们倾向于认为，当下活生生的原型的在场要比历史上的基督这个观念更为重要。我已经说过，某些炼金术士也倾向于认为哲人石比基督更重要。因为我并未抱有任何传教士的意图，所以我必须特别强调，在这里我关心的并不是信仰的忏悔，我关心的是得到证明的心理学事实。如果一个人倾向于认为自性原型是真实的代理者，因而把基督视为自性的象征，那么他就必须牢记在心，**完善**与**完整性**之间存在着巨大的差异。基督意象就像完善一样，都是善的（至少它具有这样的意思），而原型（众所周知）指的是完整性，但远非完善。它是一个悖论，一个对不可描述而又超越的事物的说明。所以，对自性的认识在逻辑上是在认识其至高无上之后才产生的，这种认识会导致某种基本冲突，导致对立物之间某种真正的暂停（这使人联想起被钉死在十字架上的、悬挂在两个小偷之间的基督），以及导致某种缺乏完善的接近于整体性的状态。力求完善，在这个意义上说就不仅仅是合理的，而且在人身上是作为一种独特性天生就有的，它为文明提供了一种最强壮的根基。这种奋力以求的力量是如此强大，以至于甚至能把它变成一种激情，使所有的一切全都服务于它。像它那样以某种或此或彼的方式自然地寻求完善，原型便在完整性之中使自己得到了完满，这就是另一种完全不同的完善。在原型占据支配地位的地方，就会把完整性**强加到**我们身上，以抵御我们所有的意识努力，这与原型的古代性质是一致的。个体可以奋力追求完善（“所以你们要完善，就像你们的天父一样完善。”[1]），但是为了使他获得完整性，他就必须遭受与其意图相反的事物的痛苦。“于是我发现了一条规律，就是当我愿意为善的时候，便有恶与我同在。”[2]

124 基督的意象与以下这种情境完全对应：基督是一个被钉死在十字架上的完善的人。人们很难再设想出一幅更真实的图画来描述道德努力的目标了。不管怎么说，那种服务于心理学的作为一种研究假设的超越的自性观念，是绝不可能与该意象相匹配的，因为，虽然它是一种象征，但缺乏一种天启的历史事件所具有的特点。就像（印度教的）阿特曼和（中国道家学说的）道这类相关的观念一样，自性的观念至少部分地是认知的产物，既不是建立在信仰基础上，也不是建立在形而上的推测基础上，而是建立在这种经验基础上，即无意识会

1 《马太福音》5：48（DV）。

2 《罗马书》7：21（AV）。

在某些条件下自发地产生某种整体的原型象征。我们必定会由此得出结论认为，某种此类原型是普遍产生的，而且具有某种圣秘性。实际上，有相当数量的历史事件和现代案例材料都可以证明这一点。[1]这些天真的且完全没有受到影响的象征的图式表征表明，正是因为它代表对立物的结合，所以它才被赋予了核心的和最至高无上的重要性。诚然，我们只能把这种结合理解为一种悖论，因为人们可能会认为对立物的结合只不过是它们各自的毁灭而已。悖论是所有超越情境都具有的一种特点，因为这本身就确切地表明其不可描述的性质。

125 每当自性原型占据支配地位时，由此而导致的不可避免的心理后果就是产生某种冲突状态，基督教耶稣受难的象征对此作了生动的例证——这就是只能用"完成了"这个词来表示终结的那种紧急的未竟状态。所以，认识这个原型丝毫也不能规避基督教的这个奥秘；相反，它还迫使人们创造出这种心理的前提条件，若没有这个前提条件，"拯救"就显得毫无意义。"拯救"的意思并不是说要把负担从人的肩膀上卸下来，使人不再背负之。只有"完整的"人才知道，在他自己看来，人是多么不堪忍受。据我所知，人们不可能从基督教的观点提出任何相关的反对意见，这个反对意见针对的是接受由自然本性施加给我

1 Cf. Part I of vol.9.

们的这个自性化任务的任何人，以及认识我们的整体性和完整性是一种应该履行的个人承诺。如果他有意识地和有意图地这样做了，他就避免了使自性化受到压抑的所有不快乐后果。换言之，如果他自愿地把完整性这个负担背负在他自己身上，他就无须发现，这是以某种消极的方式违背其意愿地“发生”在他身上的。这就相当于说，一个注定要降到深渊中去的人，最好是采取一切必要的预防措施对此作好安排，而不是冒险向后堕入到洞穴之中。

126 基督教心理学中对立物的不可调和性，应归咎于道德上对它们的重视。这种重视在我们看来是很自然的，虽然从历史上来看，它是来自《旧约全书》的一种遗产，强调的是法律视野中的正确性。值得注意的是，这种影响在东方，尤其在印度和中国的哲学宗教中很缺乏。由于无法停下来讨论这个问题，即对立倾向的这种加剧，尤其是当它增加了人们的痛苦时，是否确实不可能与更高程度的真理相一致，我只好表达这样一种希望，我们或许可以根据上述提到的心理规则来看待当今世界的形势。如今，人性已被前所未有地分裂成为显然不可调和的两半。心理学的规则认为，当内部情境尚未成为有意识之时，它就命中注定要在外部发生。就是说，当个体保持未分化而还没有意识到其内部矛盾时，世界必然会表现出冲突，并且被撕裂成对立的两半。

第六章

双鱼座之符号

127 耶稣基督这个人物并不像人们可能希望的那样简单和明确。我在这里指的并不是把《对观福音书》的基督与《约翰福音书》的基督相比较而产生的那种巨大的困难，而是指以下这个明显的事实，即在可以直接追溯到原始基督教时代的教会神父们撰写的解释圣经的作品中，基督有许多与魔鬼共同的象征或“寓言”。其中，我会提到狮子、蛇、鸟、乌鸦、鹰和鱼。同样值得注意的是，路西法，即晨星，既有基督的意思，也有魔鬼的意思。[1]除了蛇之外，鱼是最古老的寓言之一。如今我们宁愿称之为象征，因为这些同义词必然包含着比寓言更多的意思，

1 在伊皮法纽的*Ancoratus*中，以及在奥古斯丁的*Contra Faustum*中都有对这类寓言的早期收集。关于夜鹭和鹰，见Eucherius，*Liber formularum spiritalis intelligentiae*，cap.5（Migne，*P.L.*，vol.50，col.740）。

在鱼象征的情况下尤为明显。人们不可能把它仅仅看作字谜缩写，[1]而是象征性地指称某种更为复杂的事物。（正如我在其他作品中经常指出的那样，我并没有把象征看作一种寓言或符号，而是在其恰当意义上将其视为描述和阐明某种完全不可知事物的可能方式。正是在这个意义上，信条才被称为“信经”。）这些词语的顺序还给人留下了另一种印象，为了解释某种已经存在的并且广泛传播的“耶稣鱼”，人们才把它们放在一起。[2]因为鱼象征，尤其是在近东和中东，有一段漫长而又丰富多彩的史前时期，从巴比伦人的鱼神俄安内及其穿着用鱼皮制作的衣服的祭司们，到在腓尼基人的女神人鱼德塞托—阿塔加提斯崇拜中神圣的鱼餐和亚培修碑铭上模糊不清的刻字中神圣的鱼餐。[3]

---

1 奥古斯丁（*City of God*, J. Healey trans., II, p.196）讲述了，他曾经与其谈论过耶稣的那位前资深执政官弗拉西亚努斯是怎样出版了一本书，内容包含着厄立特里亚女巫们演唱的一些歌曲，弗拉西亚努斯给他看了这段话。在这段话中，构成离合诗（这是一种杂诗体，数行诗句中的首或尾字母等能组合成词或词组等）的上述话语，本身就是一首完整诗歌中的一个离合诗，是女巫们的一种世界末日的预言：“在末日的预兆中，整个大地将充满了焦虑。在天国的王位上要有一个国王统治者，他将对所有的肉身作出判断，忠诚的和不忠诚的都要站立在这个上帝的面前，在时间最后终结时看到他圣洁地高居云天。他以肉身坐立，由此而延长他自己的灵魂的末日……”（Ibid., p.437）希腊文原版见*Oracula Sibyllina*, ed. John Geffcken, p.142。（关于奥古斯丁对离合诗中的矛盾之处所作的解释，见Healey trans., II, p.196。——英编注）

2 Cf. Jeremias, *The Old Testament in the Light of the Ancient East*, I, p.76, n.2.

3 我将只引用这个碑文中的中间一部分，上面说：“我每到一处都有一个旅行的伙伴，因为我有保罗坐在双轮马车上。但每到一处信仰都会驱使我向前，而且每到一处他都会把食物送到我面前，一条非常大且纯正的鱼，这是由圣洁的贞女捕获的。他把这条鱼呈送给朋友们吃，有美酒佳肴，一份带面包的混合饮料。”见Ramsay, “The Cities and Bishoprics of Phrigia,” p.424。

这种象征的范围从最遥远的印度的摩奴(印度神话中的人类祖先,《摩奴法典》的制定者)作为救世主的鱼,到罗马帝国中"色雷斯骑士们"所庆祝的圣餐鱼节。[1]出于我们的目的,就没有必要更仔细地深入探讨这些汗牛充栋的材料了。正如德尔格和其他人已经表明的那样,在原始的、纯基督教的理念世界中,有大量的场合提到过鱼象征的。我只需提到在圣洗池中的再生即可,在圣洗池中,接受洗礼的人就像鱼儿那样游泳。[2]

128 由于鱼象征的这种广泛分布,它在世界史的某一特殊之地和某一特殊时刻出现,都是没有理由使人怀疑的。但是,把这个象征突然激活,以及把它与耶稣基督相认同,即使是在教会的早期时代,也会使人猜想会有第二个来源。这个来源就是占星术,弗里德里希·穆安特[3]似乎是第一个注意到此事的人。耶利米亚[4]也采纳了相同的观点,他还提到,在14世纪撰写的一个犹太教对但以理的评论中曾预期,弥赛亚将在双鱼座降临。这个评论是穆安特在后来的一个出版物[5]中提到的,源自艾萨克·本·犹大·阿布拉瓦内尔,他于1437年出生在里斯

---

1 Cf. Goodenough, *Jewish Symbols in the Greco-Roman Deriod*, V, pp.13ff.

2 Doelger, *ΙΧΘΥΣ: Das Fischsymbol in frühchristlicher Zeit*.

3 *Sinnbilder und Kunstvorstellungen*(1825), p.49.穆安特在这里提到了阿巴伯内尔(原文有错):"他完全有可能利用更古老的文献。"

4 Op. cit., p.76.

5 *Der Stern der Weisen*(1827), pp.54ff.

本，于1508年在威尼斯去世。[1]这里是这样解释的，双鱼座（Ж）的星座是正义之星座，也是壮丽辉煌光彩夺目之星座（在Ж中的Ч）。他又进一步解释说，在创世记元2365年，[2]土星萨杜恩（ζ）与木星朱庇特（Ч）的伟大精合就发生在双鱼座。[3]他说，这两颗大行星对世界的命运来说，尤其是对犹太人的命运来说，也是至关重要的。这种精合发生在摩西诞生之前三年。（这当然是个传说。）阿巴伯内尔预期，当木星和土星在双鱼座发生精合之时，弥赛亚就会降临。他并不是第一个表达这种预期的人。我们发现比他早四百多年前就有类似的声明；例如，据说大约在1136年去世的亚伯拉罕・本・希亚拉比就曾判定，预期弥赛亚将在1464年，在双鱼座的伟大精合时出现；所罗门・本・加比洛尔（1020—1070）也报告了类似的预期。[4]当人们考虑到土星是以色列人的星辰，木星的意思是（正义之）"王"时，占星术的这些观念也就可以理解了。在双鱼座，即木星的星座统治的领地里，有美索不达米亚、巴克特里亚、红海和巴勒斯坦。[5]在《阿摩司书》5：26中提到基芸（古代叙利亚人

---

1 Isaac Abravamel（Abarbanel）ben Jehuda, *Ma'yene ha-Yeshu'ah*（1551）.

2 相当于公元前1396年。

3 实际上，这种精合发生在萨吉塔里乌斯。水三角琴的这种阴性的精合（伟大的精合）降落在公元前1800年至前1600年与公元前1000年至前800年之间。

4 Anger, "Der Sternder Weisen und das Geburtsjahr Christi", p.396; Gerhardt, *Stern des Messias*, pp.54f.

5 Gerhardt, p.57. 托勒密以及在他之后，中世纪把巴勒斯坦与白羊座联系起来。

称呼土星之神的名字，在英文圣经中称为基芸）（土星）是“你的神灵之星”[1]。萨鲁格的詹姆斯（殁于521年）说，以色列人崇拜土星。萨巴人称他是“犹太之神”[2]。安息日是礼拜六，是土星萨杜恩的日子。阿尔布马扎[3]证实，土星是以色列人的星。[4]在中世纪的占星术中，人们相信土星是魔鬼的住所。[5]土星和伊达波斯（诺斯替教中的“黑暗之子”，物质世界的创造者），这个造物主和最高执政官，长着狮子的面孔。奥利金从塞尔苏斯的示意图中得出结论认为，迈克尔这个造物主的第一个天使，长得像“一只狮子的形象”[6]。正如奥利金所指出的，他显然站在伊达波斯那个位置上，而伊达波斯是与土星萨杜恩相同的。[7]纳塞内派的造物主是一个“脾气火爆的神，排行第四”[8]。根据那个与马吉安有联系的阿佩利斯的教诲，有一个“与摩西说话的

1 “你们抬着的撒固神是你们的王，而基芸神是你们的意象，这是你们为自己造的你们的神灵之星。”（RV）圣斯蒂芬在为基督教所作的辩护（《使徒行传》7：43）中提到了这一点：“你们抬着摩洛的帐幕和理番神的星。”“理番神”是土曜日［基芸］的腐烂。

2 Dozy and de Goeje, “Nouveaux documents pour létude de la religion des Harraniens,” p.350.

3 Abu Máshar, d. 885.

4 Gerhardt, p.57. Pierre d’Ailly, *Concordantia astronomie cum theologia*（Venice, 1490）：“正如弥赛哈利所言，但是土星萨杜恩有一种意思，与犹太民族或他们的信仰有关。”

5 Reitzenstein, *Poimandres*, p.76.

6 *Contra Celsum*, VI, 30, H. Chaduick trans., p.345.

7 Ibid., VI, 31：“但是他们说，这个长得像狮子的天使与土星有某种必要的联系。” Cf. *Pistis Sophia*, Mead trans., p.47; Bousset, *Hauptprobleme der Gnosis*, pp.352ff.

8 Hippolytus, *Elenchos*, V, 7, 30（Legge trans., I, p.128）.

第三个神，一个脾气火爆的神，而且还有第四个神，即恶的制作者”[1]。在纳塞内派的神和阿佩利斯的神之间显然存在着某种密切关系，而且看起来还与《旧约》的造物主耶和华有关系。

129 土星是一颗黑色的星，[2]在古代被称为“做坏事的”。“龙、蛇、蝎子、毒蛇、狐狸、猫、老鼠、夜间鸟类和其他卑劣生物是土星的大部分代表。”布谢—勒克莱尔克说。[3]显而易见，土星的动物也包括驴[4]，由于这个缘故而把它看作犹太人神灵的一种兽形。它的一种图画的表达方式，就是模仿耶稣在帕拉蒂诺山被钉死在十字架上。[5]在普鲁塔克、[6]狄奥多罗斯、约瑟夫斯[7]和

---

1 *Elenchos*, VII, 38, I（Cf. Legge trans., II, p.96）.

2 因此，被塞巴人尊崇的土星意象据说是由铅或黑色的石头制作而成的（Chwolsohn, *Die Ssabier und der Ssabismus*, II, p.383）。

3 *L'Astrologie grecque*, p.317.

4 布谢—勒克莱尔克（p.318）猜测认为，一个人们所熟知的经典的“词源学”，即包含在Kronos（土星）中的onos（驴子），基于一个旨在取笑麦加拉学派的哲学家狄奥多罗斯的玩笑。但是，把土星和驴子相类比的理由很可能位于更深处，就是说，在驴子本身的性质之中，驴子被看作一个“冷漠的、难以管教的、愚钝的、长命的动物”（摘自布谢—勒克莱尔克引用的古希腊动物寓言集）。在博尔蒙的动物寓言集中，我发现了对这种野驴子的如下描述：“这是一种成群迁徙的、胆小的、愚蠢的、野性的、贪得无厌的、好妒忌的动物，会杀死它的母驴。”（*Scriptores physiognomici graeci et Latini*, I, p.182）

5 一个可能的例子或许就是在丹德拉那里所描述的埃及人关于塞特殉道的传说。里面显示着他被绑在“奴隶柱”上，有一颗驴头，荷露斯手里拿着一把刀站在他面前。（Mariette, *Dendérah*, IV, pl. 56）

6 *Quaestiones Convivales*, IV, 5.

7 *Contra Apionem*, II, 7—8（80ff），（Cf. trans. by H. St. J. Thackeray and R. Marcus, I, p.325ff.）

塔西陀[1]那里，都可以发现类似的传说。第七位执政官萨巴奥特就具有驴子的形式。[2]德尔图良说，“你们处在幻想状态，认为我们的上帝是一头驴子的头”，以及“我们确实只对一头驴子表示尊崇”，[3]此时他指的就是这些谣言。正如我们已经表明的，驴子被尊崇为埃及人的塞特。[4]但是在早期文本中，驴子具有太阳神的属性，只是后来才变成地下世界的黑暗之蛇阿佩普的象征和邪恶（塞特）的象征。[5]

130 根据中世纪的传说，犹太教起源于朱庇特与萨杜恩的精合，伊斯兰教源于Чó♀，基督教源于Чó☿，而反基督教则源于Чó☾。[6]和土星萨杜恩不同，木星朱庇特是一颗行善的星。按照伊朗人

---

1 *The Histories*, trans. by W. H. Fyfe, II, pp.204ff.

2 Epiphamius, *Panarium*, ed. Oehler, I, p.184.

3 *Apologeticus adversus gentes*, XVI（Migne, *P.L.*, vol.1, cols.364—365; cf. trans. by S. Thelwall, I, pp.84ff）.

4 Plutarch, *De Iside et Osiside*, in *Moralia*, Babbitt trans., pp.77, 123. 在第31章，普鲁塔克说，关于塞特在一个驴背上飞行的传说以及关于他的两个儿子的传说，并不是埃及人的传说，而是与犹大有关。

5 在the Papyrus of Ani（ed. E. A. W. Budge, p.248）中，一个太阳神拉（Ra）的赞歌这样唱道：“愿我向大地前行；愿我把那头驴打死；愿我把那个邪恶的家伙砸碎；愿我在他还活着的时候把阿佩普毁灭。”

6 Albumasar, Lib. II, *De magnis coniunctionibus*, tract. I, diff.4, p.a8r（1489）：“如果（木星朱庇特）与土星萨杜恩精合，这表明公民的信仰由此而变成了犹太教……如果月亮与土星萨杜恩精合，这表明怀疑、革命和改变，这是由于月亮腐烂的速度及其移动的快速性，以及它在星座中延迟的短暂性所致。” Cf. Pierre d'Ailly, *Concordantia*, etc., fol.d8r. J. H. Heidegger（*Quaestiones ad textum Lucae VII, 12—17*, 1655）说，阿尔布马扎在他的第六篇论文《主要论点》（*Introductio maior*）中，把基督的生命，就像穆罕默德的生命一样，与星辰联系起来。

的观点，木星代表着生命，土星代表着死亡。[1]因此，两者的精合象征着极端对立物的结合。在公元前7年，这种有名的精合在双鱼座发生了不少于三次。最接近的一次发生在那一年的5月29日，这两颗行星只偏离0.21度，不到满月宽度的一半。[2]这种精合发生在结合处的中间，“靠近双鱼线的转弯处”。从占星术的观点来看，这种精合必然显得格外有意义，因为这两颗行星的接近显得格外大，而且给人留下光彩夺目的印象。另外，从日心说的观点来看，它是在接近春分点或秋分点时发生的，那时它位于♈和♓之间，就是说，位于火与水之间。[3]这种精合又进一步受到以下这个重要事实的限定，火星处于对立面，根据占星术的观点，这意味着，与本能相关的行星处在与它敌对的关系之中，这就是基督教的一个独特特点。如果我们接受奥斯瓦尔德·格哈特的估计，即这种精合发生在公元前7年5月29日，那么，在基督诞生时太阳所处的位置——这对一个人的诞生格外重要——就会处在双生子的双子座。[4]人们会不由

1 Christensen, *Le Premier Homme et le premier roi dans l'histoire Légendaire des Iraniens*, Part I, p.24.

2 Gerhardt, *Stern des Messias*, p.74.

3 依据彼得斯和科诺贝尔的《托勒密星表》计算得来。

4 中世纪的占星学家们为基督分配了许多理想的星座。阿尔布马扎和大阿尔贝图斯把处女座视为幸运星。另一方面，皮埃尔·德埃利(1356—1420)则把天秤座视为幸运星，卡丹也持有同样的观点。皮埃尔·德埃利说：“因为天秤座是人的星座，就是说，是人类的拯救者，是一个谨慎的、公正的和有宗教精神的人的（星座）。”（*Concordantia*, etc., cap. 2）。开普勒（*Discurs von der grossen Conjunction*, 1623, p.701）说，上帝自己把“这种伟大的精合说成是在高天之上可见不同寻常而又非常奇（转下页）

自主地想起古代埃及那一对充满敌意的兄弟——荷露斯和塞特，献祭者和被献祭者（参见《论塞特》的“殉道”），他们在某种意义上预示着基督教神话的戏剧性事件。在埃及的神话中，在“奴隶柱”上被献祭的是邪恶的一个。[1]但是，哈默迪（“老年荷露斯”）和塞特这一对兄弟有时候会被描述为有一个身体两个脑袋。考虑到基督教起源于木星朱庇特和水星墨丘利的精合这个传说，把水星与塞特联系起来，这倒是很有趣。在新王国（第19王朝）中，塞特在尼罗河三角洲以苏泰克的形象出现。在拉美西斯二世建造的新首都中，一块领地被分封给阿蒙，另一块分封给苏泰克。[2]据推测，正是在这里犹太人才开始做奴隶劳动。

（接上页）妙的星辰，还有因其神圣眷顾而带来的值得注意的作品”。他继续说道：“因此他恰好就在这种伟大精合之时，在双鱼座和白羊座，在靠近二分点（即春分点或秋分点）的地方，指定他刚出生的儿子基督作我们的救世主。”根据日心说的观点来看，这种精合恰恰就在二分点时发生，这在占星术上赋予它某种特殊的意义。皮埃尔·德埃利（*Concordantia*, etc., fol. br）说：“但是，伟大的精合是在白羊座开始之时土星和木星的精合。”这些精合每隔二十年发生一次，在相同的三宫之一组中每隔二百年发生一次。但是相同的位置每隔八百年才能重新发生一次。最重要的位置就是在两个三宫一组之间的那些位置。阿尔布马扎（De magnis coniunc., tract. 3, diff. 1, fol. D 8r）说，他们显现出来时，就会“改变党派和办事机构，改变法律，以及……先知和预言就会出现，党派和国家办事机构中就会出现奇迹”。

1　被钉死在十字架上是对奴隶的一种众所周知的惩罚。在中世纪的艺术作品中，以及在对这个传说一无所知的现代人的梦和幻想意象中，常常可以发现有一条蛇在十字架上，而不是被钉在十字架上。这种梦的一个特点如下：做梦者正在剧院里观看基督受难剧。在去往基督受难场地的路上，扮演救世主角色的演员突然变成了一条蛇或鳄鱼。

2　Erman, *Die Religion der Ägypter*, p.137.

131 考虑到基督的双面性，或许我们可以提一下关于苏菲亚的传说，这个传说也起源于埃及。玛利亚对耶稣说：

> 当你还是个孩子的时候，就在精灵降临到你身上之前，当时你正和约瑟一起在葡萄园里，那个精灵从高处降临下来，降临在房子里的我身上，就像降临到你身上一样，我并不认识他，但我认为他就是你。他对我说："我的兄弟耶稣在哪里？我要去见他。"当他对我说这句话时，我心生疑虑，认为这是诱惑我的一种幻觉。我抓住他，把他绑在我房间的床腿上，直到我出去在田野里找到了你，你和约瑟在一起；我是在葡萄园里找到你的，约瑟正在那里修剪葡萄藤。这时你听见我在对约瑟说这件事，你确实明白了，而且你很高兴，并且说道："他在哪里，我可以见他吗？"当约瑟听到你说这些话的时候，他感到很烦恼。我们一起站起身来，走进房间，看见了被绑在床腿上的那个精灵，我们凝视着你和他，发现你和他长得很像，我们把绑在床腿上的他的绳子松开，他拥抱了你并且亲吻了你，你也亲吻了他，你们变成了一体。[1]

132 从这段话的上下文来看，耶稣是"从大地上生长出来的

1 *Pistis Sophia*, Mead trans., pp.118f，稍有改动。

真理”，而那个长得很像他的精灵就是“从天国往下鸟瞰的公正”。这个文本上说：“当你处在下界的混沌状态时，真理就是从你身上发出的力量。你的力量由于这个原因而通过大卫说道，‘真理从大地上生长出来了’，因为你处在下界的混沌之地。”[1]所以，耶稣被想象为具有双重人格，其中一部分是从混沌或物质中产生出来，而另一部分则作为普纽玛（在古希腊被视为精神、灵魂或元气）从天国降落下来。

133 一个人很难发现“本性的辨别”，它具有诺斯替教救世主的特点，更多的是以图画的形式表现出来，而不是在占星术的时间测定中表现出来。用占星术进行预测，在古代是很有可能的，全都指向在这个特殊时刻出现的那种显著的出生时的双面性。[2]人们就可以理解，先出现基督和反基督的神话，然后再表现出来，这种说法是多么有道理，那个时代占星术的智者们必定已经产生了这些占星术的预测。一个早于6世纪的为双鱼座的对立性做见证的古老的权威文本就是《塔木德经》，犹太教法典的这本经书说道：

> 在创世四千二百九十一年之后（公元530年），世界将被孤立。随后将发生坦尼尼姆（一种水怪）战争、歌革和

1 奥古斯丁说，这条鱼是“从深处拉上来的”。

2 *Pistis Sophia*, “Saviour of the twins”（Mead trans., pp.2, 17, and elsewhere）.

玛戈的战争，[1]然后便进入弥赛亚时代；只有在经过七千年之后，主才会给他赐福，使他的世界焕然一新。拉巴的儿子R. 阿巴说，这是主的教诲：五千年之后的教诲。[2]

《塔木德经》的评论员所罗门·本·艾萨克（别名拉什）（1039—1105）说坦尼尼姆是双鱼，这很可能是他自己根据一个更古老的传说推测出来的，因为他并没有说这是他自己的观点，就像他通常所做的那样。之所以说这种说法非常重要，首先是因为

---

1 塔巴里（*Chronique*, I, ch.23, p.67）也曾提到过。在那里，反基督者是犹太人的国王，是和歌革和玛戈一起出现的。这可能是暗指《启示录》20：7以下："当那一千年完结了，撒旦就要从他的监狱中被释放出来，就要出去迷惑在大地四角中的各国，就是歌革和玛戈，召集他们一起参加战争。"（AV）

格拉芙·冯·瓦克巴特（*Merkwürdige Geschichte der weltberühmten Gog und Magog*, p.19）根据一本英文的"世界史"（1760年以德文发表）论述说，阿拉伯作家们说"Yajui"要"比通常尺寸更大"，而"Majui"则"不足三个跨度那么高"。虽然这个故事的起源很模糊，但指出了歌革和玛戈的对立性质，歌革和玛戈就是由此而形成鱼的类似物的。奥古斯丁把"在大地四角中的各国，就是歌革和玛戈"分别解释为顶盖、屋顶或房子，而（玛戈）的意思是"从房子里面出来的他"。就是说，各国就是房子，但是恶魔居住在房子里，并且从里面走出来（*City of God*, Healey trans., II, p.286）。*Compendium theologicae veritatis*（Venice, 1492）就是以奥古斯丁的观点为依据的，这本书又可归功于大阿尔贝图斯、斯特拉斯堡的休和巴黎的约翰。这就是我们关于反基督教传说的主要根源。根据奥古斯丁的观点，他认为（Libell. 7, cap. 11），歌革的意思是"隐蔽"，玛戈的意思是"启示"。这证实至少在中世纪歌革和玛戈具有对立的性质。这是关于敌对兄弟这个主题或者双重性这个主题的另一个例子。阿尔布马扎（tract. 4, diff. 12, f. 8r）把第六个"clima"（表示朝向两极）称为歌革和玛戈的对立，并且把它与双子座和处女座联系起来。

2 *Nezikin* VI, Sanhedrin II（*BT*, p.658）.R. 哈南·本·塔利法，这个预言是从他的嘴里说出来的，在诠释者的名单中出现过，生活在2世纪。

这场鱼类之间的战争被视为一个末世学的事件（就像贝希摩斯和利维坦[1]之间的那场打斗一样），其次是因为这很可能是关于鱼的对立性质的最古老的证据。大约从这个时期开始——11世纪——还出现了《约翰尼创世记》那个真伪可疑的文本，在这个文本中也提到了这两条鱼，这是准确无误地以占星术的形式表现出来的。这两个文献都属于重要时代的产物，在公元第二个千年的时候才打开，对此我将在适当的时候多说几句。

134 531年在天文学上的特点是，♃和♄在双子座中结合起来。这个符号代表的是一对兄弟，他们也具有某种多少有点对立的性质。希腊人把他们解释为狄俄斯库里（古希腊神话传说中宙斯的双生子卡斯特和帕勒克的总称），是勒达（古希腊传说中的主神宙斯化作天鹅与勒达做爱，生下这两个儿子）的两个儿子，他们是由天鹅所生，从一个蛋里孵化出来的。帕勒克是不死的，但卡斯特具有和人类一样的命运。另一种解释认为，他们代表的是太阳神阿波罗和大力神海格力斯，或者太阳神阿波罗和酒神狄俄尼索斯。这两种解释都暗示着某种两极性。但不管怎么说，从天文学上讲，气宫双子座位于一个方照之中，因而代表的是公元前7年发生的那次精合的不适合的方

1 "利维坦"的字意为裂缝，在《圣经》中是象征邪恶的一种海怪，通常被描述为鲸鱼、海豚或鳄鱼。利维坦常与另一种怪物贝希摩斯联系在一起。据《圣经旧约》记载，上帝在第六天用黏土创造了利维坦和贝希摩斯，是上帝创造的体型最大的两种生物。当世界末日降临时，它们将一起成为圣洁者的食物。——中译注

面。这个符号的内在两极性或许可以说明关于坦尼尼姆战争的预言，拉什将其解释为双鱼。从基督诞生的日子算起，正如人们所说，看起来太阳就在双子座之中。关于兄弟的主题很早就被人们发现与基督有关，例如在犹太基督教和以便尼派之中。[1]

135 综上所述，我们可以冒险作出如下猜测，《塔木德经》的预言是以占星术的前提为基础的。

136 分点岁差[2]是古代占星术士都熟知的一个事实。借助于希帕克斯（古希腊天文学家，天体测量学的先驱者）[3]的观察和计算而获益匪浅的奥利金，把它作为一种强有力的论点，用来反对建立在所谓"形易学"（真实的星座）基础上的占星术。[4]诚然，这并不适用于在古代占星术中已经在形易学和虚构的黄道十二宫之间作出的区分。[5]如果我们把这个预言中提到的

1 Epiphanius, *Panarium*, XXX（Oehler edn., I, pp.240ff）.

2 分点岁差指的是天文学上的一种现象，在每年的轨道周期中有一种缓慢的晃动，这种晃动就是分点岁差，其周期大约在26000年左右。——中译注

3 据说是希帕克斯发现了分点岁差。Cf. Boll, *Sphaera*, p.199, n.1。

4 Origen, *Commentaria in Genesim*, III, i, 14, 11（Migne, *P.G.*, vol.12, col.79）："确实有这样一种理论认为，黄道圈就像行星一样，从降落回到升起［或者由西向东运行］，在一个世纪的时间内旋转一度；……因为当人们在心中想象到的时候，第十二分盘（黄道1）是一件事情，而当它被感官感受到的时候则是另一件事情；但是，事物的真理就是从只在心中被想象到的，以及从秘密地甚至并不秘密地肯定拥有的东西中产生出来的。"因此柏拉图年就被推算为36000年。第谷·布拉赫推算是24120年。这个分点岁差的常量是50.3708秒，完整地转一圈（360°）需要25725.6年。

5 Bouché-Leclercq, p.591, n.2; Knapp, *Antiskia*; Boll, *Sphaera*.

七千年视作创世记元7000年，那么所指的这一年就是公元3239年。到那时，荥穴就会从其现在的位置移动十八度进入水瓶座，即下一个永世，宝瓶宫的永世。由于2世纪和3世纪的占星术士都熟悉这种分点岁差，我们可以猜测，这些日期是以占星术的思考为基础的。不管怎么说，中世纪更关心的是对最大的和伟大的精合的计算，对此我们已经从皮埃尔·德埃利和卡丹那里知道了。[1]皮埃尔·德埃利测算出，在创世之后的那次最大的精合发生在公元前5027年，而卡丹则把第十次精合归入到公元3613年。[2]他们两人都假设在同一星座的两次精合之间的间隔时间太长。在天文学上，正确的时间间隔大约是七百九十五年，因此，卡丹所说的精合应该发生在公元3234年。对占星术的推测来说，这个日期当然是最至关重要的。

137 说到五千年的时间，我们获得的日期是公元1239年。这是一个因为其精神不稳定、革命性的异端邪说和千禧主义[3]期待而备受关注的时代，而且与此同时，它也见证了募缘会[4]的建

1 关于精合的理论是在大约9世纪中期的阿拉伯人的作品中，尤其是在马撒阿拉的作品中才平息下来。Cf. Strauss, *Die Astrologie des Johannes Kepler*.

2 根据他关于两次最大精合之间需要960年的估计，皮埃尔·德埃利也将在公元3613年到达。

3 根据基督教《启示录》的观点，在世界末日来临之前，耶稣将会再来人间统治一千年，又被称为千年至福。——中译注

4 募缘会士修道团是指那些走出修道院的教徒们，一边将福音传给普通人，一边依靠百姓的赈济和捐献来谋生，这些教徒就被称为修道，又称托钵僧。——中译注

立，他们把新的生活方式融入修道院生活方式中。宣布一个“精神新时代”来临的最强有力和最有影响的声音是弗洛拉的约阿希姆（殁于1202年）[1]发出的，他的教义于1215年被第四次拉特兰会议宣告有罪。他预期就在不久的未来将打开第七封印，即“永远的福音”的降临和“智识精神”的统治，圣灵的时代。他说，第三个永世已经随着圣本笃的出现而开始了，他是本笃会的创立者（据说第一个修道院是在五百二十九年之后不久建成的）。约阿希姆的追随者之一，方济会的男修士博尔古·圣多米诺的杰拉尔德，在其于1254年在巴黎面世的《永远的福音导论》中宣称，约阿希姆的三篇主要论著实际上就是永远的福音，而且在1260年这一年这个福音将取代耶稣基督的福音。[2]我们已经知道，约阿希姆认为，隐修制度是圣灵真正的传播媒介，由于这个缘故，他从圣本笃的生活时代确定了这个新时代的神秘奠基，他创建的本笃会规则在西方复活了隐修制度。

138 在皮埃尔·德埃利[3]看来，罗马教皇英诺森三世（1198—1216）时代似乎就已经很有意义了。他说，大约在1189年，萨杜恩的革命（the revolutions of Sarurn）又一次得以完成（“1189年是完成年”）。他抱怨说，教皇给约阿希姆修道院院

1 弗洛拉的约阿希姆（1168—1202）是意大利南部西多会的修士。——中译注

2 从占星学的观点来看，大约在1240年左右这段时期的特点是，在1246年火星和土星在天秤座产生了大精合。天秤座是另一个具有灵气性质（气宫）的同星座，就像巨蟹座那样，正是因为这个原因，皮埃尔·德埃利才把它看作是基督的命宫。

3 皮埃尔·德埃利是法国天文学家、地理学家、占星学家和红衣主教。——中译注

长的一篇论著定了罪，[1]也给阿玛利克异端邪说定了罪。[2]后者是神学哲学家贝内的阿玛利克（殁于1204年），他参加过那个时代广泛流行的圣灵运动。他说，也正是在这个时候，道明会和方济会的募缘会开始出现，“对基督教教会而言这是一件大好事”。因此，皮埃尔·德埃利强调的是同一种现象，这种现象因具有那个时代的特点而使我们感到震惊，而且他还进一步认为这个时代在占星学中已经有所预见。

139 蒙特·卡西诺修道院的建立日期把我们带到非常接近530年，《塔木德经》曾经预言过，这一年是至关重要的一年。按照约阿希姆的观点，那时不仅开始了一个新的时代，而且开始了一种新的世界“状态”，即修道院隐修制度和圣灵占据统治地位的时代。其开端仍然是在圣子的势力范围内发生的，但约阿希姆却以某种在心理学上堪称正确的方式推测认为，一种新的状态——或者如我们所说，一种新的态度——首先会作为一种或多或少潜在的预备阶段而出现，然后就会结出果实，即开花结果。在约阿希姆时代，结果实还处在暂时中止状态，但人们仍然可以在任何地方都可以观察到人类精神的不同寻常的动荡与混乱。每一个人都感受到了普纽玛那强劲的风头，这是一个新理念和前所未有的理念层出不穷的时代，这些新理念是由

1　在1215年的拉特兰议会上。Cf. Denzinger and Bannwart, *Enchiridion symbolorum*, pp.190ff。

2　教会的裁决上说：“不要把他的教义视为像精神错乱那样的异端邪说。”

下列学派和运动广泛传播的：纯洁派（泛指接受摩尼教影响而信奉善恶二元论的各教派）、巴塔里亚运动成员（11世纪意大利北部的一个宗教教派）、孔科里佐教派（纯洁派中的一支，位于意大利）、韦尔多教派、里昂穷人教派（法国中世纪的基督教流派之一）、贝格教派、自由灵兄弟会（英国的以色列主义者组成的教派，持有接近泛神论的基督教思想）、"神授面包"[1]，以及无论何种称谓的诸如此类的运动。他们的那些可以看到的开端，全都是在11世纪早期的那些年里。哈恩所收集的当代文献，揭示了这些宗教流派中通用的理念：

> 条款，他们相信自己本质上就是上帝，与上帝毫无差别……而且是永恒的……
>
> 条款，他们不需要上帝或神性。
>
> 条款，他们构成了天国。
>
> 条款，他们在新的岩石中永恒不变，他们在无价值中而备感高兴，也会因无价值而备感烦恼。
>
> 条款，一个人注定会遵循其内在本能，而不是遵循每天都宣讲的福音的真理……他们说，他们相信福音包含着那些并非真实的只有在诗歌中才有的事物。[2]

1 Hahn, *Geschichte der Ketzer im Mittelalter*, II, p.779："……一些以某种虚假的和伪装的宗教秩序为名的人，那些普通人称之为贝格教派；但他们自称是自由灵教派和自甘贫苦教派的小兄弟和姐妹。"

2 Hahn, II, pp.779f.

140 这些新的实例可能足以说明，什么样的精神使这些运动具有了活力。他们是由那些把自己与上帝认同（或者被认同为上帝）的人组成的，他们认为自己是超人，对福音书有最重要的了解，遵从那个内部人的提示，而且理解天国就在他们内心深处。因此，在某种意义上说，他们在世界观上是现代的，但他们却有一种宗教的自命不凡，而不是患上了我们这个时代为此而遭受的那种理性主义的和政治的精神病。我们不应该把这些极端主义的观点归咎于约阿希姆，即便他曾参加过那场伟大的精神运动，而且是其中的知名人物之一。人们必须扪心自问，什么样的心理冲动能够驱使他和他的后继者们珍惜这些大胆的期待。例如，用"永恒的福音"来替代基督教的启示，或者用第三人称的上帝来取代第二人称，这个上帝将在新的时代占据统治地位。这种思想是如此的异端和具有颠覆性，以至于如果他没有感受到自己受到了那个时代的革命潮流的支持和涤荡，这种思想就绝不会在他身上出现。他感到这就是一种圣灵的启示，其生命力和繁衍能力是任何教会都不可能予以阻止的。这种感受的圣秘性被他所生活时代的时间的巧合——"共时性"——给加强了，在他生活的时代，开始在双鱼座周围出现"反基督的"鱼。其结果是，人们可能会觉得，倾向于把圣灵运动和约阿希姆的核心观点看作当时刚开始出现的反基督心理学的直接表示。不管怎么说，教会的这种定罪是完全可以理解的，因为他对耶稣基督之教会的态度在很多方面即便不是直截了当地背叛教会，也已经非常接近于公开的叛乱了。但是，如果我们允许人们相信这些改革者的信念，认为他们是受圣灵驱使的，那么人们作出另一种解释就不仅可以，而且完全有可能。

141 这就是说，正如约阿希姆所设想的，圣灵的地位是和圣本笃一起神秘地开始的，这样我们就可能会对下述猜想造成危害，即一种新的地位是被约阿希姆本人神秘地预见到的。当然，从意识上讲，他认为是他把圣灵的地位带入现实，正如人们已经确定的那样，圣本笃在心灵中无非就是把教会建立在坚实的基础上，并通过隐修制度而深化了基督教生活的意义。但是，从无意识上讲——而且这在心理学上是很有可能发生的——约阿希姆可能已经被精神原型捕获了。毫无疑问，他的活动是建立在大量经验基础上的，这种经验的特点确实是所有那些被某种原型把握住的人所共有的。他是在教义的意义上把这种精神理解为第三人称的上帝——因为不可能有任何其他方式——而不是在经验原型的意义上。这个原型并不具有统一的意思，而是从一开始就是一个模糊不清的二元论的人物[1]，这是在圣灵运动本身内部造成最具有矛盾性的表达方式之后，在炼金术的精神概念中再次获得的突破。诺斯替教派的信徒们在他们那个时代，就已经对这个二元论的人物有过明

1 Cf. “The Phenomenology of the Spirit in Fairytales,” in Part I of vol.9.

确暗示。因此，在一个与双鱼座的开端发生巧合的时代，以及在一个可以说是被迫陷入模棱两可之中的时代，以其基督教的形式来支持圣灵，应该同时有助于精神原型在其所有的特征模糊性之中产生突破。把一个像约阿希姆这样有价值的人归入某个等级是不公正的，他是那场革命性的和无政府主义的动荡不安的顽固倡导者，而这正是圣灵运动在如此众多的地方所要达成的目标。相反，我们必须假设，这是他自己在一种新的“状态”下不知不觉地引领出来的，是一种必定要在那个可怕的鸿沟上架设桥梁并予以补偿的宗教态度，这是11世纪在基督教和反基督教之间打开的一条鸿沟。反基督教时代应该受到谴责的是，那种精神变成了非宗教精神，充满生机活力的原型逐渐退化成为理性主义、智识主义和教条主义，所有这一切直接导致现在悬在我们头上的达摩克利斯之剑的现代悲剧。正如约阿希姆所知，在三位一体的旧程式中缺乏魔鬼这个教条式的人物，因为那时和现在一样，他以罪恶的奥秘之形式处在神学形而上学边缘的某个地方，因此其存在可能会受到质疑。幸运的是，对我们来说，因为他的到来所导致的威胁，已经在《新约全书》中预见到了——因为他越少被人们认出，他就越危险。在他的这些冠冕堂皇的名称下，例如公共福利、终身保障、国家之间的和平等，谁还会怀疑他呢？他躲藏在理想主义之中，在一般意义上的“主义”之中，其中最有害的是教条主义，这是所有精神表达方式中最没有宗教精神的。现在的时代必定与那些既定的事实完全一致，与那种不仅在政治上把世界分离开来，而且在人类心中植入了一种教会分裂的绝对对立相一致。我们必须找到回归原初的、活的精神之路，由于其矛盾之所在，这种精神也是对立物的调节者和统一者[1]，这是多少世纪以来一直占据着炼金术士们心灵的一种观念。

142 如果这种双鱼座的永世性似乎完全可以用敌对兄弟这个原型主题来支配的话，那么下一个柏拉图月，即水瓶座，就会使对立物之统一的问题群集。这样一来，人们就不可能把恶描写成“善的缺失”；其真实存在将必须得到承认。这个问题既不能靠哲学来解决，也不能靠经济学来解决，又不能靠政治学来解决，而只有靠个体的人才能解决。通过他对活的精神的体验，他的火降临到约阿希姆身上。这是许多火中的一种，尽管当代人对此有很多误解，却都已被传递到未来。我们在自己的时代所体验到的玛利亚升天的庄严宣告，就是象征在世世代代形成发展之路的一个实例。其背后的推动力并非来自基督教的权威，这些权威们通过延迟宣布了近一百年而清楚地证明了他们的犹豫不决；[2]但是，从天主教的弥撒来看，他们越来越强

1 “The Spirit Mercurius”(Swiss edn., pp.128ff); “A Psychological Approach to the Dogma of the Trinity,” pars.257ff.

2 圣母玛利亚的无染原罪成胎说，虽然在1854年被教皇庇护九世(*de fide*)宣布应作为信条来遵守，但直到1950年圣母升天才被界定为神的启示的一部分。——英编注

烈地坚持这种发展。他们的坚持归根结底是受实现它自己的原型驱动的。[1]

143 对圣灵运动的反应，在随后的几十年里传播到对未来具有重大意义的四个伟人那里。这四个伟人就是阿尔贝图斯·马格纳斯（1193—1280）；他的学生托马斯·阿奎那，教会哲学家和（像阿尔贝图斯那样也是）炼金术专家；罗杰·培根（1214—1294），英国归纳科学的先驱者；以及迈斯特·埃克哈特（约1260—1327），独立的宗教思想家，在经历了六百多年的默默无闻之后现在正享受着真正的复兴。有些人已经把圣灵运动正确地视为宗教改革的先声。在大约12和13世纪左右我们还发现了拉丁炼金术的开端，我已尝试在我的《心理学与炼金术》一书中对其哲学和宗教精神内容作了阐释。以上提到的（第139自然段）关于"新岩石的不变性"的意象与哲学炼金术的那个核心观念，即哲人石具有惊人的相似性，哲人石是被当作与基督、"岩石"、"石头"、"基石"的相似物来使用的。普里西利安（殁于385年）说："我们把基督当作岩石，把耶稣当作基石。"[2]一个炼金术的文本说，这块"岩石被摩西之杖重击了三次，这样水就可以自由地流出"[3]。哲人石被称

---

1 Cf. "Psychology and Religion," par.122; "Answer to Job", pars.748ff.

2 *Opera*, ed. G. Schepps, p.24.

3 Thomas Aquinas, pseud., "Aurora, Sive Aurea hora," p.194："他击打那块岩石，含有金属的水便流了出来。"

为“神圣之石”，被描述为具有四个部分。[1]圣安布罗斯说，岩石上流出来的水预示着是从基督肋骨上流出来的血。[2]另一个炼金术文本提到，“来自岩石的水”等于是那种普遍的溶剂，即永恒之水。[3]坤拉斯甚至用其多少有点华丽的语言说到过这种“神圣的石头”[4]。在纳塞内派那里，亚当被称为“岩石”和“基石”。[5]这两种关于耶稣的寓言，都曾被伊皮法纽在其《锚定》一书中提到过，也曾被费尔米库斯·马特纳斯提到过。[6]这种与基督教会的语言以及与炼金术的语言相同的意象，可以追溯到《哥林多前书》10：4和《彼得前书》2：4。

144 这块新的岩石就这样取代了耶稣基督，正如永恒的福音的意思是取代耶稣基督的启示一样。通过圣灵的降临和内住，每一个体身上就都被加入了儿子这个身份，这样每一个拥有圣灵的人都将是一块新的石头。根据《彼得前书》2：5的说法：“你

1 *Musaeum hermeticum*（1678），p.212：“我们的石头被称为神圣之石，而且要以四种方式来理解和表示。”（《以弗所书》3：18）佩比一世的金字塔文提到一个有四张面孔的复活之神：“效忠于您。哦，您有四张面孔……您被赋予了一个灵魂，您在船头上（像太阳一样）冉冉升起……这个佩比在船舱里带着您，因为这个佩比就是圣甲虫之子。”（Budge，*The Gods of the Egyptians*，I，p.85）

2 *Explanationes in Psalmos*，XXXVIII：“在阴影中有一股从岩石上流下来的水，因为它是基督的血。”

3 Mylius，*Philosophia reformata*（1622），p.112：“此时，哲学家把水从岩石上引出来，把油从坚硬的石头里引出来。”

4 *Von hylealischen Chaos*（1597），p.272.

5 Hippolytus，*Elenchos*，V，7，34f（Legge trans.，I，p.129）. 在这里也指那块“不用手从大山上切割下来的石头”（《但以理书》2：45），炼金术士们所用的一种比喻。

6 *De errore profanarum religionum*, 20, 1.

们来到主的面前，也就像活的石头，被建造成为灵宫。”[1]这就是关于圣灵与父子关系这个教义的一种符合逻辑的发展，正如《路加福音》6：35所说：“你们也将成为最高者的儿子。”《约翰福音》10：34也说：“你们的律法上不是写着，我曾说过你们是神吗？”正如我们所知，纳塞内派已经利用过这些典故，因而预见到历史发展的全部踪迹，即通过隐修制度导致圣灵运动，通过《日耳曼神学秘籍》直到路德神学，以及通过炼金术到现代科学的发展。

145 现在我们不妨转回到耶稣基督是鱼这个主题。根据德尔格的观点，基督教的鱼象征最初是在200年左右在亚历山大那里出现的；[2]同样的，洗礼池很早就被描述为养鱼的池塘（鱼

1 赫尔墨斯的“牧羊人”中用活的石头建造无缝塔（教会）。

2 Doelger, *ΙΧΘΥΣ: Das Fischsymbol*, I, p.18. 虽然可追溯至3世纪初（在216年之后）的亚培修碑铭这一点上具有至关重要的意义，但其源于基督教则是令人怀疑的。迪特里希在《亚培修碑铭》（*Die Grabschrift des Aberkios*）中的一段出色论述证明，在这个碑铭中提到的那个“神圣的牧羊人”阿提斯，即神圣治愈之主和像亮晶晶的星星的千眼牧羊人。他的一种特殊形式就是艾米拉的艾丽格鲍尔、海里奥加巴鲁斯皇帝的神，他使他的神灵的神圣婚姻得以和迦太基的乌拉尼亚一起庆祝，后者也被称为处女星。海里奥加巴鲁斯曾是大母神的一只鸡（牧师），他的鱼只有牧师们才可以吃。这种鱼必须由处女来捕获。据推测，亚培修把这段碑铭写在他到罗马旅行去参加伟大的神圣婚姻的庆典仪式里，大约在216年之后的某个时间。由于同样的原因，人们对于奥顿的派克托里奥斯铭文的基督教性质感到怀疑，其中鱼的图形也“吃……（读作不确定），把鱼抓在手中。现在用鱼来进行滋养，我渴望，救世主。”Cf. Cabrol and Leclercq, *Dictionnaire d'archéologie chrétienne*, XIII, cols.2884ff.,“Pectorios”。这个铭文的前三行构成了藏头诗的耶稣鱼，日期不确定（3—5世纪）。Cf. Doelger, I, pp.12ff。

塘)。这预示了信奉者曾是鱼,正如福音书(例如《马太福音》4:19)实际上所暗示的那样。在那里,耶稣基督想要使彼得和安德鲁"得人如得鱼一样",而捕鱼神迹(《路加福音》5:10)则被耶稣基督本人用作彼得的福传活动的一种范式。

146 耶稣基督诞生的一个直接的占星学相位,是在《马太福音》2:1及以下给我们提供的。来自东方的马吉(《圣经》中从东方来朝拜基督新生的三博士)是占星学家,他们拥有非凡的星座,因而推断出这是一种同样非凡的诞生。这个逸闻趣事证明,很可能甚至在基督教的使徒时代,人们也是从占星学的立场来看待耶稣基督的,或者至少把它与占星学的神话联系在一起。当我们考虑到圣约翰关于世界末日的话语时,后面这种选择也就得到了完全的证明。既然那些比我更有资格的人也一直在讨论这个极其复杂的问题,我们就可以在这个已经得到充分证明的事实基础上来支持我们的论点。这个事实就是,对占星学神话的惊鸿一瞥,可能是在听了关于救世主世俗生活和超凡脱俗生活的故事之后而捕捉到的。[1]

147 尤其重要的是,它是和用鱼的象征作用而得到证明的双鱼座时代建立的联系,要么与四福音本身同时存在("得人如得

1 我特指Boll,*Aus der offenbarung Johannis*。阿瑟·德鲁斯用——人们完全可以说——做事的彻底精神来对待占星学上相似的东西,而并非完全为了有利于这种观点。See *Der Sternenhimmel in der Dichtung und Religion der alten Völker und des Christentums*。

鱼”,渔夫是第一批徒弟,面包和鱼的奇迹),要么在后使徒时代后不久。这个象征作用展示的是耶稣基督和那些相信他是鱼的人,相信鱼是神对世人之爱中所吃食物[1]的人,相信洗礼就是沉浸在鱼塘中的人等。乍看之下,所有这一切指的无非就是如下事实:始终存在的鱼象征和神话学已经把救世主的形象同化进来了;换言之,它是把耶稣基督同化到当时流行的观念世界中的一种象征。但是,在耶稣基督被视为新的纪年这个程度上说,任何一个熟悉占星学的人都很清楚,他一生下来就是双鱼座时代的第一条鱼,而且注定要作为处于衰落期的白羊座时代[2]的最后的白羊[3]而死去。《马太福音》27:15及以下以古

1 根据德尔图良的观点(*Adversus Marcionem*, I, cap.XIV; Migne, *P.L.*, vol.2, col.262),鱼表示“更神圣的食物”。Cf. Goodenough, *Jewish Symbols*, V, pp.41ff。

2 Eisler, *Orpheus — The fisher*, pp.51ff.在艾斯勒的论文“作为性象征的鱼”中也有大量的材料,尽管其中几乎没有包含任何有助于解释鱼象征的材料,因为这个问题有点本末倒置了。人们很早就已经知道,精神的全部本能力量都被包含在象征意象的形成中,因而也包含在性欲之中。在这些意象中,性并不是“被象征化的”,而是跃入眼帘的,正如艾斯勒的材料所清楚表明的。一个男人无论以什么形式被包含着,他的性也将在那里出现。圣彼得的身体是由石头、木头和金属构成的,这个毫无疑问是正确的说明,几乎无助于我们对其意义作出解释。如果一个人继续对这种意象(就像所有其他意象一样)有其明显的性成分感到惊讶,那么鱼的象征也同样无助于我们对其意义作出解释。至于这个术语,应当注意的是,未知的事物是绝不可能被“象征化的”,而只能用比喻的或符号学的方式来表达。

3 Origen, *In Genesim hom.*, VIII, 9(Migne, *P. G.*, vol.12, col.208):“我们说过……艾萨克怀有基督的形式,但那只白羊(公羊)似乎也怀有基督的形式。”奥古斯丁(*City of God*, XVI, 32, 1)问道:“那只通过以象征性的血而作出全部牺牲的羊是谁……除了耶稣之外还曾预想过谁呢?”因为那只羊在启示录中就是白羊座。See Boll, *Aus der offenbarung Johannis*。

老的季节之神的牺牲这种形式把这个神话传递下去。相当重要的是，耶稣在仪式中的伙伴被称为巴拉巴，即"父之子"。在早期基督教心理学中对立物的紧张与下述事实之间画一道平行线，是有某种正当理由的，这个事实就是，黄道十二宫中的双鱼座经常显示两条鱼向相反的方向游动，但是，只有当它们的反向游动可追溯到基督教之前的时代或至少与耶稣基督同时代时，它才能够得到证明。遗憾的是，我对这一时期能给我们提供关于双鱼座位置的任何信息的图形表征还所知甚少。在源自雅典小都市的黄道十二宫那个制作精良的浅石雕中，双鱼座和水瓶座是缺失的。在接近我们这个时代之初的时候，出现了一个双鱼的表征，这当然不是受到基督教的影响。这是来自那不勒斯的法尔内塞地图集上的天堂的世界。描绘的是，在赤道以北的第一条鱼是垂直的，它的头指向天极；在赤道以南的第二条鱼是水平的，它的头指向西方。这幅图遵循的是天文学的结构，因而属于自然主义画派。[1]来自邓德拉的哈索尔神庙的黄道十二宫（公元前1世纪）展示了这个双鱼座，但它们都以同样的方式面对。希帕克斯提到过的提莫卡雷斯的星座图[2]只有一条鱼，双鱼座应该就在其中。在来自帝王时代的硬币和宝石上，以及在密特拉神的文物古迹上[3]，都展示出双鱼的图像，

1 Thiele, *Antike Himmelsbilder*, p.29.

2 Boll, *Sphaera*, Pl.I; Eisler, *The Royal Art of Astrology*, Pl. 5, pp.164f.

3 Gaedechens, *Der Marmorne Himmelsglobus*.

要么以同样的方式面对面，要么朝相反的方向游动。[1]后来双鱼所获得的这种两极性，或许可以归因于下述事实：天文学的星座显示第一条鱼（北方的）是垂直的，而第二条鱼（南方的）则是水平的。它们几乎以直角相向而移动，从而组成一个十字。这种反向移动在大多数具有最古老根源的材料中尚未被人们知晓，但在基督教时代却大受重视，这导致人们对某种倾向性产生了怀疑。[2]

148 虽然还无法证明耶稣基督这个人物与占星学的双鱼座时代之间存在着任何联系，但救世主的鱼象征作用与占星学的新世代象征同时出现，在我看来却是非常重要的，它为我们予以高度重视提供了正当理由。如果我们想要探究这种类比所带来的复杂的神话学后果，那么我们这样做的目的就是要阐明某个原型的多种不同方面。这个原型一方面在**人格**中表现出来，另一方面又共时性地在事先确定的某一时刻，即在基督诞生之前就已表现出来。确实，早在此之前，这个原型就已经通过投射作用而被书写在天国之中了，这样一来，“当这个时刻来临之

---

1 Cumont, *Textes et monuments*, II.

2 兰姆斯普林克（Lambspringk）象征中的两条鱼（*Mus. herm.*, p.343），同时也代表被结合起来的对立物。阿拉图斯（*Phaenomena*, Mair trans., p.401）只提到，与南方的鱼相比北方的鱼所处的地位更高，而没有强调它们的双重性或对立性。但不管怎么说，它们的双重特点在现代占星学的详尽阐述中得到了重视。（E.M. Smith, *The Zodia*, p.279）塞纳尔（*Le Zodiaque*, p.446）说：“这条鱼……从上往下游象征着精神在物质中复归的运动……而从下往上游，则象征着精神—物质这个复合体回归其独特原则的进化运动。”

际”，它就与这个新时代产生的象征达成了一致。这条鱼恰好就属于冬天的雨季，就像水瓶座和摩羯座那样（羊鱼[1]），这真是再合适不过了。因此，作为黄道十二宫的一种符号，它一点也不明显。通过分点岁差，当春分点移动到这个符号处，从而开创了一个时代。在这个时代，“鱼”是作为上帝的一个名称来使用的，上帝变成了一个人，他出生时是一条鱼，却作为一头公羊而被献祭，他把渔夫作为他的徒弟，并且想要叫他们“得人如得鱼一样”。他用奇迹般的多种多样的鱼类培养了这种多样性，他本人也是作为一条鱼这种“神圣的食物”而被吃掉的，其追随者是一些小鱼，只有在此时，它才成为一件令人惊异的事情。如果你愿意的话，不妨假设一下，一种相当广泛流传的占星学知识至少可以解释诺斯替教和基督教圈内的某些诸如此类的象征作用。[2]但这种假设并不适用于《对观福音书》中的目击者的解释，也没有与这类事情有关的任何证据。我们没有任何理由去设想，这类故事是一些伪装的占星学神话。相反，

1　羊鱼是占星学上摩羯座的另一种象征动物，其学名叫绯鲵鲣，是一种海鱼。——中译注

2　在*Pistis Sophia*中明确提到占星学，在那本书中有耶稣与“基督诞生的授权者们”的对话：“但耶稣作了回答并且对玛利亚说，如果基督诞生的授权者们发现黑玛门尼（占星学关于对宇宙的专制性统治，又称为普遍命运——中译注）和天球随着他们的第一次循环而转向左侧，那么他们的话就是真的，他们就将把必然要发生的事情说出来。但是，如果他们发现黑玛门尼和天球转向右侧，那么他们就不会说任何真话，因为我改变了他们的影响，改变了他们的正方形和三角形以及他们的八分仪。”（Cf. Mead trans., p.29）

人们会得出这样的印象，这些鱼的事件完全是自然发生的，在这些事件背后不可能找到任何更多的东西。它们是一些“就是如此”的故事，简单而又自然，人们会感到奇怪，基督教的鱼象征作用可能并非全都是偶然出现、没有任何预谋的。因此，人们也完全可以说，这种象征作用与新世代的名称是一种表面上看起来偶然的巧合，鱼的时代似乎在东方文化中并没有留下任何清楚的痕迹，这有可能是一种偶然的巧合。我并不能非常确定地认为这种看法是正确的，因为我对印度和中国的占星学所知甚少。与此相反，传统的鱼象征使一个已经在《新约全书》中作出的可以验证的预测成为可能，这个事实是一个令人不得不吞咽下去的多少有点使人不舒服的命题。

149 大约在我们这个时代之初，由春分点开始的这条北方的或东方的鱼，[1]通过所谓连接而与那条南方的或西方的鱼结合在一起了。一些光线较弱的星构成了星座的中间部分，这种连接就是由这些星组成的，春分点逐渐沿着其南部边缘移动。黄道与子午圈在两条鱼之间相交的这个点大致发生在16世纪，即宗教改革的时代，就我们所知，对西方象征史而言这是一个格外重要的时代。此后，春分点沿着第二条鱼的南部边缘移动，

1 位于接合处的“O”星的子午线在11世纪时经过了春点(Spring-point)，而“a 113”星的子午线则是在公元前146年时经过的。这是根据彼得斯和科诺贝尔的《托勒密星表》而计算出来的。

并将在第三个千年过程中进入水瓶座。[1]用占星学的观点来解释，把耶稣基督称为鱼类的一种，就是把他与第一条鱼，即垂直的那条鱼相认同。在那个时代结束之后，紧跟在基督之后的就是反基督者。从逻辑上讲，这种否极泰来的开端将落在两条鱼的中间。我们已经看到了，情况就是如此。文艺复兴时代就开始于第二条鱼出现之际，与之相伴随而产生了在现代达到极点的那种精神。[2]

1　由于星座的这种划分众所周知有点任意，所以这个日期并不是非常确定。它指的是一些固定星体的实际星座，而不是黄道十二宫，即黄道带所划分的每个星30°的区域。从占星学的观点来看，按照你选择的出发点，下一个世代的开端落在2000年和2200年之间。从"O"星出发并且假设2143年为一个柏拉图月，那么到2154年时就是水瓶座时代的开端，而如果你从"a 113"星开始，那就在1997年作为开端。后一个日期与托勒密的《天文学大全》中星星的经度相一致。

2　现代占星学的推断也把双鱼座与耶稣基督联系起来："鱼类……这些水中的居民，恰恰就是其生命与耶稣一起被掩藏在上帝之子的那些人的一种象征，他们从判断之水中出来而毫发未损（这是对那些没有在大洪水中被淹死的鱼类的一种比喻啊！——C. G. J），他们将发现自己真实的星球，在那里，生命是有限的，而死亡却是无限的：在那里永远被活水所环绕，喝的水都来自泉水，他们'将不会死亡，而是拥有永生的生命'……那些将永远居住在活水中的东西就是与耶稣基督即上帝之子在一起的人，那个存活下来的人。"（E. M. Smith, *The Zodia*, pp.280f）

第七章

诺查丹玛斯的预言

150 我们的宗教历史进程，以及我们的心理发展的某个基本方面，都可以在时间和内容上从经过双鱼星座的分点岁差而得到或多或少更精确的预测。正如我们已经看到的，这种预测实际上已经作出了，而且与教会在16世纪遭受了分裂之痛这个事实相一致。此后便出现了一个否极泰来、物极必反的过程，这个过程与"哥特式的"向上奋斗力求登天相反，可以被描述为一种水平式的**向外**移动，意即发现之旅和对大自然的征服。垂直与水平相交，人的精神与道德发展沿着某个方向移动，变得越来越具有明显的反基督倾向，这样一来，我们就面临着西方文明的一场危机，其后果似乎格外含糊不清。

151 将这个背景牢记在心，我想要提一下诺查丹玛斯的占星学预言，这是在1558年6月27日写给法国亨利二世的一封信[1]中写出来的。他在对这一年的特点作了详细描述之后说：

> 然后，在那一年的开端，将要看到针对基督教会的比以往在非洲发生过的更大的迫害，[2]那将是在1792年，在那时，大家都会认为这是那个时代的一场革新……而且在那时以及在那些国家，地狱的力量将起来反对耶稣基督的教会。这将是第二次反基督教运动，它将借助于摄政王的力量对所谓教会及其真正的牧师加以迫害，这些摄政王由于无知而将受到比疯子手中的任何利剑还要锋利的口蜜腹剑的引诱……这种对牧师的迫害，将在北方国王联合了东方国王的力量时开始出现；而且这种迫害将持续十一年或者稍微少一些，到那时，首席北方国王将要败亡。[3]

152 不管怎么说，诺查丹玛斯认为，“一个联合的南方国王”将用三年的时间永久地取代北方国王。他将看到异教的回归（“被异教的信仰摧毁的圣殿”），《圣经》将被烧毁，将要发生巨大的杀戮，导致血流成河：“这是自基督教会第一次建立以来从未发生过如此巨大的苦难。”所有的拉丁国家都将受其影响。

---

1 *Vrayes Centuries et Prophèties de Maistre Michel Nostredame*（1667），Amsterdam edn., pp.96ff.

2 罗马的基督教就是在那里屈从了伊斯兰教。

3 *The Complete Prophecies of Nostradamus*, H. C. Roberts trans. and ed., pp.231ff.

153 有一些历史的决定因素可能会驱使诺查丹玛斯把1792年视为新世代的开端。例如，红衣主教皮埃尔·德埃利，他以阿尔布马扎的观点为依据，在其关于第八次最大精合（据计算是在1693年）的《天文学和神学的和谐一致》[1]一书中写道：

> 此后在1789年将实现萨杜恩的十次革命，而且这一切将在所谓精合之后，即在九十七年左右的时间里完成……正由于此，我们认为，如果世界将忍耐到那个时候，这只有上帝才知道，那么这个世界将发生许多伟大和奇妙的改变和变革，尤其是与法律制定和宗教教派有关的改革，因为萨杜恩的所谓精合和革命将与上方球体，即第八个星球的革命或颠倒相一致，教派的变革将通过这些以及其他前提被人们所知……由此可以得出带有某种可能性的结论，这就是反基督者带着他的法律及其该死的教派来到的时候，这些法律和教派与基督的法律完全相反且相抵触；因为作为人类，我们无法确定他来临的时间和时刻……不过，尽管对他大约什么时候到来的说法不确定，但根据某些天文迹象作出某种可能的推测和可信的假设还是有可能的。因此，如果天文学家认为，教派的变革将

---

1 D7^{v}—8^{r}, div. 2, cap. 60, 61. Cf. Thorndike, *A History of Magic and Experimental Science*, IV, p.102.

在大约那个时候发生，那么根据他们的看法，一个大能者将在穆罕默德之后出现，他将建立一个邪恶而又神秘的法律。这样，我们就可以完全确定地坚信，在穆罕默德教派之后，不会再有任何其他教派出现来拯救反基督者的法律。

154 与1693年的这个计算相联系，皮埃尔·德埃利引用阿尔布马扎的话说，萨杜恩与朱庇特的第一次**最大精合**发生在创世记元3200年。阿尔布马扎给它增加了九百六十年，这就使我们把1693年视为第八次**最大精合**的那一年。[1]在其书的第二部分第17章，皮埃尔·德埃利批评了这种观点，把它称为"错误的推理"。在他于1410年针对"天文学迷信"撰写的论著中，他认为不应该把基督教这门宗教置于占星学的法则之下。他是在特别地暗指罗杰·培根，培根复活了这种理论，认为基督教曾深受水星墨丘利的影响。皮埃尔·德埃利认为，只有迷信和异端的观点才受占星学影响，尤其是反基督者的出现。[2]

155 我们作出下述假设很可能是正确的，诺查丹玛斯熟悉这些计算，他提出1792年作为对1789年的一种改进。这两个日期都具有暗示性，对以后发生的事件的了解证实了，大约在那时发生的事情就是我们自己时代发展的重要先驱者。理性女神

1 *Concordantia,* etc., fol. b 5.

2 Cf. Thorndike, IV, p.103.

的登基仪式，实际上就是对从那时以来一直持续进行的反基督教倾向的一种预见。

156 这种“时代的改革”可能意味着一个新世代的开启，而且它以某种非同寻常的方式与计算日期的新体系，即革命的日历相一致，这场革命的日历从1792年9月22日开始，就具有明显的反基督教特点。[1]接着，蓄谋已久的图谋变成了一个外显的事件，在法国大革命中，人们目睹了随着文艺复兴而导致的这种否极泰来，而且与占星学的鱼象征不谋而合。从占星学的观点来看，这个时间似乎由于多种原因而很有意义。首先，这就是岁差到达第二条鱼的尾部之时。[2]接着，在1792年，萨杜恩位于♈位，这是一个暴烈的符号。除此之外，传说还利用了最大精合的理论，[3]把第八次最大精合的那一年——1693年——视为未来计算的出发点。[4]这个至关重要的年份与另一个传说结

---

1 在古典的用法中，*renovatio*这个词可能含有revolution（革命）这个现代词的意思，甚至在后期的拉丁词*revolutio*中仍然保留着revolving（变动）的原初意义。正如本文所示，诺查丹玛斯把这个时刻（1791年）视为长期存在的教会迫害的顶点。这使人想起了伏尔泰的那句“砸烂可耻的东西！”。

2 这里并非暗示人们有意识地尝试作出以岁差为依据的预言。

3 白羊座中的精合被视为如此，至少是一种规则。O°的白羊座就是春点。

4 我不能宣称已经理解了皮埃尔·德埃利的论点。这里提供的是原文（Second treatise，ch.60，“De. octava coniunctione Maxima”）：“此后将是土星萨杜恩的十次革命到1789年的实现，而这种实现将在所谓精合97年左右之后，在所谓精合和十次革命的实现之间，第八个星球将要停止大约25年，由下述显而易见：第八个星球的暂停将在增加的位置之后的第444年，根据天文学的表格，这些增加物被安排在1320年年底，就是1764年，如果你对此再加上25年，你就会如前所述地得出1789年。因此这再次证明，从1414年这一年到第八星球的暂停，将有253个完整的年份。”

合起来，这个传说以土星萨杜恩的十次革命时期为基础，每个时期要花费三百年的时间。皮埃尔·德埃利引用阿尔布马扎的话，他在其《最大精合》一书中说："他们说，当土星萨杜恩的十次革命完成之际，这种改变就会到来，而且土星的位移特别适合于这个可移动的符号。"[1]按照皮埃尔·德埃利的观点，一个萨杜恩时期是在公元前11年结束的，他把这个时期与基督的出现联系起来。另一个时期在289年结束，他把这个时期与摩尼教结合起来。589年预言了伊斯兰教的出现，而1189年则是教皇英诺森三世的重要统治时期。1489年宣布教会分裂，据推断，1789年标志着反基督教的到来。其余的事情就可以由幻想来做了，因为原型早已做好准备，只是在等待着得到实现的那一刻。当我们考虑到，反基督者就是一个恶魔般的东西，就是魔鬼或魔鬼之子，因而就是提丰或塞特，他那炽热的住所就在北方，这时我们就很容易理解一个来自北方的篡位者将篡夺权力这句话了。[2]提丰的权力是三人组合的，有两个同盟者，一个在东方，一个在南方。这种权力相当于"较低级的三位一体"[3]。

157 诺查丹玛斯是一位有学问的物理学家和天文学家，他当然

---

1 Fol. d 6.

2 从这个文本中还不能明确这意味着同样的"迫害"，还是一种新的迫害。有可能是后者。

3 Cf. "The Phenomenology of the Spirit in Fairytales," in Part I of vol.9.

非常熟悉关于北方是恶魔之地、无信仰者之地和邪恶事物之地的观点。正如里昂的圣欧彻里乌斯（殁于450年）所说，[1]这种观点可以追溯到《圣经》的《耶利米书》1：14："必有灾祸从北方发出，降临到这地的全体居民。"也可以追溯到其他一些段落，例如《以赛亚书》14：12以下：

> 哦，路西法，明亮之星，早晨之子啊，你缘何竟从天上坠落！你这攻败列国的，缘何竟被砍倒在地上！你心里曾说，我要升到高天之上。我要高举我的宝座在上帝的众星之上，我要坐在聚会的山上，在北方的极处。

本笃会的僧侣拉巴努斯·莫鲁斯（殁于856年）说，"北方的风就是残酷的迫害"，就是"一个像老敌人那样的人"[2]。他还补充说，北风表示魔鬼，这从《约伯记》26：7中可以得到证明："上帝铺开北方的天穹，把地球悬挂在太空。"[3]拉巴努斯把这句话的意思解释为，"上帝允许魔鬼统治那些没有受到其恩泽的人的心灵。"圣奥古斯丁说："那个北风是谁，拯救他的人说：我要在北方放好我的座位，我要像至高无上的上帝？魔鬼曾统治着

1 Migne, *P.L.*, vol.50, col.740.

2 Migne, *P.L.*, vol.112, col.860.

3 这显然是对在深渊的表面沉思的普纽玛的一种类比。

邪恶，占有着国家。”[1]

158 维克多教派的僧侣加涅里乌斯说，那个“邪恶的精灵”被称为阿基洛，即北风。它的寒冷意味着“罪人们的冷淡”[2]。亚当·司各脱曾设想，在北方有一个可怕的龙头，所有的邪恶均来源于此。从它的嘴里和鼻子里喷出三种性质的烟[3]，这“三重无知，就是善与恶、真与假、适合与不适合”[4]。亚当·司各脱说，“这就是先知以西结在幻想上帝时看到的来自北方的烟”[5]，是以赛亚说过的那种烟。[6]这位虔诚的作者却从未停下来思考一下，这位先知关于上帝的幻想竟会包裹在这个邪恶的三重无知的烟雾中，在北风的吹拂下一掠而过，这是多么不可思议啊。哪里有烟，哪里就有火。因此，“浓云四周有明亮，火持续不断地燃烧着，在火的中间，可能就是那闪闪发光的铜”[7]。北风来自着火的区域，尽管它很寒冷，是一种“刺骨

1 *Enar. in Ps.* XLVII, 3; Migne, *P.L.*, vol.36, col.534.

2 *Sancti Victoris Parisiensis Gregorianum*; Migne, *P.L.*, vol.193, cols.59f.

3 暗指较低级的三位一体。

4 *De tripartito tabernaculo*, III, c. 9; Migne, *P.L.*, vol.198, col.761.亚当·司各脱曾说到过“来自北方的烟遮天蔽日”。伪克莱门特(*Homilies*, XIX, 22)强调这是“无意识的罪恶”。奥顿的霍诺里乌斯(*Speculum de mysteriis ecclesiae*; Migne, *P.L.*, vol.172, col.833)说:“在北方，太阳隐没在大地之下，马太的意思是，他把基督的神圣性描述为隐藏在肉体之内。”这证实了三位一体的阴暗性质。

5 《以西结书》1：4:“我看见，有一股旋风从北方而来，还有一大朵云……”

6 《以赛亚书》14：31:“哦，门啊，应当哀号，城啊，应当呼喊，非利士全地啊，你都消化了，因为有烟从北方来，谁也不会从他的队伍中逃离。”

7 《以西结书》1：4。

的风”，正如教皇大贵格利所称谓的那样，指的是《约伯记》27：21。[1]这股风就是邪恶的精灵，“他在心中燃起了欲望之火”，点燃了一切活的事物使之犯罪。“通过呼出邪恶的刺激，煽动人们追求人间乐趣，他使邪恶之心燃烧起来。”正如《耶利米书》1：13所说：“我看见一口烧开的锅，从北而倾。”在引自大贵格利的这些引文中，我们听见了关于北方的火这个观念的微弱回响，这在《以西结书》中仍然非常活跃，它的浓烟烈火是从北方出现的，此时“必有灾祸从北方发出，临到这地的全体居民”[2]。

159 在这些情况下，诺查丹玛斯警告人们注意来自北方的篡位者，从而预告了反基督者的到来，这也就不足为奇了。甚至在宗教改革之前，反基督者也是民间传说中很流行的一个人物，正如15世纪后半叶很多关于“反基督者”[3]的版本中所表明的那样。[4]考虑到当时即将发生的宗教精神事件，即宗教改革就要开始了，这也就完全可以理解了。路德很快就被视为反基督者。很有可能诺查丹玛斯把那个在1792年之后出现的反基督者称为“第二个反基督者”，因为第一个已经在德国改

1 “一股燃烧的风将把他抓住席卷而去，而且就像一股旋风把他从原地抓起一样。”(*In Expositionem beati Job Moralia*；Migne，*P. L.*，vol.76，cols.54，55）

2 《耶利米书》1：13以下。

3 Cf. *Symbols of Transformation*, par.565.

4 据说与各种手抄本有关的文本都可以追溯到斯特拉斯堡的休（13世纪）的*Compendium theologicae veritatis*。Cf. Kelchner，*Der Enndkrist*，p.7.

革者的伪装下出现了，或者要比罗马皇帝尼禄或穆罕默德早得多。[1]在这一点上我们不应该不提到，纳粹从下面这个观点中获得了多少资本：希特勒在继续完成路德遗留下来而只完成了一半的改革事业。

160 从现存的占星学资料来看，以及从解释它们的可能性来看，诺查丹玛斯预见到基督教时代即将发生的否极泰来，这并不是什么困难的事情；通过这种预测，他确实把自己放在了反基督教的位置上，并且成为其代言人。

161 在做了这样一番长途跋涉之后，我们还是回到我们的鱼象征吧。

---

1 在乔瓦尼·南尼（1432—1502）那里也有这样的表述，见Thorndike，IV，pp.263ff。

第八章

鱼的历史意义

162　除了“基督教的小鱼们”之外，我们深知，牧羊人和羔羊在基督教的寓言中发挥着几乎更大的作用，赫尔墨斯·克里奥弗洛斯（“白羊座”）就变成了“好牧羊人”的原型，羊群的守护神。另一个有能力成为牧羊人的原型是奥菲斯。[1]波衣门的这个方面使人不由得想起神秘仪式中一个具有类似姓名的人，他在赫尔墨斯的牧羊人中（2世纪）是很普遍的。就像在亚培修碑铭中提到的那条“大鱼”[2]一样，在时间上和空间上都与阿提斯有关。赖岑施泰因甚至猜想，赫尔墨斯的“牧羊人”是从《赫尔墨斯总集节选》的作品中派生而来，这些作品纯粹起源于异教。[3]

1　Eisler, *Orpheus — The fisher*, pp.51ff.

2　Cf. par.127，n.2.

3　*Poimandres*, pp.32ff.

牧羊人、公羊和羊的象征，都与白羊座到期的世代同时产生。在我们这个时代的第一个世纪里，这两个世代是重叠的，这一时期两个最重要的神秘之神，即阿提斯和基督，都具有牧羊人、公羊和双鱼座的特点。波衣门的象征作用，已经在赖岑施泰因那里得到了彻底的阐述，在这一方面我不想再补充什么来进行阐明了。这种情况与鱼的象征多少有点不同。不仅是因为其来源更加丰富，而且这种象征的根本实质，尤其是其两个方面，会引起一些明确的心理学问题，我想要对此进行更仔细的深入探讨。

163 和每一位英雄一样，基督也曾有一个受到过威胁的童年(对无辜者的大屠杀，逃到埃及)。占星学对这种现象的解释可以在《启示录》12：1中找到："有一个妇人，身披日头，脚踏月亮，头戴十二星的冠冕。"她正处在生孩子的剧痛中，还被一条龙追赶着。她要生一个男孩子，这个孩子将要"用他的铁杖来统领万国"。这个故事与东西方许多类似的主题相呼应，例如勒托和巨蟒的主题、阿芙洛狄忒和她的儿子的主题，当他们受到追赶时，便跳入幼发拉底河中，变成了鱼；[1]此外还有埃及的伊希斯和荷露斯的主题。叙利亚的希腊人与德塞托—阿塔加提斯[2]

---

1 Eisler, *The Royal Art of Astrology*, p.107.

2 阿塔加提斯是叙利亚神话传说中司职生育的女神之一，其形象类似于美人鱼，叙利亚人称之为阿塔加提斯，另一个中东古国非利士人则称之为德赛罗，约公元前4世纪左右出现，后逐渐影响到古希腊地区，成为古代地中海沿岸最受人崇拜和供奉的神祇。——中译注相认同，而她的儿子耶稣鱼则与双鱼星座相认同。[1]

164 母亲女神——和《启示录》的头戴星冠的女人可以算作一体——通常被认为是圣母。圣诞的信息，“圣母生了，光明增加了”，是异教徒。在谈到所谓亚历山大的考里昂时，伊皮法纽[2]说，在显灵（1月5/6日）的那天晚上，异教徒们举办了一个大节日：

> 他们通宵达旦地唱歌和吹笛子，给他们提供关于诸神的意象；在鸡叫头遍，狂欢之夜结束之际，他们跟随着火炬进入一个地下庇护所，带上来一个雕刻的木像，它赤裸着被放在一堆杂物上。它的额头上有那个十字标记，用金子制作的，它的双手上有另外两个同样形状的标记，还有两个在它的膝盖上；这五个标记都是用金子制作的。他们伴随着笛子、手鼓和赞美诗的声音，带着那个雕刻的木像围绕着圣殿区的中间转了七圈，在列队行进仪式结束之后，他们又把它放到了地下室里。但是，如果你询问他们这个神秘的表演活动是什么意思，他们的回答就是：今天，在这个时辰，这个年轻女子的木像，也就是圣母玛利

---

1 Bouché-Leclercq, *L'Astrologie grecque*, p.147.关于女人与黄道十二星的处女座的关系，见Boll, *Aus der offenbarung Johannis*, p.122。

2 *Panarium*, LI, 22, Oehler edn., Part 3, pp.632f.这段话并未出现在老版本的*Panarium*一书中，因为它只是最近才在威尼斯被发现的。

亚，生下了那个永世。

165 伊皮法纽特别说明，他并不是把这件事当作一个基督教派来讲述，而是作为偶像崇拜者来讲述，而且他这样做是为了例证这个观点，即异教徒也不由自主地见证了基督教的真理。

166 处女座，黄道第六宫的星座，要么携带着一捆麦子，要么带着一个孩子。有些权威人士把它与《启示录》中的那个“女人”联系起来。[1]不管怎么说，这个女人和世界终结时弥赛亚诞生的预言有关。既然人们认为《启示录》的作者是一位基督徒，那么问题便产生了：这个被解释为弥赛亚之母，或基督之母的女人究竟是谁？那个“用铁杖来（对希腊语的字面翻译）‘放牧’异教徒”的女人的儿子是谁？

167 在这段话中包含着一种暗指，一方面暗指《以赛亚书》66：7中关于弥赛亚的预言[2]，另一方面暗指耶和华的愤怒（《诗篇》2：9）[3]，在某个方面它似乎又指弥赛亚在未来的诞生。但是，这样一种理念在基督教领域内是根本不可能有的。博尔[4]针对《启示录》5：6及以下关于“羔羊”的描述说：“这个长着七角七眼的非常奇怪的东西，是不可能用基督教的术语来解释

---

1 Boll, pp.121ff.

2 “锡安未曾劬劳就生产，未觉疼痛就生出男孩。”

3 “你必用铁杖打破他们，你必将他们如同窑匠的瓦器那样摔得粉碎。”

4 Boll, p.44.

的。"这只"羔羊"还形成了某些非常预想不到的特色：他是一只好斗的羔羊，一个征服者(《启示录》17：14)。神的大地之子们将不得不躲避他的愤怒(《启示录》6：15及以下)。他就像是"犹大支派中的狮子"(《启示录》5：5)。相反，这只羔羊让人想起了《诗篇》2：9("你必用铁杖打破他们，你必将他们如同窑匠的瓦器那样摔得粉碎")，给人留下了这种凶恶的印象，他是一只恶魔般的公羊[1]，而根本不是那只温顺地被屠杀的羔羊。毫无疑问，《启示录》中的羔羊指的是这些预言中提到的有角的怪物那个类别。因此人们不得不考虑这个问题，《启示录》的作者是否受下述观念影响，这个观念在某种意义上与耶稣基督是对立的，或许是通过一个心理学的阴影般的人物，一个"阴影的耶稣"，他在世界终结之日通过一种再生行动而与获胜的基督结合在一起了。这个假设可以解释诞生神话的一再重复，也可以解释这个奇怪的事实，这个事实是一个如此重要的关于末世论的预期，以致反基督者的到来获得了这种预期，而在《启示录》中却没有提到。那只七角公羊大概就是看起来耶稣并不想成为的一切事物。[2]他是一个真正的像阴影

1 他的眼睛表示"上帝的七种精神"(《启示录》5：6)或者"主的七只眼睛"(《撒迦利亚书》4：10)。那只羔羊和七个天使一起站在上帝的宝座前，就像撒旦和上帝之子在一起一样(《约伯记》1：6)，这样上帝就在以西结的幻想状态下得到描述，并且以崇拜耶和华的术语进行考虑——一种"法律阴影"！

2 就是说，如果我们不考虑诸如《马太福音》21：19和22：10及《路加福音》19：27的话。

样的怪物，却不能把他描述为反基督者，因为反基督者是撒旦创造出来的。因为虽然那只怪异的、好斗的公羊是一个阴影般的怪物，在这个意义上说他是被牺牲了的那只公羊的副本，但他几乎不像反基督者那样与基督不可协调。因此，我们不可能把基督这个人物的复制品追溯到基督与反基督者之间的这种分裂，而是相反，要归咎于犹太基督教徒们所感受到的反罗马帝国的那种愤恨，这些犹太教的基督教徒们依赖于他们的复仇之神和他的那位好战的弥赛亚。《启示录》的作者可能很熟悉犹太人的那些猜测，而我们则是通过后来的传说才知道的。我们被告知，在传教士摩西·哈达山的《创世记拉巴蒂》(*Bereshit Rabbati*)中，希伯来先知伊莱亚斯在伯利恒(耶稣诞生地)发现了一个年轻女人坐在她的门前，一个新生的婴儿躺在她身边的地上，身上血迹斑斑。她解释说，她的儿子出生在一个邪恶的时辰，也就是神殿被毁坏的时刻。伊莱亚斯劝告她要照顾好这个孩子。五个星期之后，当他再次回来时，他问起她的儿子。那个女人说道："他既不会走路，也看不见、听不见，而是像一块石头那样躺在那里。"突然一阵风从大地的四个角落吹来，把这个孩子吹走了，并把他投入大海之中。伊莱亚斯哀叹说，现在所有这一切都结束了，以色列人获得了拯救，但是一个声音对他说："并非如此，他要在大海中待四百年，在可拉的孩子们那上升的烟雾中待八十年，在罗马的大门之下待八十年，其余的时间他将在大城市里徘徊，直到世界末日到来。”[1]

168 这个故事描述了一个弥赛亚，虽然他出生在伯利恒，但由于神的干预而被吹到了地下（大海=无意识）。从一开始，他的童年生活就受到这样的威胁，以致他几乎无法活下来。这个传说是犹太教中弥赛亚成分格外虚弱的症候，也表示加入这个成分可能导致的危险，这可以解释弥赛亚延迟出现的原因。五百六十年来，他一直潜伏着，直到此时他的传教工作才算开始。这个时间间隔距离《塔木德经》的预言提到的五百三十年的时间相距不远（参见第133自然段），如果我们认为这个传说指的就是耶稣基督，那么就足以使我们对它们进行比较了。在浩瀚无垠的犹太教思考中，这种相互联系更有可能出现。这样一来，弥赛亚受到死亡的威胁并因暴力而致死，便成为在其他故事中也经常重复的主题。后者——主要是犹太教神秘哲学传统——说过有两个弥赛亚，弥赛亚·本·约瑟夫或本·伊弗雷姆和弥赛亚·本·大卫。可以把他们比作摩西和亚伦，也可以比作两头小鹿，而且这句话就在《雅歌》4：5的权威文本中："你的两乳，好像百合花中吃草的一对小鹿，就是母鹿双生的。"[2]根据《申命记》32：17，[3]弥赛亚·本·约

---

1 Wünsche, *Die Leiden des Messias*, p.91.

2 Targum on Canticles 4：5，in *The Targum to The Song of Songs*, p.50. Wünsche, p.111. 在*Zohar*中，弥赛亚被称为"母亲"。Schoettgen, *Horae Hebraicae et Talmudicae*, II, p.10. Cf. "Saviour of the twins," in *Pistis Sophia*.

3 此处英文原文有错，应为《申命记》33：17，而不是32：17。——中译注

瑟夫是“他头胎的公牛”，而弥赛亚·本·大卫则骑在一头驴身上。[1]弥赛亚·本·约瑟夫是长子，弥赛亚·本·大卫是次子。[2]弥赛亚·本·约瑟夫必须死，以便“用他的血来补偿耶和华的孩子们”[3]。他将陷入与歌革和玛戈的争战之中，而撒旦王阿米路斯将把他杀死。阿米路斯是反救世主的，撒旦在一块大理石上生下了他。[4]反过来，他也将被弥赛亚·本·大卫杀死。此后，本·大卫将把新耶路撒冷从天国取下来，使本·约瑟夫得以复活。[5]这个本·约瑟夫在后来的传说中发挥了某种奇怪的作用。《古兰经》的评论员塔巴里提到，反基督者将成为犹太人之王。[6]在阿巴伯内尔的《弥赛亚·约书亚》(*Mashmi'a Yeshu'ah*)中，弥赛亚·本·约瑟夫实际上就是一个反基督者，因此，他不仅具有与获胜的弥赛亚相反的受难的弥赛亚的特点，而且最终被认为是他的对手。[7]

169 正如这些传说所示，以上提到的弥赛亚成分的虚弱之处就在于某种分裂，而这种分裂最终则变成了完全的对立。这种发

---

1 *Zohar*, H. Sperling and M. Simon trans., II, p.358:“因此，关于他（指弥赛亚）是这样写的，他将成为‘穷人并且骑在一头驴身上……’。”(《撒迦利亚书》12：9)Cf. Wünsche, p.100.

2 Ibid., p.114.

3 Ibid., p.115.

4 阿米路斯=反基督者。麦托丢：“罗穆路斯，也就是阿梅雷乌斯。”

5 Wünsche, p.120.

6 Tabari, *Chronique*, I, ch.23, p.67.

7 Bousset, *The Antichrist Legend*, p.111.

展已在波斯的宗教文献中，在基督教产生之前关于大时代的物极必反的观念中，以及善的堕落之中有所预示。《巴赫曼雅斯特》（Bahman Yast，中世纪波斯关于《启示录》的文本）把第四铁器时代称为“魔鬼用愤怒种族的蓬头垢面进行的邪恶统治”[1]。另一方面，把弥赛亚分裂为二是对耶和华性格之内心不平静的一种表示，其不公正和不可靠必然会使自约伯时代以来每一位有思想的信奉者产生震惊。[2]约伯明确地提出了这个问题，而基督教也给予了同样明确的回答。另一方面，犹太教神秘主义则自行其是，其推测对基督教思想家想要竭力掩盖的那些深刻问题打破砂锅问到底。我不想在这里详尽阐明这个主题，而是想要提一下伊本·以斯拉讲过的一个故事，把它作为一个例子。他说，在西班牙有一个大圣人，据说他无法诵读第89首赞美诗，因为读这段诗让他太伤心了。这段诗如下：

> 只是我必不将我的慈爱全然收回，也必不叫我的信实废弃。
>
> 我必不背弃我的约，也不改变我口中所说出的。
>
> 我一次指着自己的圣洁起誓，我决不向大卫说谎。
>
> 他的后裔要存到永远，他的宝座在我面前如日之恒一般；

---

1 *Pahlavi Texts*, E.W. West trans., p.193.

2 参见上文提到的上帝本质中仁慈与公正之间的对立。Cf. “Answer to Job”。

又如月亮永远坚立，如天上确实的见证。（细拉）
但你恼怒你的受膏者，就丢掉弃绝他。
你厌恶了与仆人所立的约，将他的冠冕践踏于地。
你拆毁了他一切的篱笆，使他的保障变为荒场。[1]

170 和在《约伯记》中出现的问题相同。作为精神层次中的最高价值和最高统治者，上帝意象与自性直接相关或与之同为一体，上帝意象中发生的一切对后者都有影响。关于上帝意象的任何不确定性都会引起自性的深刻不安，因此这个问题常常因其太让人痛苦而被人们所忽略。但这并不意味着在无意识中它一直无人问津。更有甚者，这个问题被诸如唯物主义、无神论，以及像流行病那样传播的类似学说中的观点和信仰给予了回答。无论何时何地，在人们徒劳无益地等待合理回答之时，它们就会突然出现。这个代用品把真正的问题压抑到无意识之中，毁掉了作为文明标志的历史传统的持续性，结果令人迷茫而又混乱。基督教坚持把上帝的善视为一个有爱心的父亲，并尽其全力剥夺物质的恶。早期基督教关于反基督者的预言，以及后期犹太教神学中的某些观念，可能已经对我们提到，基督教对约伯这个问题的回答，忽略了现在由我们世界的分裂在我们面前所证实的那个明确结论、那个恶的现实：**上帝意象被**

1 《诗篇》89：33及以下。

毁掉之后就是人格的取消。唯物主义的无神论以其乌托邦的幻想，构成了所有那些理性主义运动的宗教，它把人格自由授权给民众，从而使之不复存在。基督教的倡导者们把他们的能量浪费在仅仅保护他们已经拥有的东西上，而没有想到要对他们的房屋进行构建，使之更加宽敞。在这些问题上的停滞不前会造成长期的危害，导致致命的后果。

171 正如布塞特非常自信地指出的，世界末日的基督之两面性是犹太教—诺斯替教推断的结果，我们在以上提到的传说中听到了它们的回响。诺斯替教派的人精心专注于恶的问题，与教会神父们断然否认它的存在形成了鲜明对照，表明这个问题在3世纪初就已成为时下的热点议题。在这一点上，我们可以回忆一下瓦伦提尼安教派[1]所表达的观点，基督出生时"并非没有阴影"，他后来"把阴影从他自己身上祛除掉了"[2]。瓦伦提尼安生活在2世纪上半叶的某个时期，而《启示录》很可能写于90年左右，当时处于图密善（罗马帝国皇帝）统治之下。和其他诺斯替教派的人一样，瓦伦提尼安以他的思考把信条又向前推进了一步，由于这个原因，在我看来他似乎不可能理解，"阴影"就是基督在其之下诞生的耶和华法典。《启示录》和《新约全书》中的其他东西，可能轻而易举地就驱使他得出这种看

1 他好像是一个牧师，据说他曾是罗马主教教座的一位候选人。

2 Irenaeus, *Adv. haer.*, I, 11, 1（Roberts/Rambaut trans., I, p.46）.

法，这和当今时代关于由光明和阴影组成的造物主和最初的八神会（Osgoad）的观念多少有些分离。[1]我们还不太清楚，奥利金对魔鬼之终极命运的怀疑是否为其原创；[2]不管怎么说，它证明了，魔鬼与上帝重新结合的可能性是较早时代的一个讨论话题，如果基督教哲学不想在二元论中终结，它也必须进行这种讨论。人们不应该忘记，关于“善的缺失”的理论并没有排除地狱和被罚入地狱的永恒性。上帝的人性也是二元论的一种表达方式，正如早期教会中基督一性教派和基督二性教派的争论所表明的。且不说赞成这两种性质完满结合的决定的宗教意义，我想要顺便提一下，基督一性教派的教义有某种值得注意的心理学因素：它（以心理学的用语）告诉我们，既然基督作为人，与自我相对应，作为上帝，与自性相对应，因此他同时是自我，也是自性，是部分，也是整体。从经验上来讲，意识绝不可能理解整体，但很有可能整体就是在自我中的无意识表现。这就等同于完满或完善之最高的可能性状态。

172 我曾在相当长时间内坚持救世主形象的这种两面性，因为通过鱼的象征作用，基督被同化到一个似乎远离四福音书的观念世界之中——一个有异教根源的世界，在一定程度上充满了

1 瓦伦提尼安教派的教义（*Adv. haer.*，I，p.46）。

2 *De oratione*，27：“……这样一来，最顶尖的罪人和圣灵的亵渎者，就有可能在当前这个时代，以及在即将来临的时代避免犯罪，自始至终都要这样看待，但我不知道这究竟是怎么回事。”因此提出这种观点，“甚至魔鬼也终将有一天会得到拯救。”Cf. J. E. L. Oulton and H. Chadwick，p.304。

我们今天可能很难想象的占星学信仰。基督出生在双鱼之永世年之初。那时绝不可能有受过教育的基督徒知道公元前7年在双鱼座的木星和土星之间发生的最大精合，就像根据四福音书所报道的那样，实际上知道基督诞生地的只有一些迦勒底人。不管怎么说，双鱼座是具有两面特征的。

173 在圣诞夜的半夜，（根据旧的计时法）当太阳进入摩羯宫时，处女座位于东方地平线上，后面紧跟着的就是蛇夫星座握住的巨蛇，即"蛇夫座"。这种占星学的巧合在我看来似乎很值得一提，就像这两条鱼就是母亲和儿子一样，这种看法也同样值得一提。后一种观点有相当特殊的意义，因为这种关系表明，这两条鱼最初就是一条鱼。事实上，巴比伦和印度的占星学只知道一条鱼。[1]后来这位母亲显然生下了一个儿子，是一条和她长得很像的鱼。同样的事情也发生在腓尼基人的德塞托—阿塔加提斯身上，她本身就是一个半人半鱼的形象，她有一个儿子，名叫耶稣鱼。"先知约拿的形象"[2]完全可以追溯到一个英雄在夜间航海并战胜死亡这个更加古老的传说，这位英雄在那里被一条鱼（"鲸—龙"）吞噬了，然后又复活了。[3]获得救赎之后的名字约书亚[4]和鱼有联系：约书亚是农的儿子，而修女的意思是鱼。希

1 意即南鱼星座（*Piscis Austrinus*），"南方的鱼"，它与双鱼座相融，其主星就是北落师门（Fomalhaut）。

2 《马太福音》12：39和16：4；《路加福音》11：29以下。

3 Cf. Frobenius, *Das Zeitalter des Sonnengottes*; *Symbols of Transformation*, pars.308ff.

4 "Yahweh is Salvation."

德尔传说中的约书亚·本·农曾和鱼有过交往，意思是那条鱼被吃掉了，但又用生命之泉的一滴水使之复活了。[1]

174 神话学中的大母神对她们的儿子来说通常是一种危险。耶利米亚提到过早期基督教一盏灯上的鱼表征，表示一条鱼在吞噬另一条鱼。[2]在星座中，最大的星的名字就是人们所熟知的南鱼星座——北落师门，"鱼嘴"——可以在这个意义上进行解释，正如在鱼象征中每一种可以想象到的偷食禁果的形式都可以归因于鱼，据说这些鱼是"野心勃勃的、好色的、贪婪的、贪得无厌的、淫荡的"——简言之，是世间空虚和世俗快乐（"俗世的享受"）的象征。[3]他们把这些不良品质大都归咎于他们与母神和爱情女神伊师塔、阿施塔特、阿塔加提斯或阿芙洛狄忒的关系。作为金星，她在黄道十二宫的双鱼座中有其"兴奋点"。所以，在占星学的传统中以及在象征史中，双鱼座总是有这些与她们有关的无礼的性质[4]，而另一方面则宣称有一种特殊的和更大的意义。她们的这种宣称——至少在占星学中——是以下述事实为基础的，双鱼座出生的任何人可能都期望成为一个渔夫或水手，有能力捕鱼或控制大海——这是

1 Koran, Sura, 18. Cf. "Concerning Rebirth," in Part I of vol.9; Vollers, "Chidher," p.241.

2 Jeremias, *The Old Testament in the Light of the Ancieut East*, p.76. 这盏灯从未被追溯过。

3 Picinellus, *Mundus sysmbolicus*（1680—1681）, Lib. VI. cap. I.

4 Bouché-Leclercq, p.147.

猎手与猎物之间原始的图腾同一性的一种回响。巴比伦的文化英雄俄安内本人就是一条鱼，基督教的耶稣鱼是一个出类拔萃的人之渔夫。从象征的意义上讲，他实际上是上帝钓鱼竿上的鱼钩或鱼饵，利维坦（《圣经》中象征邪恶的一种海怪，常被描述为鲸鱼、海豚或鳄鱼的形状，其最初的字义是裂缝）——死亡或魔鬼——就是用它捕获的。[1]在犹太教传说中，利维坦是一种为天堂里的忠诚而准备的圣餐食物。死后他们用鱼皮把自己包裹起来。[2]基督不仅是一个渔夫，而且是一条在"圣餐上"被吃掉的鱼。[3]奥古斯丁在其《忏悔录》中说："但是（大地）吃的鱼是从深海中钓上来的，是你为那些信奉者们在餐桌上准备的；因为把那条鱼从深海中钓出，就是为了使俗世中那些有需要的人得到营养。"[4]圣奥古斯丁指的是使徒们在以马忤斯吃的那顿鱼餐（《路加福音》24：43）。我们在托比亚斯的故事

1 消极与积极意义之间的关系有多么紧密，可以从圣西彼廉写的鱼钩的主题中看到："就像是一条鱼冲向有鱼饵的鱼钩，它不仅没有抓住鱼钩上的鱼饵，而且它自己也被从大海里钓了上来；因此，曾经拥有死亡力量的他确实夺取了耶稣的身体直到其死亡，但没有观察到，上帝的鱼钩是隐藏在里面的，直到他把它吞下去；而且因此一直被固定在那里了。"

坎特伯雷的斯蒂芬（*Liber allegoricus in Habacuc*）说："在鱼钩上显露的正是渴求欢乐的鱼饵，但顽强隐藏着的鱼钩却是和鱼饵一起被吃掉的。所以在肉欲中魔鬼表现的是快乐的鱼饵，但罪恶的刺痛却隐藏在其中。"有关这方面的信息，见 Picinellus, Lib. VI., cap.1。

2 Scheftelowitz, "Das Fisch-Symbol im Judentum und Christentum," p.365.

3 Cf. Goodenough, *Jewish Symbols*, V, pp.41ff.

4 Lib. XIII, cap. XXI（Cf. trans. by F. J. Sheed, p.275，有改动）。

遇到了那条“有治愈作用的鱼”：拉斐尔天使帮助托比亚斯捕捉住了那条就要吃掉他的大鱼，并且教给他怎样制作一种魔“烟”，来对付鱼心和鱼肝中的邪恶精灵，以及他怎样才能用鱼的胆汁来治好其父亲的眼盲（《托比特书》6：1及以下）。

175 圣彼得·达弥盎（殁于1072年）把僧侣描述为鱼，因为所有虔诚的人都是在魔鬼撒旦的网中跳跃的小鱼。[1]在佩克托里奥斯碑铭中（4世纪初），信仰者们被称为“天国之鱼的神圣后裔”[2]。

176 摩奴（印度神话中的人类祖先，古印度《摩奴法典》的制定者）是一个救世主，[3]在传说中等同于毗湿奴（印度教的主神之一，是一个守护神）。毗湿奴伪装成一条小金鱼的样子，乞求摩奴把他带回家，因为他害怕被水怪吃掉。[4]然后，他就像童话故事中那样飞快地成长，最后把摩奴从大洪水中救出来。[5]在印

---

1 “修道院的回廊确实是一个灵魂的鱼塘，鱼就生活在那里面。”（Picinellus, *Mundus sysmbolicus*）2世纪的一首亚历山大的圣歌是这样唱的：得人的渔夫啊，生命就是你从犯罪的邪恶之海中带来的！从激烈的争吵中带来的，把纯洁的鱼儿聚集在一起，用甜蜜的生命之饵将其捕获（*Writings of Clement of Alexandria*, trans. by W. Wilson, I, p.344）。Cf. Doelger, *ΙΧΘΥΣ*, p.4。德尔图良（*De baptismo* cap. I）说：“但是我们这些小鱼啊，追随着我们的耶稣基督的榜样，诞生在水里，再也没有什么比永久地待在（那个）水里更安全的方式了。”（Trans. by S. Thelwall, I, pp.231—232）老迦玛列（1世纪初）的徒弟们就是以各种鱼的名字命名的［*Abotde Rabbi Nathan*, cap. 40（cf. trans. by J. Goldin, p.166）, cited in Scheftelowitz, p.5］。

2 Pohl, *Das Ichthysmonument von Autun*; Doelger, I, pp.12ff.

3 “我要拯救你。” Shatapatha Brahmana［trans. by J. Eggling, I（i. e., XII）, p.216］。

4 De Gubernatis, *Zoological Mylhology*, II, pp.334ff.

5 Shatpatha Brahmana（Eggeling trans., pp.216ff.）.

度年第一个月的第十二天，把一条小金鱼放在水碗里，作出如下乞求："上帝啊，既然你以鱼的形式拯救了处在地狱中的《吠陀经》，那么请来救救我吧，克沙瓦！"[1]德·古贝尔纳蒂斯和他之后的其他研究者曾试图证明基督教的鱼源自印度。[2]印度不可能没有影响，因为与印度的关系甚至在公元前就已经存在了，来自东方的各种宗教思潮在早期基督教中就已经被感受到了，我们从希波吕托斯和伊皮法纽的报告中就已经知道了。但是，并没有任何严肃的理由一定要认为鱼源自印度，因为西方的鱼象征是如此之丰富，同时也非常古老，因此我们可以稳妥地认为它是土生土长的。

177 既然这两条鱼代表母亲和儿子，那么关于儿子早死和复生的神话悲剧就已经内隐在其中了。作为黄道十二宫的第十二个星座，双鱼座是星象学纪年的结束，也是一个新的开始。这个特点与基督教宣称是万物之始和终结的观点相一致，也与其关于世界终结和上帝的王国来临的末世论预期相一致。[3] **所以，鱼的占星学特点包含着基督教神话的基本成分；第一，**

---

1 Doelger, I, p.23. 克沙瓦（Keshava）的意思是"有很多或很好的头发"，毗湿奴的别名。

2 Ibid., pp.21ff.

3 Origen, *De oratione*, cap.27："……因为最后一个月是年终，此后肯定是另一个月的开始，因此或许有可能是这样的，既然世代的一年可能是由几个世代完成的，那么，当今世代就是'终结'，此后一定会有'即将到来的某些世代'而即将到来的世代又是新世代的开始，在那些即将到来的世代中，上帝'要将他极丰富的恩典，显明给后来的世代看'。"（《以弗所书》2：7；Oulton / Chadwick trans., p.304）

十字架；第二，道德冲突及其分裂成为基督和反基督者的形象；第三，处女之子的主题；第四，古典的母子悲剧；第五，出生的危险；第六，拯救者和治愈者。因此，把将基督称为鱼和曙光之后的新永世联系起来，这并没有离题。如果这种关系甚至在古代就已存在，那么这显然已经是一种默许假定，或者是一种有目的的保密。因为据我所知，在古老的文献中并没有证据表明，基督教的鱼象征是源自黄道十二宫。另外，迟至2世纪的占星学证据根本就没有这种说法，认为基督和反基督者的对立可能有双鱼座的两极性这种**因果**之源，因为正如我们引用的材料所示，其中并没有以任何基本的方式对此予以强调。最后，正如德尔格正确强调的，人们过去一直认为耶稣鱼只不过是**一条**鱼而已，虽然我们在这里必须指出，按照占星学的解释，基督实际上只不过是两条鱼中的一条，另一条鱼的角色分配给了反基督者。简言之，在哪里也找不到这种假设，认为双鱼这种动物可以作为耶稣鱼的原型。

178 相比之下，异教的鱼象征发挥着更大的作用。[1]最重要的是谢夫特洛维茨收集的犹太教的材料。犹太教“祝福的圣杯”[2]有时候是用鱼的图画来装饰的，因为鱼是天堂中受到祝福者的

1 特别值得注意的是，在叙利亚地区对鸽子和鱼的狂热崇拜。在那里，鱼也是作为“圣餐”食物来吃的（Cumont, *Les Religions orientales dans le paganisme romain*, pp.108—109, 255—257）。非利士人的主神被称为大衮（Dagon），由dag（鱼）派生而来。

2 理性之杯：祝福之杯（《哥林多前书》10：16, DV）。

食物。圣杯就作为一种葬礼的礼物而放置在死者的坟墓里。[1]作为陪葬的象征，鱼的分布相当广泛。基督教的鱼主要是在这一方面出现的。居住“在教义之海中”的虔诚的犹太人就被比作鱼。这种类比在100年左右是不证自明的。[2]鱼也具有某种救世主的意义。[3]根据《叙利亚的巴录启示录》，利维坦将要随着弥赛亚从海中升起。[4]这很有可能就是亚培修碑铭上的“那条非常大的鱼”，与在萨珊王朝（5世纪）的宗教争论中提到的“来自泉水中的鱼”相对应。这个泉水指的是巴比伦人的赫拉，但在基督教的语言中它的意思是指圣母玛利亚，在正统的以及在诺斯替教的圈子里（《多马行传》）被称为“泉”。所以，我们在一首西尼西乌斯的颂歌中（350年）读到下面这段话：“你是泉中之泉，源中之源，根中之根，单子中的单子。”[5]据说，赫拉的泉水中有一条鱼是被“圣钩”捕获的，而且“用它的肉来喂食全世界”。[6]在皮奥夏人[7]

---

1 Scheftelowitz, p.375.

2 Ibid., p.3.

3 Cf. Goodenough, V, pp.35ff.

4 与此同时，“贝希摩斯将从他的藏身之处被揭示出来……然后他们将成为所有剩余者的食物。”（Charles, *Apocrypha and Pseudepigrapha*, II, p.497）利维坦从海中升起这个观念也和《以斯拉记》13：25中的幻想有联系——“人是从大海中升上来的。”Cf. Charles, II, p.579; Wischnitzer-Bernstein, *Symbole und Gestalten der jüdischen Kunst*, pp.122f, 134f。

5 Wirth, *Aus Orientalischen Chroniken*, p.199.

6 Ibid., pp.161, 19f.

7 皮奥夏是古希腊时期的一个古老的地区，在阿的克城和科林斯海湾以北。大约在公元前7世纪，该地区的城市形成了皮奥夏联邦城，但通常由底比利斯人统治着。——中译注的一个瓶画中，“兽夫人”[1]是用位于她两腿之间或者她身体中的一条鱼来显示的，[2]可能表示这条鱼就是她的儿子。虽然在萨珊王朝的争论中，关于圣母玛利亚的传说被转移到赫拉身上，但“来自泉水中的鱼”和基督教象征并不一致，因为在基督教的象征中，十字架就是捉住利维坦的鱼钩或鱼饵，[3]利维坦要么是死的，要么是魔鬼（那条古代的大蛇），但不是弥赛亚。另一方面，在犹太教的传说中，阿萨纳西亚斯秘诀（*pharmakon athanasias*）就是利维坦的一条鱼，正如谢夫特洛维茨所说，是“救世主的鱼”。《塔木德大议会书》（*Talmud Sanhedrin*）说："直到能为一个病人和无可救药的人找到一条鱼，弥赛亚才会出现。"[4]根据《巴录启示录》的观点，贝希摩斯（《圣经》中的一种怪物，是上帝在创世的第六天创造的）和利维坦[5]是一种圣餐食物。这被人们勤勉地忽略了。正如我在其他地方解释过的，[6]耶和华的两个史前怪物似乎就代表一对对立物，一个无疑就是陆地上的动物，另一个则是水中的。

---

1 Cf. Neumann, *The Great Mother*, ch.14 and pl. 134.——英编注

2 Eisler, *Orpheus — The fisher*, Pl. LXIV.

3 See *Psychology and Alchemy*, fig. 28.

4 Scheftelowitz, p.9; cited in *Nezikin*, VI, Sanhedrin, II（*BT*, p.662）.

5 摩西·迈蒙尼德的*Guide for the Perplexed*（M. Friedlander trans., p.303）中的一段话与关于利维坦的解释有关。科尔西麦尔（*Disputationes Zoologicae*, 1736, p.73）提供了如下引文："在谈到这些类似的事情时，拉比摩西·迈蒙尼德说，利维坦拥有一种在不同动物身上分别发现的身体独特性的（普遍）结合。"虽然这位启蒙作者忽略了诸如"无效的"这种观念，但在我看来它似乎暗示着一种"重力精灵"的原型（普遍复杂性）。

6 *Psychological Types*（1923 edn., pp.333ff.）.

179 自古代以来，不仅在犹太人当中，而且在整个近东地区，一位杰出人物的诞生总是与一颗星的升起相伴而生。所以巴兰预言说(《民数记》24：17)：

> 我不是看他的现在，
> 而是遥望他的将来；
> 必有明星从雅各升起……

180 弥赛亚的希望总是与明星的出现联系着。根据《光明篇》(犹太神秘主义对摩西五经的注疏)的观点，把约拿吞噬掉的那条鱼死了，但三天后又复活了，并且把他喷了出来。“通过这条鱼我们将为整个世界找到一种药。”[1]这本书是在中世纪写的，但其来源是值得信任的。亚培修墓志铭中提到的“来自泉水的那条非常庞大而又纯洁的鱼”，按照谢夫特洛维茨的意见[2]，不是别的正是利维坦，他不仅是最大的鱼，而且被认为是纯洁的，正如谢夫特洛维茨通过引用塔木德文献中的有关段落而表明的那样。在这一点上，我们也可以提一下“波斯发生的事件”中所记录的那“一条唯一的鱼”[3]。

---

1 Scheftelowitz, p.10.《马太福音》12：39和16：4，在那里，耶稣基督把先知约拿的神迹看作救世主时代的神迹，也是对他自己命运的一种预示。Cf. Goodenough, *Jewish Symbols*, V, pp.47ff。

2 pp.7ff.

3 Wirth, p.151.

第九章

双鱼象征的矛盾性

181　根据《叙利亚的巴录启示录》(26：1及以下)，在弥赛亚降临之前的那段时间可以划分为十二个时段，弥赛亚将在第十二时段出现。作为一种分时法，十二这个数字指的是黄道十二宫，其中第十二宫就是双鱼座。那时，利维坦将从海中升上来。“我在创世第五天创造的以及我要保留到那个时候的这两个大海怪，到此时才能给那些留下来的人作为食物。”[1]毫无疑问，贝希摩斯并不是一个海洋动物，而是如一部针对希伯来圣经的额外注释所说，一个“在一千座山上吃草的动物”[2]，所以，这两个“海怪”一定是利维坦的复制品。事实上，他看起来是

1　Charles，II，p.497，有改动。

2　*Midrash Tanchuma*，《利 未 记》11：1和《申 命 记》29：9；cited in Scheftelowitz，p.39f。

被分为两种性别，因为每个物种都有雄性和雌性。[1]在《以赛亚书》27：1中也有一种类似的复制："当那一天到来的时候，主必用他那冷酷无情的万能的剑来惩罚利维坦那扭曲爬行的蛇，并要杀死大海中的怪兽（拉丁文《圣经》：鲸）。"这种复制在中世纪的炼金术中引发了关于两条蛇在相互打斗的观念，一条蛇有翅膀，另一条没有。[2]在《约伯记》中，利维坦只是单独出现的，那个潜在的对立是在其对立的数字贝希摩斯中出现的。梅尔·本·艾萨克的一首诗描述了利维坦和贝希摩斯之间那场最后的战斗，在那场战斗中，这两个怪物互伤致死。耶和华把它们切开作为虔诚信徒们的食物。[3]这个观点很可能与古犹太人的逾越节有关联，逾越节是在亚达月即鱼月庆祝的。尽管在后来的文本中显然是对利维坦的一种复制，但很有可能最初只有一个利维坦，很早的时候就在拉斯·沙姆拉（约公元前2000年）的乌加里特文本中得到了验证。夏尔·维罗洛作出了如下翻译：

Quand tu frapperas Ltn, le serpent brh

---

1 *Nezikin*, III, Baba Bathra（*BT*, I, p.296）。雌性的利维坦（蛇）已经被耶和华杀死了，腌起来，并且为世界末日而保留着。他把雄性的阉割了，因为否则的话它们就会繁殖，使大地陷入沼泽之中。

2 一对典型的对立物。《易经》第2卦，第6行，两条龙之间的打斗（Wilhelm / Baynes trans., I, pp.14—15）。

3 Cf. *Midrash Tanchuma*.

Tu achèveras le serpent ʻqltn,

Le puissant aux sept têtes.

182 他评论说:"brh和ʻqltn在《以赛亚书》27:1中是一种特别危险的物种,我们称之为Leviathan,在希伯来语中是Liviatan。"[1]还是从这个时期开始,有一些图画描述了巴尔(古代腓尼基人信奉的太阳神)和蛇Ltn之间的打斗,[2]其中的冲突显而易见是神与怪兽之间的,而不是像后来所说的那样,发生在两个怪兽之间。

183 从关于利维坦的这个例了中我们可以看到,这条大"鱼"是怎样在它自己成为最高的上帝之对立面之后,并且因而成为其阴影即其邪恶面的具体体现之后,分裂成为其对立面的。[3]

184 在这个怪兽分裂成为一个新的对立物之后,其原初与上帝相对立的一面便处于次要地位了,而这个怪兽现在要么与它自己相冲突,要么与一个同样的怪物(例如利维坦和贝希摩斯)相冲突。这就使上帝缓解了他自己的内部冲突,现在这种冲突

---

1 "Note complémentaire sur le poème de Mot et Aleïn," p.357.

2 Virolleaud, "La légende de Baal, dieu des Phéniciens," p.ix.

3 或许这种心理学发展的一种回响可以在摩西·迈蒙尼德的观点中发现,他在《约伯记》(ch.41)中写道,耶和华"长期拥有利维坦的性质,那是在不同的动物中,即在那些能行走的、会游泳的和会飞的动物中分别发现的身体之独特性的一种结合"(*Guide for the Perplexed*, p.303)。因此,利维坦是一种超级动物,就像耶和华是一种超人一样。

以一对敌对的兄弟怪物的形式在他的外部表现出来。在后来的犹太教传说中，在《以赛亚书》中，耶和华与之打斗的那条蛇（利维坦）发展成为一种倾向，根据谢夫特洛维茨引用的证据，一种变得“纯洁”的倾向，作为“圣餐”食物被吃掉的倾向，其结果是，如果人们想要从这个根源中派生出耶稣鱼，那么作为一条鱼的基督就会在利维坦那个位置出现，传说中的那个怪兽与此同时就退化成为只具有死亡和魔鬼的属性。

185 这种分裂与阴影的双面性相对应，人们常常在梦中遇到，在那里，这两半是以不同的甚至敌对的形象出现的。当意识的自我人格并不包含它能够包含的所有内容和成分时，这种情况就会发生。这时人格的一部分就会保持分裂状态，并且与无意识阴影正常地混合在一起，二者共同构成一种双面的——常常是对立的——人格。如果我们把这种来自实践心理学领域的经验，应用到目前讨论的神话学材料中，我们就会发现，上帝的那个怪物对手产生了一种双面性，因为上帝的意象是不完满的，并没有包含它在逻辑上应该包含的一切。鉴于利维坦是一个像鱼一样的创造物，原始而又冷血，居住在海洋的深处，而贝希摩斯则是一个热血的四足动物，很有可能是一个像公牛一样的东西，它在大山里四处漫游（至少在后来的传说中是这样）。因此，他和利维坦之间的关系就像是一个较高级、优越的创造物与一个较低级、卑劣的创造物之间的关系一样，而不是像炼金术中有翅膀和没有翅膀的龙之间的关系那样。所有有翅膀的存在物都是“挥发物”，如蒸汽和气体，换言之，就是普纽玛（古希腊学者称之为精神或灵魂，是一种像气体一样的精神本源）。正如奥古斯丁所言，基督这条鱼是“从深处拉上来的”[1]，所以在《以斯拉记》13：2及以下中，那个“人”就像一阵风是从海中出来的。他的出现是通过一只鹰和一头狮子来预示的，这是一些使先知深感恐惧的兽形的象征，和《约伯记》中贝希摩斯旨在引起恐惧的方式相同。这条被从大海深处拉上来的鱼和利维坦有某种神秘的联系：他是引诱和捕获利维坦的那个鱼饵。这条鱼很可能就是那条大鱼的复制品，代表的是其普纽玛方面。显而易见，利维坦具有这样一个方面，因为他和耶稣鱼一样，是一种圣餐食物。[2]这种双面性代表一种有意识实现的行动，这在《约伯记》26：12中清晰可见，在那里，我们获悉耶和华“用智慧”击败了拉哈伯。拉哈伯这个海怪是提亚马特的表兄弟，马杜克通过使她心中充满了最厉害的风，即北风，而使之分离开来。[3]智慧（*tebūnā*）这个词源自 *bin*（分离、分裂、四分五裂），即分别，它是意识实现的本质。[4]在这个意义上说，利维坦和贝希摩斯代表意识发展的阶段，他们通过这些发展阶段而被同化和人性化。鱼通过热血的四足动物而变成了人，在

---

1 *Confessions*, F. J.Sheed trans., p.275.

2 Cf. Goodenough, V, pp.51ff.

3 分裂这个主题与炼金术中渗透和贯穿的主题有密切关联。《约伯记》26：13：“他的手击杀了奔逃的怪龙。”（RSV）

4 关于这个信息，我要感谢里沃卡·沙夫博士。

基督教中，弥赛亚变成了三位一体的第二个人，人的形象是从鱼分离而来，这暗示着上帝的道成肉身。[1]所以，以前在上帝意象中缺失的东西就是人这个成分。

186 犹太教传统中鱼这个角色，很可能与希利尼人的阿塔加提斯的鱼崇拜有某种关联。她的神庙中有鱼塘，里面有一些谁也不许触碰的圣鱼。[2]同样，在这些神庙中，鱼餐是在仪式上吃的。弗朗茨·居蒙说："这种源自叙利亚的崇拜和习俗完全有可能使基督教时代的耶稣鱼得以产生。"[3]在利西亚[4]，他们崇拜圣鱼奥弗斯或迪奥弗斯，他是密特拉神和"圣石"西布莉（古代小亚细亚人崇拜的自然女神）的儿子。[5]这个神是我们已经提到的闪米特人的鱼神的一个变体，例如俄安内、巴比伦的农、大衮和阿多尼斯，希腊人称之为"耶稣鱼"。鱼餐是做给迦太基的坦尼特吃的，也是献给巴比伦的伊和妮娜吃的。鱼崇拜在埃及也存在。埃及的祭司们是不允许吃鱼的，因为人们认为鱼和提丰的海一样都是不干净的。普鲁塔克[6]观察发现，他们全都忌吃海鱼。根据亚历山大的克莱门特的观点，西奈、大象岛

---

1 《以斯拉记二》是在1世纪末写成的一本犹太教著作。

2 Cumont, *Les Religions orientales*, p.255.

3 Ibid., pp.108—109, 256.

4 利西亚是小亚细亚西南部靠近地中海的一个古国名称，后成为罗马帝国的一个省。——中译注

5 Eisler, *Orpheus — The fisher*, p.20.

6 普鲁塔克（46—120）是一位用希腊文写作的罗马传记文学家、散文家和柏拉图学派的知识分子。——中译注

和俄克喜林库斯的居民都崇拜鱼。普鲁塔克[1]说，在第一个月的9号这一天，人们在自己的房门前吃一种烤鱼，这是一种习俗。德尔格倾向于认为，这种习俗为基督教中的圣餐鱼做好了铺垫。[2]

187 对鱼的这种矛盾态度，是对其两面性的一种表示。一方面，它是不干净和仇恨的象征；另一方面，它又是一个受尊敬的对象。如果我们根据后来希腊石棺中的一幅画来进行判断，它甚至可以被视为灵魂的一种象征。木乃伊躺在一个狮子形状的棺材上，在棺材下方有四个圣瓶（这是古埃及木乃伊的一种圣瓶，古埃及人在制作木乃伊时将肺、胃、肝、肠这四个器官从体内取出分别放入四个圣瓶中），帽子代表荷露斯的四个儿子，其中三个长着动物的头，一个长着人头。在木乃伊的上方有一条游动的鱼，[3]以代替通常的灵魂鸟。从这幅画可以清楚地看出，这条鱼是一个俄克喜林库斯，或者有触须的鱼，三种最令人厌恶的鱼之一。据说，他在被提丰（塞特）肢解以后，吞噬了奥西里斯的阳物。[4]对提丰来说，有触须的鱼是神圣的，他是

---

1 *De Iside et Osiride*, cap.VII（Babbitt trans., V, p.19）.

2 *ΙΧΘΥΣ*, p.126. 升天的耶稣吃的一种烤鱼（《路加福音》24：42）。

3 Spiegelberg, "Der Fish als Symbol der Seele," p.574. Cf. Goodenough, V, fig. 9, 在那幅图中，木乃伊是以鱼的形式出现的。

4 俄克喜林库斯鱼在整个埃及都被视为神圣的鱼。Cf. Budge, *The Gods of the Egyptians*, II, p.382; Plutarch, *De Iside*, cap.XLIX（Babbitt trans., V, p.19）。

“那个充满激情、冲动、非理性和野蛮的灵魂的一部分”[1]。由于它们的贪婪，鱼在中世纪被视为对受诅咒者的一种讽喻。[2]因此，鱼作为埃及人的灵魂象征，就更加值得注意了。同样的矛盾性在提丰或塞特这个人物形象中也能看到。后来他成为一个死亡、毁灭和荒漠之神，其兄弟奥西里斯的那个叛逆的对手。但在较早些时候他却与荷露斯有密切关联，是死者的朋友和救护者。在《金字塔文本》中，他和哈默迪（“老年荷露斯”）帮助奥西里斯爬到了天国。天国的地面由一块铁板构成，这个铁板的位置与山顶如此接近，以致人可以依靠梯子的帮助而爬到天国中去。这块铁板的四个角以四个柱子为基础，与东西南北四个基本方位相对应。在佩皮一世的《金字塔文本》中，有一首颂歌是唱给“双生子神之梯”的，尤纳斯的文本说：“尤纳斯在他的父亲拉哈斯为他制作的梯子上出现，荷露斯和塞特牵着尤纳斯的手，他们把他领进图阿特。”[3]其他文本表明，哈默迪和塞特之间有仇，因为一个是日神，而另一个是夜神。对塞特来说，这种神秘难解的文字符号作为一种决定因素具有石头那样的符号作用，或者是一个未经确认的长着长耳朵的塞特那样的动物。有一些画表明，哈默迪和塞特的头是从同一个身体中长出来的，我

1 Plutarch, pp.120f.

2 Picinellus, *Mundus sysmbolicus*, Lib. VI, cap. I

3 Budge, II, pp.241f. 参见基督在摩西和伊莱亚斯面前的变容（《马太福音》17：4），以及 *Pistis Sophia* 中的“Saviour of the twins”。

们可以由此推理出它们所代表的这种对立物的同一性。沃里斯·巴奇说:“哈默迪的性质在早期王朝时代略有改变,但它们总是塞特属性的对立面,无论我们是否认为这两个神是两种性质的力量的拟人化,意即光明与黑暗、白天与黑夜,或者像宇宙和混沌,或者像生与死,或者像善与恶这两种性质的力量。”[1]

188 这两个神代表奥西里斯身上包含的潜在的对立面,更高的神性,就像贝希摩斯和利维坦与耶和华的关系一样。其意义在于,当它想要帮助主神奥西里斯达到天国的四位一体时,这两个对立面就必须一起合作以达到一个共同的目标。这个四位一体也是用荷露斯的四个儿子拟人化地表现出来的:人首、犬首、豺首和鹰首。据说他们居住“在天堂偏北部的后面”,也就是,在塞特大腿的后部,他的座位就在大熊星座中。荷露斯的这四个儿子是塞特的敌人,但另一方面他们又与他有密切关联。可以把他们比作天堂的四根柱子,用来支撑四个角落的铁板。由于其中的三个儿子常以动物首示人,一个儿子以人首示人,我们可以看到在以西结的幻想中也有类似的状况,著名的福音传道者的象征(三个动物和一个天使)就是从其小天使形象派生出来的。以西结又进一步说道(《以西结书》1:22):“在活物的头顶上方有如苍穹铺展开来,像水晶一样熠熠发光,令人生畏。”又说(1:26):“在他们头顶上的苍穹之上仿佛有一

1 Budge, II, p.243.

个蓝宝石的宝座，宝座之上仿佛有人的形象。”

189 考虑到以色列和埃及之间的密切联系，象征的混合使用并非没有可能。[1]但是，值得注意的是，在阿拉伯的传说中，天堂极地周围的区域是以鱼的形式为人所见的。卡茨维尼说：“极地是可见的，在它周围是一些更小的黑暗星辰，它们共同构成鱼的图像，在它的中间就是极地。”[2]这意味着，极地在古埃及表示塞特管辖的区域，而且同时又是荷露斯的四个儿子的驻地，可以认为，这个极地就包含在鱼的身体之中。根据巴比伦的传说，安努[3]的座位在天国北部，同样，马杜克作为最高的主神、世界的创造者及其进程的统治者，就是极地。《埃努玛·埃利什》是这样说他的：“凡能固定天国星辰之进程者，就像牧羊一样把诸神集中在一起放牧。”[4]

190 位于黄道北点的是火区（炼狱和安努天国的入口）。因此，位于伊拉克尼普尔的那座塔周围建造的神庙的北角就被称为吉布拉（伊斯兰教徒的礼拜方向）（定向点）。萨巴人和曼达派教徒在祈祷时也以类似的方式朝向北方。[5]在这一方面，我们

---

1 《但以理书》（3：25）在这一点上可能与此有关：有三个人在火里走，后来又加入了第四个人，好像是“上帝之子”。

2 Cf. Ideler, *Untersuchungen über den Ursprung und die Bedeutung der Sternnamen*, p.15.

3 安努是古代美索不达米亚的天之神，其祭祀中心在乌鲁克城。——中译注

4 Jeremias, p.22.

5 Ibid., p.33.

也可以提到密特拉教的礼拜仪式：在最后的幻想中密特拉神出现了，“托举着一只小公牛的金色双肩。这就是大熊星座，它使天国移动和转动”。这个文本中有不胜枚举的关于这个神的火之属性，他显然来自北方。[1]

191 巴比伦人关于北方之意义的这些观点使我们更容易理解，为什么以西结关于上帝的幻想来自那个区域，尽管实际上那里是所有邪恶的诞生之地。对立物同时存在，这在关于上帝的原始概念中是很正常的事情，因为上帝并不是一个反思的客体，而只不过被视为理所当然的。但是，在意识反思层次上，对立物同时存在却成为一种重大的问题，对此我们会尽一切可能予以避免。这就是为什么魔鬼的地位在基督教教义中如此令人大为不满的原因。当我们的集体观念中有这种裂隙时，在我们的意识倾向占据优势地位时，我们完全可以依赖补充的存在——更准确地说——依赖无意识中的补偿性发展。这些补偿的观念可以在炼金术的推测中找到。对专家而言，我们很难假设这种观念完全处在无意识之中。他们的目的是，把原始的上帝意象在意识中或多或少地予以恢复。这样，他们就能够提出，这种悖论就像上帝的爱在地狱之火中闪耀发光一样令人震惊，[2]它表示的只不过是这样一种基督教关于上帝的概念，它与

1 Dieterich, *Eine Mithrastiturgie*, pp.8ff.

2 Cf. *Psychology and Alchemy*, par.446.

地狱所代表的一切建立了一种新的但必要的关系。尤其重要的是，正是同样深受炼金术和犹太神秘哲学影响的雅各布·伯麦，设想了一个自相矛盾的上帝意象，在这个意象中，善与恶的方面以某种堪与罗马的克莱门特的观点相比的方式属于同一个神圣的存在物。

192 古代史给我们描绘了一幅关于北方地区分裂的图画：它既是最高诸神的座席，也是魔鬼的座席；对面的人们指导着他们的祈祷文，一个邪恶的普纽玛——北风——就是从这里产生出来的，“用这样的名字就可以理解这个邪恶的精灵”；[1]最后，它既是世界的中心，同时也是地狱的中心。克勒福修道院的圣伯纳德是这样称呼路西法的：“你是在顽强地努力朝向北方吗？你上得越高，你下落到原地的速度就越快。”[2]在诺查丹玛斯预言中的那个“北方之王”就必须根据这段话来加以理解。与此同时，从圣伯纳德的话中清晰可见，路西法力求获得的权力的高度仍然与北方有关。[3]

---

1 Garnerius, in Migne, *P.L.*, vol.193, col.49.

2 *Tractatus de gradibus superbiae*, in Migne, *P.L.*, vol.182, col.961.

3 北风的诸多坏性质之一（“北风把人冷得麻木了”= 邪恶精灵的麻木不仁，他“使恶人的心变硬”），有助于说明炼金术关于珊瑚虫形成的假设：“珊瑚虫是一种在海中形成的植物，它有根，有枝杈，其最原初的状态是潮湿的。但是，当北风吹过时，它就变硬了，变成了一种红色的物质，船员在水下看到它，就把它切割下来；接着，当把它拿出水面后，它就变成了一种红颜色的石头。”（“Allegoriae Super Librum Turbae,” *Art. aurif.*, 1593, I, p.143）

第十章

炼金术中的鱼

I. 美杜莎

193　米歇尔·诺查丹玛斯，医生和占星学家，一定对炼金术非常熟悉，因为这门技艺主要是靠医生来实施的。无论他是否知道鱼是神秘物质的一种象征，以及哲人石可能是有问题的，但他很有可能读过炼金术的经典著作，其中的一本最伟大的权威著作就是《哲人汇编》，这本书很早（11—12世纪）就从阿拉伯文翻译成拉丁文了。大约与此同时，或者稍晚些时候，其附录也被翻译出来，这就是“哲人汇编之隐喻”和“哲人汇编之圣贤隐喻：29种差异”[1]，连同“阿里斯莱眼中的谜”和“智者的修

1　这本论著并不是像其他论著一样和*Turba*一起印刷的，但看起来属于同一类别。第28种差异包含着“贝里尼语录”（贝利努斯，即提亚纳的阿波罗尼奥斯）。

习”。和《翠玉录》一样，这个《哲人汇编》也属于相同的思想领域，是希腊化的产物之一，是通过阿拉伯，或许主要是通过哈兰的新柏拉图学派（塔比特·伊本·库拉及其他人）传播给我们的，这个学派在11世纪初达到了鼎盛期。[1]在这些论著中保存的观念是“希腊亚历山大学派的观点”，而一些做法，特别是在“哲人汇编之隐喻”中提到的那些，则严格坚持《神奇希腊纸莎草书》的精神和条文。[2]

194 现在，这些“寓言”[3]就是我们关于炼金术的鱼象征作用的最早期资源。由于这个原因，我们可以确定炼金术的鱼在相当早期就已经出现了——不管怎么说，都是在11世纪之前。[4]它并非起源于基督教。但是，这并不能阻止它——通过它最初所代表的神秘物质的转换——成为青金石的一种象征。青金石这个术语指的是原初物质和这个过程的最终产物，有各种不同的称呼，如哲人石、长生不老药、我们的黄金（aurum nostrum）、婴儿（infans）、男孩（puer）、哲人之子、赫尔墨芙洛狄忒（这个词是从古希腊神话中的赫尔墨斯与阿芙洛狄忒派生而来，意

---

1 Cf. Ruska, *Turba Philosophorum*.

2 Cf. Preisendanz edn.

3 *Art. aurif.*（1593），I, pp.139ff; *Theatrum chemicum*, V, pp.64ff; Manget, *Bibliotheca chemica curiosa*（1702），I, pp. 467ff, 494ff.

4 我并没有把鱼算作炼金术在技术上的材料，其技术能量就连古希腊的炼金术士也非常熟悉。例如，我可以提及“萨尔曼纳斯的程序”（Berthelot, *Alch. grecs.*, V, viii, 5）产生出来的就是“圆形的珍珠”。鱼胶就常被用作一种胶合剂。

思是指他是这两个神话人物的儿子)等。正如我在其他地方说明过的,这个儿子被视为与基督相类似。这样,炼金术的鱼就通过一条间接的途径为世界的救世主获得了一种象征的尊严。他的父亲就是上帝,但他的母亲是智慧之神,或作为处女座的墨丘利。哲人之子(或大宇宙),还可以是青金石,其意思只不过是指自性,我在详细考察其各种属性和特色时已经解释过了。

195 包含着鱼的最早期文献的那个文本是这样说的:“海里有一种圆形的鱼,没有骨头和脑皮层,它本身很肥胖,油脂很高,有一种奇妙的功效,如果把它用慢火烹饪,直到其油脂和水分完全消失……用海水使之饱和直到它开始闪光。”[1]这种做法在另一个很可能是在后期的同类著作——“哲人之谜”[2]——中重复出现过。在这里,“双鱼座”变成了“小鱼”。这两本论著的共同之处在于,这种做法都得出了一个具有讽刺意味的结论:当黄化出现时,“就成了哲学家的洗眼水”。如果他们用这种水清洗眼睛,他们就会很容易地理解哲学的奥秘。

196 这条圆形的鱼当然不是现代意义上的鱼,而是一个无脊椎动物。这是通过没有骨头和“脑皮层”而诞生出来的,在中世纪的拉丁文中,意思就是指贻贝或软体动物。[3]不管怎么说,它是一种生活在海中的圆形有机体,很有可能属于钵水母纲或水

1 “Allegoriae,” in *Art. aurif.*, I, p.141.

2 “Aenigmata,” in *Art. aurif.*, I, p.149.

3 See Du Cange, *Glossarium ad scriptores mediae et infimae latinitatis*, s.v. “cortex” .

母，在古老世界的海中大量存在。其自由泳的形式，有一个圆形的、贝壳状辐射结构的身体，一般来说，它借助于四个每辐（perradials）或间辐（interradials）而被分成八个部分（其角又可以通过从辐而再次分半）。和所有的刺细胞动物门（过去也被称为腔肠动物门）或刺马陆超目（钵水母亚纲就属于这一类）一样，它们的身上也有触手；这些触手含有刺细胞或刺丝囊，用它们可以使猎物中毒。

197 我们的文本说，当这个"圆形的鱼"被加热或者在慢火上烹饪时，它就"开始发光"。换言之，已经存在于其中的热变成了可见的光。这说明，这种做法的创始人要么受到了普利尼本人的影响，要么受到过相同传统的某个人的影响。普利尼曾描述过一种鱼——"海星"，他说，这种鱼使好几位哲学家深感困惑。[1]据说，这种鱼很热且会燃烧，用火来烧毁它在海中触及的一切。[2]普利尼提到了海星[3]，同时[4]也提到了水母，它可以在水面上自由游动，[5]水母具有如此暴烈的属性，当你用小棍触弄它时，你马上就会感到小棍像着了火似的。[6]我们可以由此得出结论认为，我们的这位创始人并没有过分严肃地看待动物学分

1 Caussin, *Polyhistor symbolicus*, 1618, s.v. "Stella". 作者把亚里士多德作为一个资料来源加以引用。

2 *History Nature*, IX, 60. Cf. Rackham and Jones trans., III, pp.346—348.

3 可以将其设想为一种海星，因为正如普利尼所说，它有一个很硬的外壳。

4 *History Nature*, XVIII, 35.

5 Ibid., IX, 47（Rackham / Jones trans., III, p.220）.

6 Ibid., XXXII, 10.

类，可能把海星与肺部水母混淆了。不管怎样，充满激情的中世纪急切地利用了关于“海星”的传说。尼古拉·科森就把这种“鱼”视为海星，并对其作了如此这般的描述。他说，这个动物会产生这么多的热，以致它不仅使它触及的一切都像着了火一样，而且它还烹饪自己的食物。所以，它表示的是“令人无法忘怀的真爱的力量”。[1]

198 这种解释在现代人听起来非常奇怪。但是对中世纪来说，“过眼云烟”在字面上是真实的：所有短命的事物只不过是神圣戏剧的一种象征而已，而在现代人看来，这种戏剧已变得几乎没有什么意义了。皮西尼乌斯以同样的方式对这种鱼作了解释，唯一的区别在于，他详述要更加复杂。他说：“这种鱼在水中永远发光，无论它触碰到什么，都会使之变热并像火焰般燃烧起来。”这种发光就是火——圣灵之火。他引用了其权威版《便西拉智训》（48∶1）[2]，而且还提到了圣灵降临节奇迹那种火热的语言。海星身上的火不会在水中冒出来，这个神奇的事实使他想起了“神圣的恩典行动”，这种行动是把淹没在“罪恶之海”中的心放在火上。出于同样的理由，鱼的意思是指慈善和神圣的爱，正如《雅歌》8：7所证实的：“爱情，众水不能熄灭，大水也不能淹没。”所以，我们的这位作者就假设，这条鱼从其生命的第一刻就传播出关于它自己的一种光辉，因而成为

1 *Polyhistor symbolicus*, p.414.

2 “先知伊莱亚斯站了起来，就像是一团火，他说的话像着了火一样燃烧。”（DV）

宗教的一种象征，虔诚的教徒们凭借其光芒而活着。

199　正如《雅歌》的语录所示，对燃烧的海星所作的解释引出了它与世俗爱情的联系。皮西尼乌斯甚至说，海星是“爱人心脏的象形符号”，其激情之火就是整个大海也无法熄灭，无论他的爱是神圣的还是世俗的。我们的这位作者矛盾地说，这种鱼燃烧却不发光。他引用圣巴西勒的话说：“那么请设想在你的心中有一个深坑，漆黑一片，火并不发光，却拥有所有火的那种燃烧的力量，但没有发出任何光亮……这样一种概念描述的就是地狱之火。”[1]这种火是“情欲”“好色的火花”。

200　令人感到好奇的是，中世纪的象征论者对同一种象征却作出截然相反的解释，显然并没有意识到这种遥远而又危险的可能性，象征的两极性隐含着对立物的同一性。所以我们可以在炼金术中发现，有些观点认为，上帝本身就是以这种隐藏的或潜藏在水下的[2]火来发光的。例如，“世间的荣耀”[3]说：

1　*Homilia in Ps.*, 33, in Migne, *P.G.*, vol.29, col.371.

2　这使人回想起“阿里斯留的幻想”，在海底的玻璃房中的哲学家遭受着酷热带来的巨大痛苦（*Art. aurif.*, I, pp.146ff; Ruska, “Die Vision des Arisleus”, pp.22ff）。

3　*Mus. herm.*（1678），p.246f. “Gloria mundi” 是一篇匿名的论文，还无法确定它最初是否用拉丁文撰写。就迄今所知，它第一次是在1620年用德语印刷的。据我所知，是在17世纪的一些论著中第一次提到它。它深受尊崇，但又被认为是格外危险的。在 *Theatr. chem.*（1661），VI, pp.513ff，有一个很长的摘录，恳求读者要慎重：“我想要劝告所有那些拥有这本书并且乞求获得耶稣基督之爱的人们，他们把这门技艺掩藏起来，使所有那些自高自大、自负虚荣、不公正地压迫穷人的人，傲慢、世俗、嘲笑者、轻侮者、谗言者，以及那些毫无价值的人发现不了，也不允许这种作品落入这些人之手，如果他们想要逃避上帝的愤怒，逃避他经常给那些自以为是的和亵渎神明的人们带来的惩罚的话。”

> 把哲学家们所说的那种长在树上的火或者生石灰拿起来吧。上帝自己就在这个火中发出神圣之爱的火光……同样的,在谈到这门火的技艺时,自然大师们说,墨丘利要被分解了……并且被固着在不可抑制的或活的火之中,为的是使所有的人都得到安慰;如果没有这种火,这种技艺就绝不可能达到完满。他们一直掩盖和隐藏着的也是哲学家这种火……上帝在大地上创造的也是这种最高贵的火,因为它有一千种美德。教师对这些事情的回答是,上帝赋予它这种美德和效能……以致上帝本人和这种火交织在一起。这种火得到了纯化,就像在地下的炼狱中得到净化一样。

这种火是"不可抑制的"。"哲学家们把这种火称为圣灵之火。"它把墨丘利与太阳联合起来,"这样一来,这三者便组合成为一体,谁也不能把它分开"。"正如在这三者之中圣父、圣子和圣灵把他们自己结合在一起,神圣的三位一体就在这三者之中,但只有一个真正的上帝一样,火也把这三样东西结合在一起:身体、精神和灵魂,也就是太阳、墨丘利和灵魂。""这门技艺之奥秘就被封存在这种不可见的火之中,就像在这三者之中的圣父、圣子和圣灵真正被包含在一个本质之中一样。"这种火就是"火与水一体"。哲学家们以上帝的荣耀将其命名为"活的火","上帝就在活的水中使自己和自己交织在一起”[1]。

201 另一篇论文说，这种水是“全部宝藏的藏身之所和居住地”。因为位于它中间的就是“地狱之火”，它“把这个世界的引擎包含在它自己的存在之中”。这种火是“原动天”点燃的，而且由于受到星辰的影响而燃烧起来。它绝不会停止其普遍运动，通过“天空力量的影响”而持续不断地发光。[2]

202 这是一种“非自然”之火，“与自然本性相对立”。它使身体遭受痛苦的折磨，它本身就是那个“像地狱之火那样猛烈燃烧的”怪龙。[3]居住在自然本性中的鱼的灵魂——芬多精——有一种两面性：其可憎的形式即地狱之火，地狱般的洗浴可能就是从这里准备好的。亚伯拉罕·以利亚撒说芬多精是一个“神”[4]。

203 根据布莱斯·德·维吉尼亚的观点，这种火不是有两面，而是有四面：智识之火，全都是光明的；天堂之火，既有热也有光；基础之火，与低级世界及光、热和灼热的复合体有关；以及最后地狱之火，与智识之火相对，灼热且燃烧却没有光。[5]在这里，我们再次遇到了四位一体，古人把四位一体与火联系起

1 很有可能是从毕士大池（pool of Bethesda）那“搅动的”水中接过来的。（《约翰福音》5：2）

2 Sendivogius, “Novi luminis chemici,” *Mus. herm.*, p.670.

3 Ripley, “Duodecim Portarum,” *Theatr. chem.*, II, p.128.

4 *Uraltes chymisches Werk*（1760）, pp.79, 81.

5 “De igne et sale,” *Theatr. chem.*, VI, p.39.

米，正如我们从埃及人关于塞特和荷露斯的四个儿子的概念中可以看到的，[1]以及从以西结关于北方那炽热地区的幻想中所看到的那样。维吉尼亚根本不可能从这种联系中来思考以西结。[2]

204 在菲拉利西斯的"开放的入口"中，这种神秘物质被命名为"钢"。他说，这是"金子的原初物质"，是"打开我们的杰作之门的真正钥匙，若没有它，任何技巧也不能点燃这个灯之火"。钢是一种"非常纯洁的精神，"一种"神秘的、地狱般的但又最不稳定的火"[3]，是"世界的奇迹，位于低级世界中的高级力量系统。由于这个原因，全能的上帝把一种最光荣而又罕见的神圣精合，甚至把那个显著的标志赋予了它，这个标志的产生是在整个'哲学的东方'向着更远处的地平线宣布的。智慧的东方三博士在纪元（之初）就看到了它，并且深感惊讶，他们立刻就明白了，那个最尊贵的国王就诞生在这个世界上。当你看到他的星辰时，你就会追随它到那个诞生之地，在

1 他们也是塞特的儿子，因为哈默迪和塞特有同一个身体两个脑袋。

2 据我所知，自发地出现在梦中的四位一体象征指的必然是整体性或自性。火意味着人类本性在一般意义上的激情、感情、欲望和情绪驱动力，也就是可以用"力比多"（libido）这个术语来理解的一切事物。（Cf. *Symbols of Transformation*, Part II, chs. 2, 3）当炼金术士们认为火具有四位一体的性质时，这就等于说，自性是能量之源。

3 地狱之火等同于魔鬼，根据阿提费乌斯的权威著作（"Clavis maioris sapientiae," *Theatr. chem.*, V, p.237），这个魔鬼有一个外部的身体，是由气组成的，也有一个内部的身体，是由火组成的。

那里你将看到那个美丽的婴儿。把你的污秽扔到一边，给这个皇子以荣耀，打开你的宝藏，给他一个金子制作的礼物；死后他将把肉和血都给你，这是大地的三个君主统治中最高级的药材”[1]。

205 这段话之所以特别有趣，是因为它使我们能够深入地看透充斥在炼金术士心灵中那个模糊不清的原型观念的世界。这位作者又继续说道，这种钢，同时也是“地狱之火”，“打开我们的杰作之门的钥匙”，受到磁石的吸引，由于这个原因，“我们的磁石”便成为钢的真正的“矿”(原材料)。这个磁石有一个隐藏的中心，它“以某种北极的欲望[2]转向极点，在那里，钢之美德得到了提升”。这个中心“盛产盐”——显然这是智慧之盐，因为这个文本此后接着说道:“这个智慧的人将非常高兴，但傻瓜将不去理会这些事情，而且学不到智慧，即便他看到了那个朝向外部的中心极点有那个尊贵的万能之神的标志。”[3]

---

1 Cf. trans. by Waite, *The Hermetic Museum Restored aud Enlarged*, II, pp.166f. 菲拉利西斯(“热爱真理的人”)是一个化名。A.E.韦特对炼金术哲学家沃恩(1621—1665)作了推测，由于多种原因这个假设是令人怀疑的。See Waite, *Lives of Alchemystical Philosophers*, p.187; Ferguson, *Bibliotheca Chemica*, II, pp.194, 197。

2 源自帕拉赛尔苏斯关于“阿契厄斯”的概念。See “Paracelsus the Physician” (Swiss edn., p.36)。鲁兰(*Lexicon of Alchemy*, p.36)下的定义是:“阿契厄斯是最高级、最高贵和不可见的精灵，他是从身体中分离出来的，被提升并且升了天的；他是大自然的神秘美德，在万物中普遍存在，是万物的创造者、治愈者……万物的药剂师和制作者。”

3 很有可能指的就是磁力。

206 墨丘利的心脏就是在那个极点发现的，“它是真正的火，他的主耶和华就在那里休息。通过这个宽阔的大海游历的他，可能会触及两个印度，可能会借助北极星之光指导他的行程，我们的磁力将使之出现在你面前。”这是暗指那次神秘的游历——“异国之旅”。正如我在其他地方解释过的，它会导致四个地区的产生，这里指的是两个印度——东印度和西印度——指南针转向北方。[1]它们共同构成了一个十字，也就是一个四位一体，它与极点的性质有关。因为四个方向都是从那个极点发出的，两半球的区分（格林尼治子午线的东半球和西半球）也是从这里划分的。所以，北半球类似于水螅水母类的圆形身体，其球形的表面被四辐（或四的倍数）区分开来，因此从极点来看它就像是一个球。

207 在这一点上，我要提到一个二十岁学生做的梦。当他发现他所选择的哲学系并不适合他的时候，他便陷入了混乱状态。对此他找不出任何理由。他失去方向竟然达到了这种程度，他简直就不知道他想要从事哪个专业。接着，一个梦给他提供了帮助，在最完整的意义上给他指出了目标。

208 他梦见他正走在一片树林中。渐渐地，这片树林变得越来越荒凉和狂野，最后他认识他是在一片原始森林中。树木如此高大，树叶如此浓密，以致地上几乎漆黑一片。所有路的痕迹

1 Cf. *Psychology and Alchemy*, par.457.

早已消失不见，但是，受一种模糊的期待感和好奇感驱使，他奋力向前走去，很快就来到一个圆形的池子前，约十到十二英尺见方。这是一眼泉水，像水晶般清澈的泉水在黑暗的阴影遮蔽下看上去几乎就像是黑色的。在池中浮动着一个珍珠似的生物，直径大约十八英寸，它发出一种微弱的光。那是一个水母。就在这时，做梦者醒来了，产生了一种很强烈的情绪：他决定从此时此地开始研究科学，而且他一直坚持着这个决定。我必须强调一下，这位梦者并没有受到可能使他作出这种解释的任何心理学的影响。他从梦中得出的结论无疑是正确的，但这丝毫也没有透彻地探讨象征的意义。梦是原型的——一个"大"梦。那片树林变得昏暗，并且转变成一片原始森林，意味着进入无意识之中。里面有那个水母的圆形池子代表一个三维的曼荼罗，即自性：整体性是"北极的欲望"指向的目标，即磁极指向的北方，它给旅行者指出他在"世界的大海"上的方位。

209 还是回到我们的文本中来吧，我要通过重述其要点再强调一遍，这个地狱之火不是别的，而是那个"隐藏的上帝"，他居住在北极，是通过磁性而展现他自己的。他的另一个同义词是墨丘利，他的心脏可以在极点找到，他指引着人们在世界的大海上进行危险的航行。世界这架完整的机器是受北极的地狱之火驱动的，这就是地狱，地狱就是在地下世界中反映出来的上天力量的一个系统——这种观念是一种令人震惊的思想。

但是，同样令人吃惊的是迈斯特·埃克哈特说的那句话，在回到其真正的自性后，他进入了一个“比地狱本身还要深”的深渊之中。虽然炼金术的观念很粗俗，但不可否认它有一定的伟大之处。从心理学上来讲，尤其有趣的是意象的性质：它是原型的秩序模式[1]，即曼荼罗的投射，代表整体性的观念。将意象的中心集中在地狱，而这个地狱同时也是上帝，这是以下述体验为基础的，即最高级的和最低级的东西都来自灵魂深处，它要么使脆弱的意识之船失事毁灭，要么把它安全地带到港口，几乎不需要我们的任何帮助。因此，这个“中心”的体验本身就是一种神秘的体验。

210 皮西尼乌斯觉得，他的海星——“这条在水中燃烧却不发光的鱼”——除了含有圣灵、爱、慈悲和宗教的意思之外，还象征着人身上的某个东西，即他的舌头、言语和表达能力，因为全部的心理生活正是在这些官能中表现出来的。显然，他是在思考一种本能的、浅薄的心理活动，因为在这一点上他引用了《雅各书》3：6的话：“舌头就是火，在我们的百体中，舌头是个罪恶的世界，能污秽全身，也能把生命的轮子点起来，并且是从地狱里点着的。”[2]

1 Cf. “Concerning Mandala Symbolism.”

2 《以西结书》9：18（拉丁文版《圣经》25）：“一个巧舌如簧的人在他的城市里是很可怕的。”（DV）相反，这种巧舌如簧的口才是对圣灵的一种隐喻（或象征）：“如火焰般的舌头。”（《使徒行传》2：3）

211 因此，这条恶“鱼”与我们难以控制的且显然不可控制的习性是一致的，它就像“使一大片森林着火的一把小火”[1]，能污秽全身，甚至把“生命的轮子”点燃。在这一方面使用“圣诞节之轮”显然是一种奇怪的表达方式。有人解释说，这个轮子象征着生命的圆圈、过程或者循环。如果我们不想把这个轮子仅仅想象为陈腐的统计学意义上的生死循环的话，那么这种解释就是以和佛教有关的观念为前提的。这个轮子怎么可能把火点着，这是一个若不进行深入思考就无法回答的困难问题。相反，我们必须考虑，它的意思相当于污秽全身——换句话说，毁灭**灵魂**。

212 自《蒂迈欧篇》以来，人们就反复说明，灵魂是圆球形的。[2]和“世界灵魂”一样，灵魂是用世界之轮旋转的，它的轮轴就是极点。这就是为什么“墨丘利的心脏”会在那里找到的原因，因为墨丘利就是世界灵魂。[3]这个世界灵魂确实是天堂的发动机。繁星点点的宇宙之轮就是在星相中反映出来的，被称为诞生之“地”。这就是把天堂分成十二宫，从出生的那一刻开始算起，第一宫与幸运星有关。用这种方式来划分天堂，看上去就像是一个旋转的轮子。据说天文学家尼吉底乌斯[4]就接受过

1 《雅各书》3：5（RSV）。

2 *Psychology and Alchemy*, par.109.

3 “The Spirit Mercurius”（Swiss edn., pp.78, 99）.

4 P.尼吉底乌斯·费古路斯生活在公元前1世纪。

费古路斯这个名字(费古路斯的意思是陶工),因为天堂之轮就像一个陶工的轮子那样旋转。[1]这个(被“设定”或“授予圣职”)“地”确实是一个“轮子”。星相的基本意思是,通过确定行星的位置及其相互之间(各个方面)的关系,连同黄道星座在基点上的分布,它首先描绘了一幅个体心理构成的图画,然后描绘的是个体身体构成的图画。实质上,它代表的是一个人的性格中原始和基本属性的系统,因此可以把它看作与个体的心理相等同。普里西利安显然是在这个意义上看待这种轮子的。他在谈到基督时说:“他本身就拥有把昴星团聚集在一起和松开猎户腰带(猎户星座内的一个星群,包括三颗亮星)的力量。知道了天空的变化并且毁灭了创世之轮,他也就通过更新洗礼而改变我们的诞生之日。”[2]由此显而易见,在第四世纪生命之轮实际上就已被视为星相了。因此,“点燃生命之轮”是所有原始的心理成分产生灾难性厌恶的一种比喻性表达方式,一场类似于恐慌或某种其他不可控的或致命的情绪爆发般的大火。[3]这场灾难的全部性质可以用所谓“舌头”的中心位置来解释,这个恶魔般的成分所具有的破坏性,是每一个心灵的一个基本成分。从这种观点来看,“海洋之星”代表的就

---

1 Hertz, *De P. Nigidii Figuli Studiis atque operibus*, p.5.

2 Tract. I, 31, in *Opera*.关于基督是赫玛墨涅的毁灭者,见*Pistis Sophia*, Mead trans., p.17。

3 在这个意义上说,火常常是在梦中出现的。

是我们身上的那个强烈的情绪中心，创造性或破坏性影响均源自此。

Ⅱ. 鱼 类

213 在我们对中世纪的鱼象征作用所作的讨论中，迄今为止我们只关注一种名义上的鱼，即水母，而没有适当考虑到这个事实，这根本就不是生物学意义上的鱼，而且——更重要的是——它的形状也不像鱼。引起我们注意的只不过是对那种“圆形的鱼”所作的描述。但是，在中世纪情况却并非如此，因为我们有一位16世纪的专家西奥博尔德·德·霍格兰德提供的证据，这个证据表明，他至少把这种鱼理解为一种真正的鱼。在列举了酊剂的大量同义词之后，他说：“同样也可以把它们比作鱼。所以蒙德斯在《哲人汇编》中说，取一部分鱼肝和一部分牛犊子的尿，等等；而且在‘圣者之谜’中说，在我们的大海里有一种圆形小鱼，没有骨头也没有腿。”[1]因为在这段引文中提到的鱼肝只能来自一种真正的鱼，霍格兰德显然把这种“圆形小鱼”看作一种真正的鱼了，因为虽然人们可以想象一条没

---

1 Hoghelande，“Liber de alchemiae difficultatibus，” *Theatr. chem.*，I，p.163. 在*Turba*（Ruska，p.128）中蒙德斯的原话是这样说的：“因此，取一部分处于高温状态下的白胶、一部分牛犊子的尿、一部分鱼肝、一部分胶状物质，若没有它就难免会出错。”“蒙德斯”是“巴门尼德”的一种讹误，因为这是从阿拉伯文转录所致。See Ruska，p.25。

有骨头的鱼，但很难想象某种没有皮或某种外壳的鱼，一种不可理解的原版的“皮”不得不变成“腿”。当然，鱼也没有腿。但是，这段来自16世纪文本中的话证明，这个“圣者之谜”中的“圆形小鱼”，在炼金术的传统中，被理解为一种真正的鱼，而不是一种水母。一种圆形而又透明的没有“皮”的独特的鱼，它的头部有两块石头，另一块在第三尾椎骨或脊索。这种石头有特效，被用作一种春药。[1]这种石头实际上并不为人所知，因为它罕见。它和土星有关。“这块石头是双生的或有两重性。一重是晦暗和黑色的，另一重虽然也是黑色的，但像镜子一样闪闪发光。”这就是许多人寻找的那块石头，却没有人知道它——因为它是龙石。[2]

214 从这个复杂难懂的描述中可以明确得出的唯一的结论就是，这个动物一定是一个脊椎动物，因此可能是一种真正的鱼。至于为什么把它称为“原型的”，其确切的正当理由还很不清楚。显然，这种鱼主要是一个基本的神话主题，因为据说它含有龙的石头。普利尼知道这种石头[3]，中世纪的炼金术士也知道这种石头，被称为“龙石”[4]。它被认为是一种名贵的石头，把一条沉睡的龙的头砍下来就可以得到它。因为只有当龙的一

1 Du Cange, *Glossarium*, s.v. “ligaturae.”

2 Delatte, *Textes latins et vieux frangais relatifs aux Cyranides*, XCIII, p.56.

3 *Hist. nat.*, XXXVII, 10.

4 Ruland, *Lexicon*, pp.128—129.

点灵魂保持在内部时，它才会变成一块宝石[1]，这就是“那个怪物在感觉到自己快要死了的时候发出的一种恨”。这种宝石是白色的，是一种很有效的解毒药。尽管现在并没有什么龙，但这本书上说，这些龙石有时候可以在水蛇的头里找到。马丁·鲁兰声称他见过这种石头，蓝色的或黑色的。

215 尽管这种石头具有双重性质，但正如这个文本所说，对此人们一点也不清楚。[2]人们几乎完全可以猜测出来，其双重性最初就存在于一种白色和黑色的多样性之中，一个临摹者因为对这种矛盾状态感到困惑，就加上了“虽然是黑色的”。但鲁兰明确强调，“这个石头的颜色是白色的。”[3]它和土星的关系可以阐明这个难题。土星在占星学中是“太阳星”，炼金术把它解释为黑色的；它甚至被称为“黑色的太阳”，而且像神秘物质那样有双重性质，[4]外部像铅一样黑，但内部是白色的。约翰内斯·格拉索斯引用奥古斯丁时期的修士德根哈德斯关于这种铅的一段话：这种哲学家的铅，被称为“空气之铅”，包含着那个“闪光的白鸽”，它被称为“金属之盐”。[5]维吉尼亚使我们

1 Ibid., p.128. “但是，除非在他们（蛇）活着的时候它被移动了，否则它就绝不可能变成珍贵的石头。”

2 “明亮的、闪光的”意思也可以是指“白色的”，从而和黑色的形成对照，但这种描述也适合于黑曜石。

3 *Lexicon*, p.203.

4 “智者的神圣的铅”，汞、硫黄和盐都是从这里汲取出来的。Cf. Chartier, “Scientia plumbi sacri sapientum,” *Theatr. chem.*, VI, p.571。

5 “Arca arcani,” *Theatr. chem.*, p.314.

确信，“再也没有任何东西比它更晦暗的”。这种铅可以变成“红锆石”，然后再变回到铅。[1]米利乌斯说[2]，水银来自“土星的心脏”，实际上**就是**土星，汞的那种明亮而又发光的银色与铅的“黑色”形成鲜明对照。根据乔治·瑞普利爵士的观点，从植物萨图尼亚中流出的“明亮的”水[3]，是“最完美的水和世界之花”[4]。这种观点有多么久远了，可以从希波吕托斯的这句话中看出来，[5]克罗诺斯神（土星）是“水之颜色的力量，可以毁灭一切”。

216 鉴于对所有这一切的考虑，这种石头的二重性可能表示对立物的极性和统一，正是它赋予了哲人石作为一种统一象征的独特意义，[6]以及魔法的和神圣的属性。我们的龙石也具有超凡的力量，这使它显然非常适合作为“阿芙洛狄忒的绳索”，如爱的魔法。魔法施加一种强迫性的冲动，它与受害人的意识心灵和意志是相悖离的，就是说，一种奇怪的想法在他心中油然而生，而且证明比他的自我还要强大。可在心理上证实的唯一可以比较的影响，就是无意识内容施加的影响，无意识内容通过其强迫性的力量证明它们与人的整体性密切相关，或者依

1 “De igne et sale,” ibid., p.131.

2 *Philosophia reformata*, p.305.

3 Pantheus, *Ars transmutationis metallicae*（1519）, fol. 9r.

4 *Opera omnia chemica*（1649）, p.317.

5 *Elenchos*, V, 16, 2（Legge trans., I, p.154）.

6 *Psychology and Alchemy*, “The Christ-Lapis Parallel.”

赖于人的整体性，即自性及其"因果报应"功能。[1]我们已经发现，炼金术的鱼象征最终指的就是一种自性量级的原型。因此，当我们看到适用于铅和哲人石的"外部不合宜"的原则也同样适用于基督时，我们不应感到惊讶。根据叙利亚的圣厄弗冷（殁于373年）的观点，就哲人石所说的一切也同样适用于耶稣基督："他身上穿着衣服，他拥有各种类型……他的宝藏是隐藏着的，而且数额很小，但是，当把它打开后，看上去可就美妙无比了。"[2]

217 在17世纪一位匿名的法国作者撰写的论著中，我们的这个奇怪的杂交动物，那条"圆形的鱼"，终于变成了一种可以证实的、动物学所熟知的脊椎动物。短鲫或吸食鱼，属于马鲛鱼科，在背鳍处有一个又大又平的椭圆形的吸盘，据此可以分辨出来。借助于这个吸盘，它可以使自己要么贴在一条大鱼身上，要么贴在一艘船的船底，它就是这样周游世界的。

218 这本书是这样描述这种鱼的：

> 为了从中为哲学研究做好准备，我们所需要的不是别的，而是短鲫，它没有血，也没有多刺的骨头，而且生活在浩瀚大海的深处。这种小鱼极其小，独处，形状独特，而

1 我们可以把这些想象为遗传的影响和古代生活的遗迹，虽然这种观点所要说明的并不像因果报应之于印度人那么多。

2 *Hymni et sermones*, ed. Lamy, II, col.770.

大海则广阔无垠，因此那些根本不知道它居住在世界哪个地方的人，是不可能捉住它的。请真正相信我，正如泰奥弗雷斯托斯所说，凡是不完全理解这门技艺的人，即运用这种技艺他可以把月亮从天上摘下来，把它从天堂带到地上，把它变成水，然后再变成土，这种人绝不可能发现智者的石头这种材料，因为打造这种材料和发现另一种材料一样困难。但是，当我们多少有点自信地在一个信赖的朋友耳边说悄悄话的时候，我们仍然能够把那个智者隐藏的秘密教给他，他怎样才能自然地、快速而又轻易地捕捉住那条叫短鲫的小鱼，它能控制住大海上骄傲的船只（那就是世界的精神）。那些不熟悉这门技艺的人，对那些实质上隐藏在我们大海那宝贵的来自天堂的“生命之水”中的宝藏完全一无所知。但是，我可以向你宣布我们那独特材料或处女地的清澈光亮，教导你用什么方法你才能获得智者之子的这门最高技艺，关于智者的吸引力我有必要教给你，它具有能把那种名叫短鲫的小鱼从大海中或大海深处吸引出来的力量。如果它是顺乎自然地被捕获的，那么它就会以某种自然的方式首先变成水，然后再变成土。当这一切通过智者那狡猾的秘密而恰当地做好准备时，便具有了消融所有固体并使之易挥发的能力，具有了使所有中毒的物体得到纯化的力量。

219 我们从这个文本中获悉，这种鱼——如果能够发现的话——是在海洋中发现的。但是，海洋是"世界的精神"。如上例所示，我们的文本起源于炼金术几乎已经放弃了其实验室研究而正在越来越成为一门哲学的时代。对一个生活在17世纪早期的炼金术士来说，"世界的精神"是一个不同寻常的术语，因为更经常使用的短语是"世界灵魂"。世界灵魂，或者在这种情况下，世界精神，是无意识的一种投射，没有任何方法或仪器设备能够提供一种诸如此类的客观体验，从而为世界富有生机提供客观证据。这种观点不过是为激励人的思想和认知行为而赋予生机原则的一种类比而已。"灵魂"和"精神"，或者类似的心理，本身就是完全无意识的。如果认为它处在"外部"的某个地方，那么它除了是一种无意识的投射之外，别的什么都不是。这可能意味着很多，也可能意味着很少，要根据你看待它的方式而定。不管怎么说，我们知道，在炼金术中"我们的大海"就是一般意义上的无意识的一种象征，就像它在梦中一样。但是，这种居住在浩瀚海洋中的极其小的鱼，竟然具有阻止最大型船只的力量。我们把这种圆形的鱼解释为自性，这种解释可以相应地扩展到短鲫。自性的象征在这里是作为一种在浩瀚的无意识海洋中的"极小的"鱼而出现的，就像一个人独处在世界的大海上一样。它以鱼的形式象征化地表现出来，体现了自性的特点，在这种状态下，自性的特点是作为无意识内容表现出来的。如果在意识的主体中并不存在一个“智者的吸引力”,那就无论如何也没有希望捕捉住这种毫无意义的生物。这种“吸引力”(或磁力)显然是一位大师可以向他的弟子传授的东西;这就是理论的“静观”,一种顽固的占有,专家可能就是由此而产生出来的。因为原初物质总是等待着被人们发现,而唯一能够帮助他的就是“智者的狡猾的秘密”,一种能够进行沟通交流的理论。

220 这种观点是伯纳德斯·特莱维萨努斯(1406—1490)在其论文“哲学著作中的化学奥秘”中证实的:“《哲人汇编》中巴门尼德的布道,才第一次使他免于犯错误,并且引导他进入正途。”[1]但是,在《哲人汇编》中,巴门尼德也说过和阿里斯留[2]同样的话:“除了通过它自己的本性之外,本性是不可能改善的。”[3](本性只能自行改善。)伯纳德斯以证实的方式补充说:“所以,我们的材料除了通过它自己之外别无改善之途。”正是巴门尼德的**理论**帮助伯纳德斯在做了很多无果的实验室研究之后最终走上了正途,有一个传说甚至说他成功地制作出了哲人石。至于那种理论,他显然赞成这种观点,其基本思想是在上述说法中表达出来的,即“本性”[4]只能自身或通过自身得到改善或使之免于误入歧途。同样的观点是在其他论著

---

1 “Liber de alchemia,” *Theatr. chem.*, I, p.795.

2 阿里斯留是个传奇人物,他被视为*Turba*的作者。

3 “Natura non emendatur nisi in sua natura.”

4 在*Turba*的语言中,“Natura”和“naturae”与炼金术士德谟克利特(1世纪)的φύσεις相对应。See Berthelot,*Alch. grecs.*,它们是物质或物质的状态。

的一再警告中表达出来的，不要把来自外部的任何东西与炼金术高压容器中的内容相混合，因为哲人石“有它所需要的一切”。

221 如果说炼金术士们总是知道他们写的是什么，这是完全不可能的，否则他们就会因为自己的弥天大罪而倒地身亡了，而且在文献中也没有这方面的迹象。**谁**拥有他所需要的一切呢？甚至最孤独的流星也是围绕某个遥远的太阳旋转的，或者试探性地靠近附近的流星团。所有的一切都与其他的一切交接在一起。根据定义，只有绝对的整体性才把一切都包含在它自身之中，既没有必要，也没有任何强迫的力量把它与外部的任何事物粘贴在一起。这无疑与绝对上帝的观念相同，绝对上帝把所存在的一切全都包含在内。但是，我们当中又有谁能用自己的辫子把自己从沼泽中拉出来呢？我们当中又有谁能够完全孤立地使自己得到改善呢？甚至那个在沙漠中生活了三天路程的圣隐士，也不仅需要吃饭和喝水，而且发现自己完全要依赖于上帝永无休止的在场。[1]只有绝对的整体性才能使自己脱胎换骨，使自己获得新生。

222 一位炼金术专家对另一位专家悄声耳语，担忧地四下观望，以免有任何人会背叛他们，或者猜出他们的秘密，那么这

1 “我们之间谁能和吞灭的火同住呢？我们中间谁能和永远的燃烧物同居呢？”（《以赛亚书》33：14）

意味着什么呢？它的意思就是：以此来教诲所有的人，最伟大的东西就在最微不足道的东西中隐藏着。处在其永恒之火中的上帝自己，有可能会像一条鱼一样在深海中被捕获。另外，他也可能会通过圣餐的整合行动（被阿兹特克人称为“上帝之饮食”[1]）而“被从深海中拉出来”，并且被结合在人体之中。

223 这个教诲就是那个神秘而又“狡猾的”磁力，这个短鲫（长度很小/力量很大）借助于它可以阻止住大海中航行的骄傲的护卫舰，正如普利尼在其有趣而又富有启发性的故事中所说，用卡利古拉皇帝的五列桨战船“在我们自己这个时代”进行的冒险。这种只有半英尺长的小鱼，在从斯图拉返回安提乌姆的航程中紧紧地吸附在船舵上，迫使这艘船停了下来。在结束这次航行回到罗马后，卡利古拉就被他的士兵杀死了。所以，正如普利尼所指出的，这种短鲫最终就是一种预兆。在与奥古斯塔斯进行海战之前，这种鱼还给马克·安东尼开了一个诸如此类的玩笑，安东尼就是在这次交战中被杀死的。普利尼不能不对短鲫的这种神秘的力量感到惊奇不已。他的惊讶显然给炼金术士们留下了如此深刻的印象，以致他们把“我们大海中这种圆形的小鱼”与短鲫相等同，这种短鲫便开始象征着广阔的无意识之中的那个极其微小的东西，在无意识中充满了这种重

1 Cf. “Transformation Symbolism in the Mass,” pp.222ff.——英编注

大的意义：它就是自性，就是生命本源，“比小的更小，比大的更大”。

224 炼金术的鱼象征，那种短鲫，显然起源于普利尼。但是在乔治·瑞普利爵士的作品中也会突然出现一些鱼。[1]更有甚者，它们是以其“救世主”的身份出现的：和鸟儿一起，它们带来了石头，正如在俄克喜林库斯的耶稣语录中所说，[2]它是“天上的鸟儿和海里的鱼，是天上和地下所有的一切”，指向的都是天国之途(“有用的动物”这个主题)。在兰姆斯普林克的象征中，[3]朝相反方向移动的黄道十二宫中的双鱼座是神秘物质的象征。所有这些兽形化的动物形象，都只不过是通过“动物”冲动而表现出来的无意识自性的一种形象而已。有些冲动可归因于人们熟知的本能，但大多数冲动是由确定性、信念、欲望、习性和恐惧的感受所组成，这些感受可能与所谓生物本能完全相反，因此不一定是病态的。整体性所表现的就是这种必然的矛盾，两条朝相反方向运动的鱼，或者鸟和鱼的合作，都是对此所作的有教益的说明。[4]这种神秘物质，正如其属性所示，指的就是自性，在俄克喜林库斯的耶稣语录中，“天国”或那座“推测的”城市，指的也是自性。

1 *Opera*(1649), p.10.

2 Grenfell and Hunt, *New Sayings of Jesus*, p.16.

3 *Mus. herm.*, p.343.

4 关于鱼和鸟在古代神话中的结合，cf. Goodenough, V, pp.58ff, and fig.63, 66, 69。

Ⅲ. 卡特里教派的鱼象征

225　把鱼用作冥府使者和自性之对立物的象征，还指另外一种似乎与短鲫相同的传统。实际上，有一个非常明显的线索，这个线索不是在炼金术文献中被发现的，而是在异教研究中被发现的。这份文件来自卡尔卡索纳调查的档案，是伯努瓦于1691年在其《阿尔比和沃杜瓦的历史》中发表的。[1]它与一个所谓的启示有关，这是嫉妒的爱徒约翰在"主的怀抱中休息"时被赐予的一个启示。约翰想要知道在撒旦堕落之前是什么状态，主回答说："他是如此显赫，统治着天国所有的力量。"他想要成为上帝那样，出于这个目的他便通过气和水这两种元素而降落下来，他发现大地上全都被水覆盖着。渗透到大地的表面之下，"他发现有两条鱼躺在水面上，它们就像为了耕地而被套上轭的公牛，根据不可见的圣父的指令从日落到日出（或者从西到东）耕耘着整个大地。当他下去之后，他发现了悬浮的云彩覆盖着广袤的大海。……当他下去之后，他发现从此与他的'奥索波'（Osob）分离了，这个'奥索波'就是一种火。"由于这种火的存在，他无法再继续下降，于是他回到天国并且向天使们宣布，他打算在云端上建立他自己的宝座，就像全能的

1　Cited by Hahn, *Geschichte der Ketzer im Mittelalter*, II, pp.815ff.

上帝那样。然后，他就像不公正的管家对待其主人的债主一样来对待那些天使，于是他和天使们就被上帝赶出了天国。[1]但是，上帝怜悯他，就允许他和他的天使们在一周内随心所欲地做他们喜欢做的事情。在这段时间内，撒旦仿照《创世记》第一章的榜样，创造了世界和人类。

226 著名的卡特里教派的教士约翰·德·路基奥，向一种类似的信仰忏悔。这种信仰在11世纪和12世纪似乎为卡特里教派圈子里的人们所熟知，因为相信世界是由邪恶创造的，这种观点在很多分支教派中都可以发现。炼金术士约翰内斯·德·路佩西撒很有可能是"里昂的穷人"运动的一名成员，[2]他曾受到卡特里教派的影响。不管怎么说，可以认为他与这个传统有联系。

227 在这个文本中，最使我们震撼的是，它包含着古保加利亚词汇Osob这个事实。卡尔·迈耶在其《古教会斯拉夫语辞

1 这和《路加福音》16：8的说法相矛盾，《路加福音》中说："主人就夸奖这个不义的管家做事聪明。"（Hahn，I，p.580）

2 Rupescissa，*La Vertu et la propriété de la quinte essence*，1581，p.31："既然我们的目的是借助于我们的书使贫苦的福音传教士们感到舒适和有力量，为了使他们的祷告和祈愿不至于落空和迷失在这个活动中，也为了使他们在这种追求中不会受到太大的阻碍，我将宣布并将把从自然宝库的内在秘密中取出的一种秘密给予他们，这是一件确实值得使人感到惊奇并感到荣耀的事情。"

在路佩西撒的论文"De confectione veri lapidis"（Gratarolus，*Verae alchemiae artisque metallicae*，1561，II，p.299）中，有以下这种在炼金术文献中非常不同寻常的劝诫："我们相信，是福音。"很有可能，最初这句话就是"福音传教士"。

典》[1]中，osob在俄语、波兰语和捷克语中的意思是"个体、人格"。因此"他的奥索波"可以翻译成"他所独有的东西"[2]。在魔鬼的情况下，这当然指的就是火。

228 有两条鱼躺在水面上，它们就像为了耕地而被套上轭的公牛，这个观点非常奇怪，需要作一点说明。为了这个目的，我必须使读者回想一下圣奥古斯丁在五千次神奇的喂食中对这两条鱼的解释：在他看来，它们代表的是像**国王**和**牧师**那样的人或力量，[3]因为，就像在海上的暴风雨中存活下来的鱼一样，它们要比风暴湍流活得更长。这两种力量在基督那里结合为一体：他就是国王和牧师。[4]

229 在这个文本中提到的两条鱼指的当然不是那两条神奇的鱼，但奥古斯丁的解释却告诉了我们关于那个时代人们思考方式的一些重要信息：这两条鱼被视为具有**统治的力量**（ruling

---

1 *Altkirchenslavisch-griechisches Wörterbuch des Codex Suprašliensis*.

2 德拉戈马诺夫（"Zabelezhki vrkhy slavyanskite religioznoeticheski Legendi," p.7）只说到了"suum Osob"，在一个吉卜赛传说中，魔鬼在创造世界时受到了烈焰沙漠的阻碍。

3 "但是，这两条鱼……似乎代表人们受其统治的那两个人……也就是像国王似的和像牧师似的人。"（*De diversis quaestionibus*，LXI，2；Migne，*P.L.*，vol.40，col.48）这两条鱼派生于《以斯拉记》6：49及以下（Soederberg，*La Religion des Cathares*，p.97）在我看来似乎是很值得怀疑的。这段话是这样说的（Charles，*Apocrypha and Pseudepigrapha*，II，p.579）："于是，你保留下这两个活物；你把其中的一个称为贝希摩斯，而把另一个称为利维坦。然后，你把他们逐一分开……"这种意象根本不适合于在卡特里教派的文本中提到的那两条鱼。

4 "所以，我们的主耶稣基督是作为我们的国王而表现出来的。他也是在麦基洗德的秩序建立之后我们永远的牧师。"（Augustine，*De diversis quaestionibus*，LXI，1）

powers)。既然这个文本无疑是一个异教的文本，而且在这一点上是一个鲍格米勒派(10—11世纪保加利亚的一个教派)的文本，那么无疑就需要有一种统一的解释，把这两条鱼解释为耶稣基督。人们可以轻易地猜想到，它们可能象征着创世之前的两个不同的人或两种不同的力量：上帝的长子撒旦叶和幼子基督。伊皮法纽在其《药柜》一书的第十三个异端邪说中报告说，以便尼派相信有两个儿子："他们认为两个都是上帝生的，其中一个是基督，另一个是魔鬼。"[1]这个教义显然在整个近东和中东地区都已得到普遍传播，因为作为造物主的撒旦的鲍格米勒派教义，正是在那里开始在保罗派和祈祷派当中产生。[2]我们的这份文件不是别的，而是尤塞米奥斯·齐加比诺斯的《穿戴》(*Panoplia*)中的一个拉丁文版报告，反过来又可以把它追溯到在拜占庭皇帝亚历克塞·康尼努斯之前由鲍格米勒派的大主教巴西利厄斯于1111年制定的对信仰的忏悔。[3]

230 注意，撒旦在创世之前就发现了这两条鱼，也就是"在混沌初开"之时，当时上帝的灵还在黑暗的水面上运行(《创世记》1：2)。如果它只是一条鱼，那么我们就可以把它解释为救世主的一种预示，解释为圣约翰的四福音书之前存在的基督，"从一开始就和上帝在一起"的逻各斯。(在这个文本中，根据

1 Cap.XVI(Oehler edn., I, p.266).

2 Psellus, "De daemonibus", in Ficinus, *Auctores Platonici*(1497), fol. N. V^v.

3 Migne, *P.G.*, vol.130, cols.1290ff.

《约翰福音》1：2，基督自己是这样说的：这个逻各斯“在太初便与神同在”。）但是，有两条鱼被一个接索（=轭）连在一起，它们指的只能是黄道十二宫的双鱼座。黄道十二宫是星象图中重要的决定因素，可以改变那些进入其中的行星的影响，或者，即便没有行星，也会给个体的星座赋予某种特征。在本例中，双鱼座的特征是升天，是世界诞生的时刻。[1]现在我们已经知道，创世神话归根结底就是意识产生的象征（虽然在这里我不能对此进行深入探讨）。[2]拂晓状态与无意识相对应；用炼金术的术语来说，它就是混沌；借助于这个**杰作**（*opus*）——行家把它比作创世——变白或白化的过程才得以产生，有时把它比作满月，有时把它比作日出。[3]它也含有照明的意思，即和“炼金术的进程”相伴而生的意识的扩展。用心理学的术语来说，魔鬼在太初之水上发现的这两条鱼代表新兴的意识世界。

231 把鱼比作耕地的牛身上的轭，这种比喻值得特别关注。牛代表耕地的动机力量，鱼代表即将来临的意识世界的驱动力。自古以来，耕地就代表着人对土地的控制：无论人在哪里耕耘，他都会把一块土地从原始状态中开垦出来，并为自己所用。就是说，鱼将统治这个世界，用占星术的方法来深入研究人并且塑造其意识，从而实现对世界的控制。相当奇怪的是，

---

1 这种解释与现代占星学的推断相一致。

2 关于这类象征，see Neumann，*The Origins and History of Consciousness*。

3 Ripley, *Chymische Schrifften*（1624），p.25.

耕地并不像所有其他事情那样，是在东方开始的，而是始于西方。这个主题在炼金术中再次表现出来。瑞普利说："我知道，你从一开始就朝向日落之处，从那里你才转向半夜，当完全没有阳光闪耀时，你就要在黑暗的炼狱之火中待上九十个夜晚，没有任何光亮。然后把你的运行转向东方，你将经历许多不同的颜色。"[1]炼金术的研究是从下降到黑暗之中，即无意识之中开始的。耕地或对土地的控制是"在圣父的命令下"进行的。所以，上帝不仅预见到了在1000年开始的那种物极必反，而且还想要促成此事。双鱼座的柏拉图月[2]是受两条原则支配的。在这种情况下，这两条鱼和牛一样，都是平行的，指向同一个目标，尽管一个是基督，另一个是反基督者。

232 粗略地说，这就是中世纪初期的推理思路（如果允许作这种表述的话）。我不知道我们概述的这种论点是否进行过意识讨论。但这种可能是有的，因为《塔木德经》关于530年的预言，一方面可以引导人们猜想天文学上的计算，另一方面可以引导人们用占星学的方法暗指犹太教的大师们所喜欢的那个双鱼座。与此相反，我们文本中的鱼可能并不是意识中指的那些占星学的观念，而是无意识的一种产物。无意识完全能够进

---

1 Ripley, *Chymische Schrifften*（1624）, pp.33f.

2 一个柏拉图日等于地球上的72年，一个柏拉图月有30天，所以一个柏拉图月就等于地球上的2160年。有点类似于我国所谓"天上方一日，地上已千年"的说法。——中译注

行这种“反思”，我们从梦中以及从神话和童话故事的分析中对此已相当了解了。[1]诸如此类的双鱼意象属于意识观念的常识，而且可能以象征的形式——无意识地——表达了这种意思。因为大约正是在这个时候（11世纪），犹太教的占星术士们开始计算弥赛亚在双鱼座的诞生，一个新时代已经开始的那种普遍感受在弗洛拉的约阿希姆（12世纪西多会修士，1168—1202）那里得到了明确表述。

233　我们的那本《约翰启示录》很可能不会早于11世纪，或者不会太晚于11世纪。11世纪初正值占星学上双鱼座永世的中期，异教像蘑菇一样到处涌现出来，与此同时，基督的对手——第二条鱼，别名魔鬼——以物质世界创造者的形象出现了。从历史上讲，这个观念代表诺斯替教的一种文艺复兴，因为诺斯替教的造物主被视为一种低劣的存在，所有的邪恶均产生于此。[2]与这种现象有关的重大事件就是其共时性，就是说，它在占星学确定的某个时间出现。

234　卡特里教派的观点在炼金术中也开始出现，这一点也不令人吃惊。但是，我还没有遇到过任何文本证明，卡特里教派的鱼象征被同化到炼金术的传统中，从而能够有助于阐明兰姆斯普林克的鱼象征，这个鱼象征代表神秘物质及其内部的自相矛

1　Cf. Laiblin, “Vom mythischen Gehalt unserer Märchen.”

2　根据爱任纽的观点，诺斯替教派认为，这个救世主就是基督的弟弟。

盾。兰姆斯普林克的象征出现得不会太早于16世纪末，并且代表原型的复兴。它表示两条反方向的鱼在大海——我们的大海——里游泳，意思是指永恒之水或神秘物质。它们表示“精神与灵魂”，就像雄鹿和独角兽、两只狮子、狗和狼、两只打架的鸟一样，它们表示墨丘利的双重性。[1]

235　我的反思基于对中世纪象征思维的某些认识，如果我的这些反思是合理的话，那么我们就可以在这里明确证实我在前一章里表达的那些看法。随着1000年的到来，一个新的世界开始了，在宗教运动的奇怪混合中宣布了它的到来，这些宗教运动如鲍格米勒教派、卡特里教派、阿比尔教派、瓦勒度教派、里昂的穷人教派、自由灵兄弟会、贫苦兄弟会、贝格教派等，以及在弗洛拉的约阿希姆的圣灵运动中宣布了它的到来。这些运动也和炼金术、新教、启蒙运动和自然科学的产生有关，最终导致在我们自己这个时代就已经体验到的越来越多恶的形成和发展，导致基督教在理性主义、唯智识论、唯物主义和“现实主义”的冲击之下销声匿迹。

236　最后，我想要提供一个具体的例子，来说明鱼象征从无意识中原生出来的方式。这是一个年轻女人的例子，她做了一些非常活泼的绮梦。她曾深受其父亲的影响，她的父亲有一种物质主义的世界观，而且婚姻生活也不幸福。她使自己与这些不

1　*Mus. herm.*, p.343.

喜欢的周围环境相隔绝，在很小的时候就形成了一种她自己的强烈的内心生活。在她还是一个小孩子的时候，她就用花园里的两棵树来代替她的父母。在她六七岁的时候，她梦见上帝承诺要送给她一条金鱼。后来，就在她因为多种问题而开始心理治疗之前不久，她梦见她“站在利马特河岸上，向下看着河水。一个男人把一枚金币扔进水里，水变得透明了，我可以看到河底。[1]有一块珊瑚礁和很多的鱼，其中一条有着银光闪闪的鱼腹和金色的鱼背”。在治疗期间，她做了下面这个梦：“我来到一条流动的大河岸边。开始我看到的并不多，只有水、土地和岩石。我把笔记本上的纸撕下来扔进水里，觉得我是要把什么东西送回到水里去。紧接着，我手上就有了一根钓鱼竿。我坐在一块石头上开始钓起鱼来。除了水、土地和岩石之外，我仍然什么也看不到。突然有一条大鱼咬钩了。它长着银色的鱼腹和金色的脊背。当我把它钓上岸之后，全部景色都变活了。岩石变得像大地的原始基础，青草和鲜花盛开，灌木丛扩展成为一大片森林。一阵狂风吹来，使所有的一切全都动起来。这时，我突然听到在我身后X先生（一位只是从照片和传闻中认识的老人，但对她来说这个老人似乎是某个权威人物）的声音。他平静而又确切无疑地说：‘处在最深境界的有耐心的人们才能得到鱼，得到这种深海中的食物。’这时，我周围出现了

1 Cf. ch. XII.

一个圆圈，圆圈的一部分触及到水。我听到那个声音又说道：‘处在第二境界中的勇敢的人们可以获得胜利，因为战斗就在那里打响。’紧接着，我周围又出现了一道圆圈，这次触及了彼岸。与此同时，我向远处望去，眼前出现了一派五彩斑斓的景象。太阳在地平线上升起。我听见那个声音，似乎在遥远的地方说道：‘第三层和第四层境界来到了，同样是从另外两层境界拓展而来。但是，第四层境界’——此时那个声音停顿了片刻，仿佛在犹豫——‘第四层境界加入第一层境界之中。[1]它是最高的同时也是最低的境界，因为最高的和最低的是一起产生的。它们归根结底是一体的。’”这时，做梦者醒了，她的耳边伴有一阵轰鸣声。

237 这个梦拥有一个“大”梦的所有标志，也具有某种“有思想的”东西的性质，具有直觉型的特点。尽管做梦者此时已学过某些心理学知识，但她对历史上的鱼象征还一无所知。我们可以把梦的细节作如下评述：可以认为，河岸代表无意识的阈限。钓鱼就是直觉地想要“捕捉住”无意识内容（鱼）。银和金，用炼金术的用语来说，代表女性和男性，鱼的雌雄同体方面，表示它是一种**对立的综合**。[2]它还可以产生某种魔力。[3]那

1 Cf. *Psychology and Alchemy*, s.v. “coniunctio.”

2 耶稣鱼（即基督和阿提斯）是赋予（不死的）生命的食物。

3 Deussen, *Allgemeine Geschichte der Philosophic*, I, pt.iii, pp.336ff; “The Spirit Mercurius”（Swiss edn., pp.126ff）.

个老人是“智慧老人”原型的拟人化。我们已经知道，鱼是一种“神奇的食物”，是圣餐食物。触及水的第一道圆圈，表示无意识的部分整合。那场战斗是对立物的冲突，或许发生在意识与阴影之间。第二道圆圈触及“彼岸”，对立物的统一就是在那里发生的。在印度的“水银系统”中，神秘物质被称为“引向对岸”。用一种着重停顿来强调的第四层境界，就是把自己加入这三者之中，使所有四者成为统一体的太一。[1]这些圆圈必然会产生一个曼荼罗，最外层的圆圈自相矛盾地与这个中心相一致，并且为上帝召回那个古老的意象。“上帝是一个圆圈，它的中心无处不在，而其圆周却无处可寻。”第一个主题与第四个主题相一致，这在很久以前就在圣母玛利亚公理中表达出来了：“一变二，二变三，从三中产生出作为四的太一。”

238 这个梦在一个完全不熟悉有关自性化过程的文献的人身上，以浓缩的形式总结了自性化过程的全部象征。诸如此类的案例一点也不罕见，应该引起我们的深思。它们证明了自性化过程及其历史象征的无意识“知识”的存在。

1 *Psychology and Alchemy*, pars.26, 209; “A Psychological Approach to the Dogma of the Trinity,” pars.184ff.

第十一章

炼金术对鱼的解释

239 现在我们要转向那位匿名的法国作者提出的问题，即鱼是怎样被捉住的。短鲫对船只施加一种吸附力，完全可以把它与磁石对铁的影响相比。所以历史传说认为，这种吸附力源于那种鱼，而且会使无论是靠帆提供动力还是靠划桨提供动力的船只停下来。[1]我之所以提到这个看似不太重要的特征，是因为，正如我们将要看到的，在炼金术的观点中，这种吸附力不再源自这种鱼，而是源自人所拥有的磁石，是它施加了鱼一度具有

1 "这种小鱼，有半英尺长，其名称取自以下事实：它通过吸附在船体上而把船阻止住，这样，尽管狂风暴雨肆虐，但船像扎根在海底一样静止不动，根本无法动。……所以拉丁人称之为延迟。"（Du Cange，*Glossarium*，s.v. "Echenaïs."）这段话是逐字逐句从塞维利亚的圣伊西多尔的*Liber etymologiarum*（Lib. XII，cap.VI）翻译而来。在那本书里这种鱼的名字叫echinus，严格地说就是一种海胆，由于其放射性结构，这种生物和海星及水母属于同一类属。

的这种神秘属性。如果我们把鱼的这种意义牢记在心，那就很容易理解，为什么会有一种强大的吸附力从这个神秘的中心发出来，可以把它恰当地与北极的地磁相比。[1]我们在下一章将要看到，诺斯替教徒们对其核心人物（点、单子、儿子等）的磁性影响也说过类似的话。因此，当炼金术士开始操纵一种仪器时，它能施加和短鲫同样的力量，却施加在短鲫自己身上，这显然就是一种革新。这种相反的方向之所以对炼金术心理学来说很重要，是因为它提供了一种与炼金术专家所说观点的类比，炼金术士宣称能够通过他的工艺生产出**宏观宇宙之子**——相当于基督。这位技艺家或他的仪器就开始以这种方式取代短鲫和它所代表的作为神秘物质的一切。可以说，他已经把秘密从鱼那里引诱出来了，并且寻求把神秘物质吸到表面上来，以便从中准备制作**哲人之子**，即**哲人石**。

240 我们的这本书上说，要把那条创造奇迹的鱼吸到表面上来的那块“智者的磁石”是**可教**的。这个神秘教义的内容就是炼金术的真实物质：**原初物质**的发现或生产。这种“教义”或“理论”被拟人化——或者毋宁说，被具体化——为“哲学的墨丘利”。这个概念和古代的赫尔墨斯同样含义模糊；有时墨丘

1 短鲫的力量被理解为具有磁力，从以下传说中清晰可见，如果把一条用盐腌制过的短鲫放到一个矿坑里，它就会把金子吸住并把它带到地面上来。Cf. Masenius, *Speculum imaginum veritatis occultae*（1714），s.v. “Echeneis”。“磁石”也是氯化铵的一个名称，当把它加到金属溶液中，“就会立刻把它们之中所有的好东西，无论是金子还是酊剂，全都吸到玻璃的底部。”（*Lexicon medico-chymicum*, 1711, p.156）

利是一种像水银一样的物质，有时它又是一种哲学。关于原初物质，炼金术士们谈了很多，但所说的内容甚少——如此之少，以致在大多数情况下人们对其所云为何物根本形不成任何概念。[1]这种态度证明存在着一些严重的智识困难——这是可以理解的。首先根本不存在能够制作出哲人石的这种材料，也没有任何人制作出达到了预期效果的哲人石。其次，赋予原初物质的这些名称表明，它根本就不是一种确定的物质，而是一种代表**原始心理情境**的直觉概念，是以诸如生命之水、云彩、天堂、阴影、大海、母亲、月亮、龙、维纳斯、混沌、宏观宇宙等为象征的。

241 在这一长串的名称中，经常出现的一个名称是镁[2]，虽然我们当然不能把它理解为药典中的氧化镁。[3]毋宁说这种镁是"完整而共生的混合物，湿气就是从这里提取出来的，[4]这就是我们的石头的那种根物质"[5]。生产镁的复杂过程，在"完美的镁之亚里士多德观"（Aristoteles de perfecto Magisterio）这篇论文中得到了描述。[6]它就是那种经过白化的神秘物质。[7]潘多尔

1 Cf. *Psychology and Alchemy*, pars.425ff.

2 又名苦土，在西方，magnetic这个词因产于希腊藩属Magnesia而得名，镁（Magnesia）也是产于此地。

3 *Alch. grecs*, Introduction, p.255. 在普利尼和迪奥斯科里季斯那里，它的意思是磁铁石。

4 Mylius, *Phil. ref.*, p.31.

5 "Aurora consurgens," II, *Art. aurif.*, I, p.191.

6 *Theatr. chem.*, III, pp.88f.

7 米利乌斯把这个过程的第十个等级称为"提升，它使我们的白化的镁获得精制的高贵"（p.129）。所以"哲人的玫瑰"（*Art. aurif.*, II, p.231）说："镁，就是满月。"

弗斯在《哲人汇编》中说："我命令你去取那种藏匿的和珍贵的神秘东西，就是那种白色的镁。"[1]在坤拉斯那里，镁就是"混沌"的同义词。他称之为"一种包罗万象的或普遍的，也就是一种宇宙的有或实体，三位一体，当然是由身体、精神和灵魂组合而成，是一个且是唯一真正的主观万应灵药和一个真正普遍的物质哲人石。"[2]这种镁是女性的，[3]正如磁石在本质上是男性的一样。[4]所以，"在它的腹部携带着"那种石头的神秘物质。[5]甚至在古希腊的炼金术中，镁指的就是这种雌雄同体的转换物质。[6]对炼金术士们来说，镁不仅在发音上与"磁石"有关，而且在意思上也与此有关。正如罗西努斯的一个配方所示："因此，要取得这块有生命的石头，也就是里面有一个灵魂的石头[7]，可感知到镁和磁石的存在和影响，而且对它们很敏感，[它是]含有金属的土和活的石头，因当地的运动而产生和排斥。"[8]

242 这本书想得清楚地说明，真正的炼金过程和化学过程根本就没有关系，因为，如果有关系的话，被转换的物质就没有

---

1 Sermo, XXI.

2 *Von hylealischen Chaos*, pp.5f.

3 "镁，即女人。"（Ruland，*Lexicon*，p.216）

4 但是在亚历山大地区和在特洛亚特地区，据说曾有一种有磁力的石头，"女性的石头，完全没有用处"（Ruland，p.215）。

5 "Duodecim tractatus," *Theatr. chem.*, IV, p.499.

6 Berthelot, Intro., p.255.

7 "镁也是在空气中凝结起来的混合水，它对火、石头的土地、我们的水银和物质的混合物有抵抗作用。其中的整体就是水银。"（Ruland，p.216）

8 *Art. aurif.*, I, p.311.

必要有生命力或者具有敏感性。但是，正如在镁的例子中那样，当炼金术士们全神贯注于用来说明无意识的无数表达方式之一时，也就是，用来说明通过投射而滑入到未知的化合物之中，并且以上百种"神秘物质"为伪装来困扰和愚弄他的那种隐藏的心理成分时，就绝对有必要认为它是一种心理功能了。当然，只有最愚蠢和最不留心的炼金术士才会以这种方式受到欺骗，因为在古典的文本中有很多的线索可以使他们走上正途。遗憾的是，今天我们并不比中世纪进步多少，在我们能够理解炼金术的真实目的之前，我们还不得不克服相当多的困难。

243 因此，罗西努斯的那个"有生命的石头"是一个活物，有感受或感知镁和磁石之影响的能力。但是，磁石也是一个活物。所以，巴塞尔的法学家和炼金术士克律西波斯·法尼亚努斯说："但是，如果米利都的泰勒斯选择把那种大力神的石头，即磁石，称为有生命的东西，因为我们发现它能吸铁并且使铁移动，那么我们为什么不同样把盐称为一种活物呢？盐以奇妙的方式进行渗透、净化、收缩、扩展、阻碍和缩减。"[1]多恩写道："这种磁石教导我们，因为其中的磁力和吸铁的力量不是(用眼睛)看到的；它是隐藏在内部的精神，不能为感官所感

---

1 *De arte metalliae metamorphoseos and Philoponum liber singularis*(1576). Reprinte in *Theatr. chem.*, I(1602), p.44.

知。”[1]这种不可理解的磁力对我们的祖先的神秘影响在圣奥古斯丁那里得到了生动的描述:“我们知道,这种天然磁石能够很奇怪地吸住铁,当我第一次看到他时,它确实使我不禁打了个冷战。”[2]甚至连安德里亚·阿恰蒂(殁于1550年)也惊呼:“因此,凡是能够感知到和拥有吸铁之磁力的人,不得不让人崇拜得五体投地……有人想要强迫我们相信,这些东西中有某种神奇的力量,这是不够的,人们对此已普遍熟知。因为,他们除了告诉我们其名称之外,什么也讲不出来,那么他们究竟怎样来界定这种隐藏的力量呢?”[3]据说著名的解剖学家和占星学家加布里埃尔·法洛皮乌斯(1490—1563)曾认为磁石以及水银和泻药都是无法解释的奇迹,“其影响令人惊诧不已”。利巴维乌斯(1540—1616,德国医生和医药学家)也有此说法。[4]这些说法见证了智识和思想界的人们对此作出的天真反应,他们认为他们看到的是一种不可解释的奇迹。所以,如果他们觉得这样一种令人惊奇的东西是有生命的(例如“**有生命的**石头”、

1 “Philosophia chemica,” *Theatr. chem.*, I, p.497.在这里,多恩讨论了他对万物有灵的看法:“每一个事物的……身体就是一座监狱,万物灵魂的力量就被拘禁在那里,并且被戴上了镣铐,这样它们的自然精神就不能自由地使它们的力量和活动在它们身上留下印象。这种与其主体有关的无生命事物的灵魂类似于人的无可怀疑的信仰,与这种信仰具有相同的效用。”被囚禁在身体中的那些神圣的力量,只不过就是分散在物质中的狄俄尼索斯而已。

2 Cf. *City of God*, Healey trans., II, p.322.奥古斯丁发现生石灰也同样令人称奇:“但这种奇妙之处在于,当它被杀死后,它能很快复活。”

3 *Emblemata*(1621), CLXXI, p.715 a.

4 *Commentariorum alchymiae*(1606), Part II, p.101.

“不死的石头”等)，这是完全可以理解的。和那种有感受力的神奇石头一样，磁石也有一个灵魂。在“十二论”[1]中，磁石是作为“我们的露水”的象征而出现的，“它的母亲是天上的太阳和地下的月亮的中点”。一位匿名作者对这种水加了如下省略符号，这种水就是有名的“永恒之水”:“哦，神圣而奇妙的大自然啊，它不允许教义之子们走上歧途，因为你们是在人的日常生活中表现出来的。进而我在这些……论文中提出了如此众多的自然理由，以致……作者可以理解所有这一切，感谢上帝的赐福，我亲眼看到了它们。”[2]

244 这里的潜在思想是教义的观念，即“教法之水”。我们已经知道，“磁性”或“天堂的露水”是**可教**的。和水一样，它象征着教义本身。这与“有生命的石头”形成对比，“有生命的石头”可以“感知”到那一对磁性物质，即磁石和镁的影响。和磁石一样，这种有生命的石头是一种神秘物质。只有这些物质才能产生某种结合，最终导致哲人石这一目标的实现。多恩说:“外邦异教徒认为，本性追求一种和它自己相似的本性，并且形成它自己的本性；如果把它加入另一种本性之中，那么本性形成的高超技艺就会受到破坏。”[3]这是暗指通常认为是由

1 *Theatr. chem.*, IV, p.499.

2 根据我的看法，水在炼金术中的异常重要性，可以追溯到诺斯替教的来源:“水是荣耀的，他们相信它就像它是一个神似的，竟然走得如此之远，宣称说明就是从那里产生的。”(Epiphanius，*Panarium*，LXIII，cap.I)

3 “Arts chemistica,” *Theatr. chem.*, I, p.252.

炼金术士德谟克利特提出的那句箴言："本性喜欢本性，本性征服本性，本性统治着本性。"[1]

245 正如磁石和镁形成一对一样，有生命的石头[2]也是皇家婚姻所生的一个雌雄同体。这样，我们就有了两对相反的匹配，通过相互吸引形成了一个**四位一体**，即整体的四重基础。[3]正如象征作用所示，这两对都代表相同的事物：一种**对立复合体**或统一的象征。[4]如果我们的那些文本没有把它们作为相同的事物来表征，并且认为它们与神秘物质极其相似，那就一定有这样做的理由，尽管还无法从用来说明这两种物质结合的象征中得到确定。有时这种神秘物质是镁，有时是水，有时是磁石，有时是鱼；但是它们全都含有原初物质的意思，那种神奇的诞生就是由此而来。炼金术士们在心中所作的区分，在17世纪的一篇论文的一段话中有清晰的表述，这篇论文是本笃会的修道院院长约翰·克莱松撰写的："但是，至于那种使普通的金银用自然和哲学的方法得以分解的物质，谁也想象不到，它不过就是普通的世界灵魂而已，借助于磁石和哲学的手段而把它从

---

1 根据德谟克利特的故事，这句箴言是他那位已故的老师辛涅西阿斯向他揭示的，在写给塞拉皮斯的祭司狄奥斯克鲁斯（Berthelot，II，iii）的论文中说，德谟克利特的老师是奥斯坦尼斯，这句箴言来源于他。

2 在我们的文本中 *Vegetabilis* 的意思是，当把它用来指墨丘利时，意思是"活的"，当把它用来指第五元素时，意思是"生机勃勃的"。

3 Cf. "Psychology of the Transference," pars.433ff; Phenomenology of the Spirit in Fairytales," in Part I of vol.9, pars.429ff.

4 *Psychological Types*（1923 edn., pp.234ff）.

更高级的实体，特别是从太阳和月亮的光束中吸引或拉下来。因此，显而易见，他们对墨丘利是什么或哲学之水是什么一无所知，墨丘利和哲学之水可以借助于自然手段和物理手段来分解十足的金属。”[1]

246 显然，我们必须在两类象征之间作出区分：第一类，那些心理外部的化学物质或者在其形而上学意义上与之相同的东西，例如，墨丘利之蛇、精灵、世界灵魂、真理、智慧等；第二类，指炼金术士在生产中所作的化学准备，例如溶剂（水、醋酸、白色透明的胶状物质）或者“在哲学意义上”与它们相同的东西——**理论**或**认识**。正如多恩在其哲学论著中所解释的那样，如果它是正确的话，就会对物质产生奇迹般的影响。[2]

247 这两个类别持续不断地重叠：有时神秘物质显然不是别的，而是一种化学实体，有时则是一种理念，今天我们会把它称为某种心理内容，佩尔内蒂在解释磁石时对这种混淆作了非常清晰的描述：“但是，一定不要认为这种磁石是普通的磁石。他们（炼金术士们）之所以给它取了这个名称，只是因为它与他们所谓的钢（金刚石）有天然的一致性。这就是他们的金矿石（原初物质），而磁石就是他们的钢矿石。这个磁石的中心

1 “Idea perfecta philosophiae hermeticae,” *Theatr. chem.*, VI, p.152. 这篇论文最早发表于1630年。关于作者克莱松，人们对他似乎一无所知。

2 在自然物当中存在着某种真理，它不是用外部的眼睛看到的，而是用心灵独自感受到的，对此哲学家们已经有所体验，而且已经确定，它的美德就是它能创造奇迹。（“Speculativa philosophia,” *Theatr. chem.*, I, p.298）

含有一种隐藏的盐，一种煅烧哲学黄金的溶媒。这种准备好的盐就形成了水银，他们用水银制作成白色或红色的圣人的灵丹妙药。它就变成了一种天堂之火的矿石，为制作他们的石头而发挥发酵剂的作用。”[1]因此，按照他的观点，磁石发挥作用的奥秘就存在于炼金术士准备的某种盐之中。每当炼金术士说到“盐”时，他的意思并不是指氯化钠或任何其他的盐，或者只是在非常有限的意义上说的。他不可能脱离其象征意义，因而要把智慧之盐包括在这种化学物质之中。那就是隐藏在磁石中并且炼金术士们已经准备好的盐——一方面，是他的技艺的一种产品；另一方面，是已经在本性中存在的东西。只要把它看作某种心理内容的投射，这个矛盾就可以轻而易举地得到解决。

248 在多恩的作品中可以发现一种类似的状况。在他那里，智慧之盐并不是什么问题，有问题的是“真理”。在他看来，真理就隐藏在自然事物之中，同时也显然是一种“道德”概念。这个真理就是“把**往昔不再**的东西加以改善，并使之转换成为其**改变之前的状态**，把**并非如此**的东西改善和转变成**应该成为**的东西，这就是药。”[2]它是一种“形而上学的物质”，不仅隐藏在物体之中，而且隐藏在人体中：“在人体中隐藏着一种很少有人知道的形而上的物质，它不需要使用药物，它本身就是一种不

1 Pernety, *Dictionnaire mytho-hermétique*, s.v. “Aimant” .

2 Dorn, p.267.

败朽的药物。”[1]所以，“要通过化学家的研究把那种无邪欲的真理从有感觉的物体的束缚下解放出来”[2]。多恩又补充说，凡是想要习得这种化学技艺的人，都必须研究“真正的哲学”，而不是“亚里士多德学说”。因为，用克莱松的话说，真正的教义是“真理的中心”借以从人体中解放出来，而且人体又据此得到转换的磁石。“哲学家通过一种神圣的灵感而获悉，这种美德和天堂的活力可以从其束缚下被解救出来，不是被与其相反的东西解救的……而是被与其相似的东西解救的。所以，既然某些诸如此类的东西被人们发现了，无论是在人体内部还是在其外部，都与这种物质相一致，智者得出结论认为，类似的事物是通过愿意、和平而不是战争得到加强的。”[3]

249 因此，这种或许可以“通过某种神圣的灵感”而有意识获得的教义，同时也是这种教义或理论的对象借以从它在身体中的囚禁之地中被解救出来的工具，因为这种教义的象征——磁石——同时也是这种教义所谈论的神秘“真理”。这种教义作为圣灵的一种礼物而进入炼金术专家的意识之中。它是关于这门技艺之秘密的一个知识宝库，隐藏在原初物质中的宝藏，原来以为它处在人的外部。隐藏在物质的黑暗之中的教义宝藏和宝贵的秘密是同一码事。对我们来说，这并不是一种发

1 Dorn, p.265.

2 Ibid., p.271.

3 Ibid., p.265.

现，因为我们早已知道，这些秘密是靠无意识投射而存在的。多恩是第一个最为清晰地认识炼金术的这种非凡困境的思想家：**神秘物质就是同一种东西，无论它是在人体内部还是在他之外被发现的**。"炼金"过程既发生在内部也发生在外部。凡是不理解怎样把他自己灵魂中的"真理"从其束缚之下解救出来的人，将绝不可能冶炼出这种物质产品，凡是知道怎样制造这种石头的人，也只能在正确的教义基础上这样做，通过这种教义，他本人才能得到转换，或者说，通过他自己的转换，他才能创造这种教义。

250 借助于这些反思，多恩开始认识自知的基本重要性："所以，请看，汝之所为寻求之事恰在汝之寻求者之中。"[1]换言之，你投入工作中去的期待，必定适用于你自己的自我。只有掌握了这种教义之全部知识的人，才有可能生产出神秘物质，才能"造出水银"，但是，"除了通过实验之外，我们无疑是不可能解决这个问题的，没有比依靠我们自己更好的办法了"[2]。教义详尽阐释了我们的内部体验，或者实质上依赖于它："让他知道，人最伟大的宝藏就是在人之内部找到的，而不是在他外部找到的。从他那里向内部走去……他目睹了据此在外部发生的一切。所以，除非他的心灵是盲目的，否则他将要看

1 Dorn, p.277.

2 "Philosophia meditativa," *Theatr. chem.*, I, p.467.

到，即理解了他在内部是谁以及是什么样的人，而且他将本能地通过外部的事物来认识他自己。”[1]这个秘密首先是在**人的内部**；那是他**真正的自性**，[2]他对此一无所知，但会通过外部事物的经验而学会知道它。因此，多恩告诫炼金术士：“学会从汝之内部认识天堂和大地上的一切，这样你或可成为通晓万物的智者。你不知道天堂和元素原为一体，是被某种神圣的创造力分离开的，它们可以生出你和万物吗？”[3]

251　既然对世界的认识就在他自己心中，那么炼金术专家就应该从对他自己的认识中获得这种知识，因为他必须寻求认识的这个自性，就是通过上帝与世界原为一体而形成的本性的一部分。显然，它并不是对自我之本质的认识，尽管这样做要更方便得多，而且容易和自知之明相混淆。由于这个原因，任何一个想要严肃地把自己当作一个客体来认识的人，都会受到自私和古怪的批评。但是，这种认识和自我对它自己的主观认识毫无关系。那是一条狗在追逐自己的尾巴。相反，另一种认识是困难的，需要在道德上进行小心谨慎的研究，所谓心理学对此一无所知，受过教育的大众也对此所知甚少。不过，炼金术士却至少与此有某种间接的联系：他明确地知道，作为整体的一部分，他

1　“Speculativae philosophiae,” p.307.

2　炼金术士和神秘主义者约翰·波达奇（1607—1681）把这个内部的“不朽”之人称为“从宏观宇宙中抽取出来的一个总括概念”（*Sophia*，1699，p.34）。

3　“Speculativae philosophiae,” p.276.

在自己心中有一个整体的意象，正如帕拉赛尔苏斯所称，是“苍穹”或“奥林匹斯山”的意象。[1]这个内部的微观宇宙是炼金术研究尚未察觉到的对象。今天，我们要把它称为集体无意识，我们要把它描述为“客观的”，因为它在所有个体中都是同一的，因而就是**太一**。从这个普世的太一中，在每一位个体身上产生出一个**主观的**意识，即自我。粗略地说，我们今天就是这样理解多恩的“原为一体”和“被某种神圣的创造力分离开”的。

252 对自性的客观认识就是作者在说下面这段话时想要表达的意思：“谁也无法认识他自己，除非他知道他是**干什么的**，而不是他是**谁**，他依赖谁，或者他是谁的（或者他是谁，或者他属于谁），以及他是出于什么目的而被制造出来的。”[2]在“谁”和“什么”之间作出区分至关重要，因为“谁”有一种明显属于个人的方面，指的是自我，而“什么”是一个中性名词，除了表示一种连人格都没有的客体之外，并没有任何预示性。并不是说心理的主观自我意识是被表示的意思，而是说，心理自身是有待研究的、未知的、没有任何偏见的客体。关于自我的认识

---

1 这是一种在莱布尼茨的单子论发表二百年之后才得到充分展现，然后又由于科学的三位一体——空间、时间、因果关系——的产生而被完全遗忘了二百年的观点。同样对炼金术深感兴趣的赫伯特·西尔贝雷说：“我几乎想要完全陷入这种图画语言之中了，要把这种最深刻的无意识称为我们内心的恒星天堂。”（*Der Zufall und die Koboldstreiche des Unbewussten*, p.66）更多材料收于“On the Nature of the Psyche”（1954/1955 edn., pp.401ff）。

2 Dorn, p.272.

和自性的认识之间的区别，再也没有什么比在“谁”和“什么”之间的这种区分阐述得更为明晰的了。一位16世纪的炼金术士已经在这里明确分析了某些心理学家（或者那些认为自己对心理学的事情有某种见解的人）今天仍然容易搞错的事情。“什么”指的是中性的自我，整体性的客观事实，因为自我一方面与它有因果“依赖性”或者“属于”它，另一方面把它作为一个目标来指向。这使我们想起了依纳爵·罗耀拉的“基础”（Foundation）中那句给人留下深刻印象的开首语：“人被创造出来就是为了赞美、崇敬和服务我主上帝的，从而使他的灵魂得到拯救。”[1]

253 人只认识其心理的一小部分，就像他对其身体的生理学只有非常有限的认识一样。决定其心理存在的影响因素主要存在于意识之外的无意识过程之中，在他身上有一些发挥最终作用的因素也以同样的方式起源于无意识。弗洛伊德的心理学对这些影响因素提供了基本的证据，而阿德勒的心理学则对此提供了最终的证据。这样一来，原因和目的超越意识就达到了某种不应低估的程度，这意味着，只要它们没有成为意识的对象，它们的性质和行动就是不可改变的和不可逆转的。它们只能通过意识的顿悟和道德决策来加以更正，这就是为什么必要的自知之明竟然让人如此害怕的原因。因此，如果我们把“基

1 See Rickaby trans., p.18.

础”开首语的理论术语放弃，这句话就可以如下表述：“人的意识被创造出来就是为了这个目的，它可以（1）认识它是从一个更高的统一体（天主）那里降下来的；（2）适当并小心地考虑这个来源；（3）智识而负责任地执行其命令；（4）使作为整体的心理据此而过上最适度的生活和发展。”

254 这种释义不仅听起来像是理性主义的解释，而且实际上就具有这样的意思，因为尽管现代的心灵竭尽全力，要是它不能“与理性相一致”，就根本不可能理解我们那两千岁的神学语言。其结果是，缺乏理解将会被口头上应酬、装模作样的言行和被迫的信仰所取代，或者被顺从和冷漠所取代，这种危险早已发生。

255 在我们身上发挥作用的那些最终因素，无非就是“某个贵人”委托给他的“仆人”的那些才能，他们可以借此与之进行交易（《路加福音》19：12及以下）。人们不需要付出太多的想象就能看出，这种加入世界的方式在道德意义上意味着什么。只有幼稚的人才会假装说，恶在哪里都不会起作用，而且他越是处在无意识状态，恶魔就会越多地从他身上产生出来。正是因为与事物之阴暗方面的这种内在联系，才使易受大众传媒影响的人如此令人难以置信地不加思考便轻易犯下最骇人听闻的罪行。自知之明可以从正确的角度分清善恶，能够权衡人类行为的动机，因此只有最大限度的无情的自知之明，才能提供某些保证，使最终导致的结果不至于太差。

256 我们发现，自知之明在炼金术的转换过程中的至关重要性，在多恩那里得到了最清晰的表述。多恩生活在16世纪下半叶，但这种理念本身要古老得多，可以追溯到莫里哀努斯·罗曼努斯(7—8世纪)，在他在密封的容器的边缘上写的这句话中："凡万物皆与之同在者没有必要依靠任何外界的帮助。"[1]他指的并不是占有所有必要的化学物质；它更多的是一个道德问题，正如这个文本清楚表述的那样。[2]莫里哀努斯说，上帝用四种不同的元素创造出世界，而且把人作为它们之间"最大的装饰"："此物从你那里抽取而来，因为汝乃其矿石；他们在其中发现了它，更明确地说，他们把它从中取出来；当你体验到此之时，对它的爱和欲望将从汝之心中油然而生。"[3]这个"物件"就是哲人石，莫里哀努斯说，它包含着四种元素，勘与宇宙及其结构相比。这个制作石头的过程"不可能用手来运作"[4]，因为它是一种人类的态度。这本身又使"本性的改变"得到完善。这种转换是通过精合产生的，精合构成了这项工作的实质。[5]

---

1 "De transmutatione metallica," *Art. aurif.*, II, p.11.

2 "就是说，我并不是要求他们富有和有天赋，而是我应该勤奋地使他们拥有宗教精神的天赋。"(Ibid., p.10)

3 Ibid., p.37.

4 *Art. aurif.*, II, pp.40f.

5 "这个灵丹妙药的全部完善就在于得到那些联合而又一致的实体。"*Art. aurif.*, II, p.43)"马其顿亚历山大国王信件阐释"(*Art. aurif.*, I, p.384)说："众人皆知，无物可无男女而生。"在"论阿维森纳"中是这样说的："婚姻是细微与紧密的混合。"(Cf. "Psychology of the Transference," Index, s .v. "Coniunctio")

257 即便不是完全起源于阿拉伯国家，它也是具有阿拉伯风格的最古老的文本之一——哲人玛古斯[1]引用了如下一段话："这块石头在你之下，表示恭顺服从；在你之上，表示统治管辖；所以，如果源自你，表示知识；如果与你有关，表示有一些和你相同的人。"[2]这段话的意思有点晦涩难懂。但是，人们不难发现，这块石头和人无疑存在着某种心理关系：炼金术士可能期待它的服从，但另一方面这块石头又对他实施统治权。既然这块石头是一个与"知识"或科学有关的问题，那么它就源自人。但是它又在他之外，在他周围，在与他"相同的人"之中，意即，那些与他具有类似心理的人。正如其象征所显示的，这种描述适合于自性的那种自相矛盾的情境。它是小事中的最微小者，很容易被忽视和弃之一旁。它确实需要帮助，必须受到人们的感知、保护，仿佛它是靠意识心灵建造起来的，好像它根本就没有存在过，只有通过人的关爱和奉献才能使之现身。与此相反，我们从经验中获悉，它早已存在，而且比自我还要古老，它实际上就是我们命运的**精神领袖**。这个自性不会自行成为有意识的，但是，如果有人想使之成为有意识的，就总是通过某种认识传统而教导人们（例如，神我教诲）。既然它代表自性化的实质，而且如果它和人的环境没有关系，自性化就是不可

1 这个文本中写的是"马鲁斯"（Malus）（*Art. aurif.*, I, p.310），很可能是玛古斯（Magus）的一种误写，玛古斯是一位知名的作者。

2 *Art. aurif.*, I, p.310.

能实现的，所以它是在那些具有类似心灵的人当中发现的，个体间的关系只有在他们之中才能建立起来。另外，自性是一种原型，它始终不变地表达一种可以把自我包含在内的情境。所以，和每一种原型一样，不能把自性局限在个体的自我意识中，而是表现得像是一种周边氛围，无论在空间上还是在时间上，都无法给它设置明确的界限。（所以，共时性现象如此经常地与被激活的原型保持着联系。）

258 可以把罗西努斯的论文与莫里哀努斯进行类比：[1]“这块石头更多地固着在你身上（而不是在其他地方），是由上帝创造的，你是它的矿石，它是从你身上抽取出来的，无论你在哪里，它都不可能与你分离。……由于人是由四种元素组成的，石头也同样如此，所以它是从人身上（挖）出来的，你是它的矿石，意思是说要通过劳动；它是从你身上抽取出来的，这就要通过分离；它在你身上不可分离，意即要通过知识;(要去表达它）否则它就会固着在你身上，意即在智者墨丘利那里；你是它的矿石，即它被封闭在你身上，你秘密地拥有它；[2]当它通过你而被还原（到其实质）并且被分解时，它就从你身上被抽取出来；因为若没有你，它就不可能得到实现，若没有它，你也不可能活着，所以，结尾依赖于开端，反之亦然。”[3]

---

1 这些文本的日期非常不确定。允许有误差，在我看来，莫里哀努斯更年长。

2 这个文本上写的是“ipsum”，但是这里的宾语却是“res”。

3 *Art. aurif.*, I, pp.311f.

259 这看起来像是对莫里哀努斯的一个评论。我们从中获悉，这块石头是上帝植入到人身上的，实验师就是其**原初物质**，抽取出来相当于炼金过程的所谓**分离**，通过他对这块石头的认识，人便与自性保持着不可分离的联系。这里所描述的这个过程，可以很容易地被理解为某种无意识内容的实现。因此，固着在智者墨丘利身上就相当于传统的炼金术知识，因为墨丘利就象征着努斯（即灵魂）[1]；通过这种知识，作为无意识内容的自性就成为有意识的，并且“被固着”在心灵之中。因为，若没有意识概念的存在，统觉[2]就是不可能的。这可以解释很多神经症障碍，它们源自以下这个事实：由于缺乏能够“把握”它们的统觉概念，某些内容便群集在无意识之中，无法得到同化。这就是为什么给孩子们讲述童话故事和传奇故事，把宗教观念（教条）灌输到成人脑海中，具有如此极端重要性的原因，因为这些是有帮助作用的象征，依靠它们的帮助才能把无意识内容引导到意识中去，使之得到解释和整合。若此举失败，它们的能量就会流入到在正常情况下不太受重视的意识内容之中，使之得到加强，达到了患病的程度。于是，我们便患上了显然毫无根据的恐惧和强迫症——精神错乱、特异反应、疑

---

1 “The Spirit Mercurius”（Swiss edn., pp.100ff）.

2 统觉是指，知觉内容和倾向蕴含着人们已有的经验、知识、兴趣、态度，而不是对事物个别属性的感知。在包括冯特在内的西方哲学心理学家的理论中多有阐释。现代心理学已将这个概念的内容分别归入知觉、注意、记忆等范畴。——中译注

病观念、智识扭曲，以社会、宗教或政治的外衣作为其恰当的伪装。

260 这位古代大师把炼金术的杰作视为一种复原，在“来世的”太一中（“结尾依赖于开端，反之亦然”）恢复一种原初状态。这恰恰就是在自性化过程中发生的一切，无论它采用的是基督教转换的形式（“除非你变得像一个小孩子”），还是禅宗的开悟体验（“给我看看你最初的面孔”），抑或一种心理学的发展过程，在这个过程中，朝向整体的原始倾向就变成了在意识中发生的事情。

261 对炼金术士来说，这个“核心”或我们称之为自性的东西，显然并不在自我之中，而是在它之外，“在我们之中”，但不是“在我们的心灵之中”，而是位于我们无意识所在的地方，我们仍然不得不予以再认的那个“什么”。今天我们称之为无意识，我们区分了个体无意识和非个体无意识，前者使我们能够认识阴影，而后者则可以使我们认识自性的原型象征。这种观点是这位炼金术士所无法理解的，由于没有任何关于知识理论的观念，他只好以传统的方式将其原型取出，并把它存放在物质之中，尽管他也和多恩及其他人一样毫无疑问地感觉到，这个中心自相矛盾地既存在于人心中，同时又在他之外。

262 多恩说，这种“不败朽的药物”，即哲人石，除了能在天堂中发现之外，在其他任何地方都不可能发现，因为天堂“在大地的中心弥漫着以不可见的光束聚集在一起的来自四面八方的所有元素，创造和孵化出所有的被创造物”。“谁也无法在他自己身上产生出来，但（只有）在和他相似的人身上才行，在来自相同的（天堂）的人身上才行。”[1]

263 在这里，我们看到了多恩是怎样对其悖论进行自圆其说的：如果没有一个和他相似的客体，谁也无法生产出任何东西。但是，它之所以与他相似，是因为他们系出同源。如果他想要生产出那种不败朽的药物，他只能在一个和他自己的中心相类似的东西中这样做，而这就是大地的中心和所有被创造物的中心。和他自己一样，它也源自相同的源头，这就是上帝。分离成显然不相似的东西，例如天堂、元素、人等，只是为了创造活动的需要。所有被分离的东西都必须在生产石头的过程中重新结合在一起，这样统一体的原始状态将得以恢复。但是，多恩说：“你绝不可能从其他事物中制作出你寻求的那个太一，除非首先被制作成一个和你自己一样的东西。……因为这是上帝的意愿，虔诚的人要追求他们所寻求的虔诚的工作，完善的人要使他们专注的他人得到完善。……因此请看，你这样做就好像你想要使这项工作成为你寻求的东西似的。”[2]

264 只有当炼金术士本人成为一体时，对立物在这块石头中的

---

1 “Speculativae philosophiae,” p.276.

2 “Speculativae philosophiae,” pp.276f.

统一才有可能。这块石头的统一体等同于自性化，人是据此而被制作成为一体的；我们会说，这块石头是统一自性的一种投射。这种阐述在心理学上是正确的。但是，它并没有充分考虑到下述事实，这块石头是一个**超越的**统一体。因此我们必须强调，虽然自性能够成为意识的一种象征内容，但是作为一个超乎寻常的整体，它也必定是超越的。当多恩大声地说“把你自己从没有生命的石头变成活的哲人石吧！”[1]的时候，他认识这块石头与获得转换的人是同一的。但是，他缺乏一种无意识存在的概念，这个概念可以使他以某种满意的程式表达主观心理中心与客观炼金术中心之间的同一性。不过，他成功地把想象的象征——理论——和隐藏在物质之中，或者在大地内部，或者在北极的“中心”之间的那种磁性吸引力解释为两种极端的认同。这就是为什么理论和物质中的秘密都被称为“真理”的原因。这个真理在我们的心中“闪耀”，但是它不属于我们：“不要在我们身上寻找，而要在上帝的意象中寻找，上帝的意象就在我们之中。”[2]

265 于是，多恩把人的这种超越的中心等同于上帝意象。这种认同清楚地表明，为什么炼金术的整体象征既可用来说明人心

1 “Speculativae philosophiae,” p.267. 这是暗指《彼得前书》2：4以下的内容：“主乃活石，固然是被人所弃的，却是被神所拣选的、宝贵的。你们来到主面前，也就像活石，被建造成为……”（RSV）

2 “Speculativae philosophiae,” p.268.

中的秘密，也可用来指上帝，为什么像水银和硫黄这类物质，或者火和水这类元素，既可以指上帝、基督，也可以指圣灵。确实如此，多恩甚至更进一步，要用“存在”这个词的谓语来表示这种真理，而且只用来指这种真理：“进而，我们可以给真理提出一个满意的定义，我们说它存在，但是不能给它添加任何东西；因为，请问，什么东西能够加到太一当中去呢？它缺少什么呢？或者它能靠什么来支撑呢？因为在真理中除了那个太一之外，什么也不存在。”[1]对他来说，真正存在的唯一的东西就是那个超越的自性，它与上帝是同一的。

266 多恩很有可能是对所有象征术语的结果进行总结，并清楚地说明炼金术从一开始就表现出来的那种强烈动机究竟是什么的第一位炼金术士。他在其阐述中要比其后继者雅各布·伯麦清楚得多，显然，这位思想家直到今日才得到了哲学史家们的全面认识。所以，他的命运也和一般意义上的炼金术哲学的命运相同，对那些不熟悉现代心理学的人来说，他依然是一本用七印封严的封闭的书。但是，如果我们想要理解当今时代的心理，我们有时就必须把这本书打开；因为炼金术是基本物质之母，也是现代科学思维的具体化，而不是经院主义，它曾主要只是用来进行智识的训练和培训。

---

1 “Speculativae philosophiae,” p.268.

第十二章

基督教炼金术象征的心理学背景

267 可以把“炼金术之母”看作一个完整时代的名称。大体上从基督教时代开始，在16世纪和17世纪一直到科学时代才诞生的，只不过经历了衰亡、没有得到认可和被误解，作为一个已经失去的时代而在几个世纪的溪流中从人们的视线中消失。但是，正如每一个母亲都曾经是一个女儿一样，炼金术也同样如此。其真正的开端应归功于诺斯替教体系，希波吕托斯正确地视之为哲学体系，借助于古希腊哲学和近东及中东的神话学，连同基督教的教理神学和犹太教神秘哲学，从现代的观点来看，都曾极其有趣地尝试综合一种对世界的统一看法，自然的和神秘的方面在其中发挥着同样的作用。要是这种尝试获得了成功，我们今天就不会目睹两种平行的世界观这种奇怪景象了。在这两种世界观中，无论哪一种对对方的任何事情都不了解，也不想了解。希波吕托斯处在令人羡慕的位置上，能够看到基督教教义与其异教徒姐妹们比肩而立，殉道者游斯丁也曾尝试做过类似的比较。必须承认，深得基督教思维之幸，直到开普勒时代一直都不乏值得称赞的尝试，想要最广义地、以基督教教义为基础来解释和理解大自然。

268 但是，这些尝试由于缺乏对自然过程的充分了解而不可避免地会遭受失败。因此，在整个18世纪，产生了臭名昭著的信仰与知识之间的分裂。信仰缺乏经验的支持，而科学则失去了灵魂。代之以此，科学热诚地相信绝对客观性而完全忽略了这个基本难题：所有知识的真正承载者和生产者都是精神，这就是科学家们最长期以来所知最少之物。它被视为化学反应的一种症状，脑细胞中生物过程的一种副现象——确实如此，有一段时间它甚至根本就不存在。不过，科学家们始终没有完全意识到这个事实：他们用的是一种供他们观察的照相设备，他们对其性质和结构实际上一无所知，他们中的许多人也不愿意承认这些性质和结构的根本存在。直到最近他们才被迫开始考虑心理因素这个客观现实。相当有意义的是，以最实际而又未曾预料的方式与精神相遇的正是粒子物理学。显然，在这一点上我们必须无视无意识心理学，因为其工作假设恰好就在这个心理的现实之中。在这里最有意义的是那种完全对立，即精神与物理学的冲突。[1]

269 现在，对诺斯替教徒来说——而且这是他们真正的秘密——精神是作为知识的一个来源而存在的，炼金术士也持有同样的看法。除了无意识心理学之外，当代科学和哲学只了解外部的事物，而信仰则只了解内部的事物，因此只有以基督教的形式，经过几个世纪的时间，从圣保罗和圣约翰的福音书开始，才使它具有这种信仰的。和具有其传统客观性的科学一样，信仰也是绝对的，这就是为什么信仰和知识再也不能像基督教徒那样相互之间达成一致的原因。

270 我们的基督教教义，是一种表达超越的精神力量的高度分化的象征——用多恩的话来说，表达的是上帝意象及其特性。信条是一种“信经”。这实际上包含着所有能够确定的重要事物，它们与内在体验领域中精神的表达方式有关，但它并不包括自然，至少没有以任何可以识别出来的形式把自然包括在内。因此，在基督教的每一个时期都有 些支流或暗流，想要不仅从外部，而且从内部来研究大自然的经验方面。

271 和一般意义上的神话学一样，虽然教义表达的是内在经验的精华，因而阐述的是客观精神的操作原则，即集体无意识，它这样做利用的是已经与我们今天的思维方式相去甚远的语言和观点。“教条”这个词甚至获得了一个多少有点令人不快的

---

1 Cf. “On the Nature of the Psyche”（1954/1955 edn., pp.424ff, 438ff）.

名声，经常只用来强调某种偏见的僵化刻板。对大多数生活在西方的人来说，它已经失去了其作为象征而对一种实际上不可认识的但又“真实存在的”——操作性的——事实所具有的意义。甚至在神学界对教条的任何真正的讨论也已经几乎停止了，直到最近教皇才发布了声明，这表明，即便象征尚未消亡，也已经开始衰退了。对我们的精神健康来说这是一种危险的发展，因为我们知道没有任何其他的象征能够更好地表达无意识的世界。于是，越来越多的人开始四下寻找外来的观念，希望能够找到一种替代品，例如在印度发生的那样。这种希望是令人困惑的，因为虽然印度的象征和基督教象征都对无意识作了详尽阐述，但它们各自例证的却是它们自己过去的精神世界。印度的教义构成了几千年印度人生活经验的实质。虽然我们可以从印度人的思想中学到很多，但它绝不可能表达储存在我们内心深处的过去。我们开始的前提现在是而且一直就是基督教，它涵盖着从11世纪到19世纪西方生活的一切。在此之前，对大多数西方人来说，经历了一段相当长时间的多神论和泛魔教时期。在欧洲的某些地方，基督教可溯源至多不过五百年——只是在16世纪才产生的。欧洲的最后一个女巫是在我祖父出生的那一年被烧死的，伴随着人性之堕落的野蛮和不开化在20世纪再次粉墨登场。

272 我提到这些事实，是想要例证，把我们和异教时代分离开来的这堵墙是多么浅薄。除此之外，德意志民族绝不是有组织地从原始的泛魔教发展到多神论并且形成其深奥哲理的，而是在许多地方因为受到罗马军团的暴力威胁才接受了基督教的一神论及其救赎教义的，正如在非洲机关枪是基督教入侵背后的潜在争论一样。[1]毫无疑问，基督教在野蛮民族中的传播不仅有助于保持教条的某种不变性，而且确实使之成为有必要的。在伊斯兰教的传播中也可以观察到完全同样的情况，也同样不得不依赖于狂热和僵化。在印度，象征的发展是非常有组织的，经历了一个不太受干扰的过程。甚至连伟大的印度教改革，即佛教，也是以真正印度人的方式，以瑜伽为基础的，而且至少在印度，在不到一千年的时间里它就几乎完全被印度教重新吸收了。这样，时至今日佛祖本人才作为毗湿奴的化身在印度万神殿，和耶稣基督、鱼、乌龟、侏儒以及许多其他人一起登上了王位。

273 我们西方人心理的历史发展不可能以任何方式与印度人的心理相比。凡是相信完全能够接受东方思维方式的人，都是在自断其根，因为他们并没有表达我们西方的过去，而是保留了一种没有在我们的内心深处引起共鸣的毫无生气的智识概念。我们植根于基督教的土壤之中。这个根基当然不算太深，正如我们已经看到的，已经证明在有些地方它浅薄得令人担忧。所以，原始的异教信仰才能够以变换的伪装重新占据欧洲

1 我能够说服我自己相信这种恐惧存在的地点。

的很大一块地盘，并且将其独具特色的奴隶制经济模式强加于它。

274 这种现代的发展与曾在炼金术中明确存在且自古以来一直在基督教表面之下保持活跃的异教思潮相一致。炼金术在16世纪和17世纪达到了其最繁盛时期，然后表面看来它开始消亡。但实际上它在自然科学中找到了其继续发展的空间，这导致了19世纪物质主义（唯物主义）、20世纪所谓“现实主义”的出现，其目的尚不明确。尽管有这些善意的保证，但基督教是一个无助的旁观者。教会仍然有一点遗留下来的权力，但她是在欧洲的废墟上牧羊。如果一个人知道怎样把她的语言、观念和习惯与对现在的理解结合起来，她的预言就会发挥作用。但是，对许多人来说，她再也不会像保罗在雅典的市场上那样，用现在的语言来讲话了，而是把她的预言用极神圣的话语包裹起来，随着岁月的流逝而愈益神圣化。如果保罗为了向雅典人宣布福音而不得不使用克里特文明时代的语言和神话，那么他会用他的讲道取得什么样的成功呢？我们忽略了这个不幸的事实，对现代人提出的要求要比对使徒时代的人提出的要求大得多，对后者来说，他们可以毫不费力地相信英雄是处女所生，是半人半神，殉道者游斯丁仍然能够在其谢罪中使用这种论点。关于救赎神人的观念已不再是从未听说过的东西，因为实际上所有亚洲的君主和罗马皇帝一样，都具有某种神性。但是，我们甚至就是为了神圣的王权也不再使用它了。在那些时代很容易使人相信的福音书中的奇迹故事，在任何现代生物学中却成了绊人的石头，并引起完全相反的信念。诸神的命运和奇妙的本性，在上百种富有生命活力的神话中是一个不证自明的事实，而且在那些仍然可信的神话的哲学改良品中承担着某种独特的意义。“三位一体的赫尔墨斯”并不是一个智识上的谬论，而是一个哲学真理。三位一体的教义可以令人信服地建立在这些基础之上。对现代人来说，这种教义要么是一种难解之谜，要么是一种历史的好奇心，人们更愿意认为是后者。对古代人来说，圣水的美德和物质的变形根本就不是什么弥天大罪，因为曾经有十几个圣泉，其活动方式令人费解，也有大量的化学变化，其性质看起来就像是奇迹。在当今时代，原则上讲，就连每一个学龄儿童对大自然运作方式的了解，都比把普利尼的自然史所有各卷加起来的内容还要多。

275 如果保罗今天还活着，而且想要让海德公园里那些有智识的伦敦人都听到的话，他就不可能再满足于引用古希腊文献中的语录和犹太教历史中的一知半解，而是不得不使他的语言适合于现代讲英语的大众的心智官能。如果他做不到这一点，他对其预言的宣布就会很糟糕，因为或许除了古典文献学家之外，谁也无法理解他所说的话的一半。但是，这就是基督教的布道[1]，今天在其中发现它自己的一种情境。并不是因为它使

1　宗教真理的宣布。

用的是一种字面意义上已经不再使用的外语，而是因为它是用意象来说话的。一方面，这些意象的年代非常古老，有一种看上去很熟悉的假象；而另一方面，它们又远非现代人的意识所能理解的，充其量只能为其无意识所理解，而且此时只有当说话者的全部灵魂都集中在他的工作之中才能做到。因此，所能发生的最棒的事情就是，这种影响仍然保留在人们的感受中，尽管在很多情况下人们根本就没有这种感受。

276 从教义到个体之内在经验的桥梁已经断裂。代之以此，教义是“供人们信仰的”[1]；正如新教徒把《圣经》视为实际存在的事物一样，它也被视为实际存在的，人们不合理地把它视为最高权威，而不顾及其矛盾之处和有争议的解释（如我们所知，任何事情都可以从《圣经》那里获得授权）。教义再也不能详尽阐释任何事情，也不再表达任何事情；它已成为一种本身有待于被接受的信条，在任何经验中都没有依据能够证明其真理性。[2]确实如此，信仰本身已成为那种经验了。一个像圣保罗那样从未见过我主之肉身的人，在去往大马士革的路上以及在

1 维克多·怀特神父使我注意到圣托马斯·阿奎那著作中的“第一真理”这个概念（*Summa theol.*, II, i, 1, 2）：这个“第一真理”是不可见和未知的。作为信仰之基础的正在于此，而非教义。

2 这并不是要对教义的合法性和重要性提出疑问。教会不仅关心那些有自己宗教生活的人，而且关心那些期待他们应该认为某种信条是真理并且承认自己满足于这个规则的人。很可能绝大多数“信仰者”都不会超出这个水平。对他们来说，教义始终发挥着磁石的作用，因而可以宣称是“最后的”真理。

欣喜若狂地获得福音的启示时，仍然能够吸引住那个压倒一切的幽灵。同样，古代人和中世纪基督教徒的信仰绝不可能与公意背道而驰，而是相反地会得到它的支持。所有这一切已在过去三百年里完全改变了。但是，在神学圈子里发生了什么样的可与之相比的变化呢？

277 存在着这样一种危险——而且这是无可置疑的——新酒将把旧瓶撑破，我们无法理解的东西将被扔进储藏室，正如以前在宗教改革时发生过的那样。于是，新教教义便丢弃了每一种宗教都需要的仪式（除了少数毫无生气的残余之外），现在只能依靠"唯独信心"的立场。信仰的内容，信经的内容，仍然在继续摇摇欲坠。剩下的还有什么呢？耶稣基督这个人吗？就连最愚昧无知的门外汉都知道，对传记作者来说，基督化人格是《新约全书》的所有报道中最含糊不清的项目，而且从人和心理学的观点来看，他的人格必定仍然是一个深不可测的谜。正如一位天主教作家简洁有力地阐明的，四福音书同时记录了一个人的历史和一个神的历史。或者说留下来的只有上帝吗？在那种情况下，那个道成肉身，即信经的那个至关重要的方面又会怎么样呢？按照我的看法，人们得到的建议是要运用那句教皇的格言："就让它保持原样吧，或者让它变得面目全非。"[1]就让那个信条保持原样吧，因为没有人能够真正理解它

1 "是，或不是。"

究竟是什么意思。我们怎么能够脱离教义来解释这个臭名昭著的信条呢?

278 这可能会使我的读者感到奇怪,一位医生和心理学家竟然对教义如此钟情。但是我必须予以强调,而且由于相同的原因,它曾驱使炼金术士特别重视他的"理论"。他的学说是无意识过程之象征作用的精华,正如教义是"神圣历史"的凝缩或精华,是关于圣人及其行为之神话的凝缩和精华一样。如果我们希望理解炼金术学说是什么意思,我们就必须追溯到象征的历史现象学和个体现象学。如果我们想对教义有更深入的理解,我们就必须首先考虑一下作为基督教之基础的近东和中东的神话,然后把全部神话看作人的普遍倾向的表达。我把这种倾向称为集体无意识,其存在只有通过个体现象学才能推理出来。在这两种情况下,研究者都必须回到个体,因为他始终关注的是某些复杂的思想形式,即原型,必须把它们作为我们观念的无意识组织者来推测。不可以把产生这些配置的驱动力与作为本能而为人们熟知的转换意识因素区分开来。因此,把原型视觉化为除本能意象之外的任何事物,是没有正当理由的。[1]

279 人们不应由此而匆忙地得出结论认为,可以把宗教观念的世界还原为"只不过是"一种生物学基础,以下这种假设也同

1 "On the Nature of the Psyche," p.423.

样是错误的，即在以这种方式思考时，把宗教现象“心理学化”并且溶解在烟云之中。任何一个有理性的人都不会得出结论认为，把人的形态还原成一个四条腿的蜥蜴相当于取消了人形，或者换一种说法，后者或多或少都可以进行自我解释。因为在所有这一切背后隐含着大量生命本身的未解之谜和一般意义上进化的未解之谜，归根结底最重要的问题并不是进化的起源，而是其目标。因此，当把一个活的有机体与其根源切断时，它便失去了与其存在之基础的联系，就一定会死亡。当这种情况发生时，对起源的回忆便成为一个生与死的问题。

280 神话和童话故事表现的是无意识过程，反复讲述它们使这些过程一再被激活和重新收集起来，从而使意识与无意识之间的联系得以重建。这种心理两部分的分离意味着什么，只有精神病学家才非常熟悉。他知道这就是人格分裂，是所有神经症的根源：意识向右走，无意识向左走。由于对立物绝不可能自行统一起来，一个超乎寻常的“第三者”总是需要的。这两部分可以在其中聚集在一起。既然象征既起源于意识，也起源于无意识，那就有可能把它们都统一起来，通过它的形式来调和其概念的两极性，通过它的圣秘性来调和其情绪的两极性。

281 由于这个原因，古人常常把象征和水进行比较，一个恰当的例子就是**道**，阳和阴就是在这里统一起来的。**道**是“灵魂之谷”，是一条蜿蜒的河流。教会的信经是教法之水，相当于炼金术的创造奇迹的“圣”水，其两面性是以墨丘利为代表的。

这种具有象征作用的水的治愈和更新性质——无论它是道，洗礼之水，还是长生不老之药——指的都是这种观念产生的神话学背景的治疗特点。精通炼金术的医生们早已认识，他们的秘药治愈过，或者据说可以治愈的不仅是身体的疾病，而且还有心灵的疾病。同样的，现代心理治疗也认识，虽然有很多暂时的解决方法，但追根溯源，每一种神经症都有一个无法用理性解决的对立的道德问题，只有通过一个超乎寻常的“第三者”，通过一个表达双方观点的象征，才能得到解答。这就是古老的医生和炼金术士们力求获得的“真理”（多恩）或“理论”（帕拉赛尔苏斯），只有把基督教的启示结合到他们的观念世界中去才能做到。他们在一个新的时代继续着诺斯替教徒们的工作（他们和神学家不同，大多数都不是异教徒），继续着教会神父们的工作，他们本能地认识，不应把新酒倒进旧瓶子里，像一条换皮的蛇一样，如果不想使古老的神话失去其疗效，就必须在每一个更新的时代给它穿上新衣。

282 无意识的整合给现代的医生和心理学家设置的问题，只有沿着历史追溯的路线才能得到解决，其结果将对传统的神话进行一种新的同化。但是，这要以历史发展的持续性为先决条件。现在那种毁灭所有传统或者使之成为无意识的倾向，当然有可能阻碍长达几百年的正常发展过程，而代之以一种野蛮的干预。凡是在马克思主义流行的地方，这种情况已经发生了。但是，在当今时代已经司空见惯的占主导地位的科学与技术教育，也有可能导致精神的退行和心理分裂的大量增加。只有身体的卫生和生活的繁荣，一个人还远非健康的，否则我们当中那些最开明的和最富有的人就是最健康的人。但是，就神经症而言，情况却并非如此，而是完全相反。失去根基和缺乏传统会使大众患上神经症，为他们的集体歇斯底里症做好准备。集体歇斯底里症需要进行集体治疗，它包括取消自由和恐怖活动。在理性主义的唯物主义占据主导地位的地方，国家往往不会发展成为监狱，而是发展成为精神病院。

* * *

283　我在上文中尝试说明在几百年过程中把基督这个形象同化到其中的这种心理矩阵。要不是在救世主这个人物与某种无意识内容之间存在着某种密切关系——吸引力，人的心灵就绝不可能感知到在基督身上闪耀的光芒，并且如此充满激情地把它抓住。此处联结的纽带就是那个神人的原型。一方面，它成为基督这种历史现实；另一方面，由于永恒存在，而以超乎寻常的整体性形式——自性——而统治着灵魂。和佐西莫斯幻想中的那个神父一样，不仅是“精神之上主”，而是要“对（邪恶）和精灵发号施令”，这就是基督教的上帝[1]的基本意思之一。

284　这个非经典的鱼象征把我们引入到这个精神矩阵中，并且

1　和《圣经旧约》中的大能者雅威一样，是万军之主。

从而引入了一个经验领域，在那里不可知的原型变成了一些活物，一直在不断地改变着它们的名称和伪装，通过持续不断地围绕着它绕行而打开了它们潜藏的内核。表示上帝变成了人以及人变成了上帝的这个哲人石"有一千个名字"。它不是基督，它是在主观领域中与基督相似的东西，其教义称基督。炼金术在这个哲人石中给我们提供了一个具体的观念，来说明主观经验领域中的基督究竟意味着什么，以及在什么样的迷惑人的或启蒙的伪装下，其真实存在才能在超越的只可意会不可言传中被人们体验到。人们可以在现代个体心理学中证明同样的事情，正如我在《心理学与炼金术》第II部分想要做的那样。[1]只不过，这会是一项更费力得多的任务，会遇到很多细节，需要大量的个人传记资料，人们可以借此来撰写好几本书。这样一项任务非我力所能及。我必须为我已经为这本未来的著作奠定了某些历史和概念的基础而感到满足了。

285 作为结论，我愿意再次强调，鱼象征是四福音书中基督这个人物的一种自发同化，因而是一种症候，它告诉我们象征是以什么方式被无意识同化的，以及它具有什么样的意义。在这一点上，关于捕获利维坦（以十字架作为鱼钩，以被钉死在十字架上作为鱼饵）的这个教父寓言，就完全具备这种象征的特

1 亦载于"Psychology and Religion"，"The Relations between the Ego and the Unconscious"，以及我对*The Secret of the Golden Flower*所作的评论。

点：无意识（大海）的内容（鱼）已被捕获了，并且与基督这个人物联系起来。所以才有了圣奥古斯丁使用过的这个短语："从深处拉上来。"对这种鱼来说情况确实如此，但对基督来说呢？鱼的意象是作为历史上基督这个人物的同义词而从无意识深处产生出来的，如果把基督的名字称为"耶稣鱼"，那么这个名称指的就是从深处产生出来的东西。这样一来，鱼象征便成为历史上的基督和人的心理本性之间的桥梁，救世主这个原型就居住在此。基督便以这种方式成为一种内在经验，成为那个"内部的耶稣基督"。

286 如我所示，炼金术的鱼象征直接导致了救世主和俗世之上主，即从心理学上说，导致了自性的产生。现在我们有了一个可以取代鱼的新象征：一个关于人类整体性的心理学概念。和鱼是基督的象征一样，自性也同样具有上帝的意思。它是一个与此相对应的东西，一个内部体验，一个把基督同化到心理矩阵中去的同化，一种对圣子的新认识，这种认识不再是以野兽的形式，而是以某种概念的或"哲学的"象征而表现出来。与那个不出声的和无意识的鱼相比，这标志着意识发展的明显增长。[1]

1 关于意识发展与神话学象征作用之关系的意义，见Neumann，*The Origins and History of Consciousness*。

第十三章

诺斯替教中的自性象征

一

287 既然所有的认知都与再认知有关，那么，当你们发现我把它作为一种渐进的发展过程来描述的东西早已在我们的时代之初就已经被预见到了，并且或多或少地有所预示时，那就不应该感到惊讶了。我们在诺斯替教中遇到过这些意象和观念，现在我们必须予以关注；因为诺斯替教主要是文化同化的产物，因而也是人们最感兴趣地详尽阐述和界定关于救世主的预言中所汇集的那些内容的产物，这个救世主要么在历史上通过他的外表，要么通过原型的共时性而表现出来。[1]

---

1 遗憾的是，我不可能在这里解释甚至证明这种说法。但是，正如莱茵的超感官知觉实验所示，任何情绪上的强烈兴趣或迷恋都伴随着只能用时间、空间、（转下页）

288　在希波吕托斯的《诘问法》中，关于磁石与铁之间的吸引力，如果我没有记错的话，提到过三次。第一次是在纳塞内派的教义中出现的，他教导说，天堂里的四条河流相当于眼睛、耳朵、嗅觉和嘴。祈祷文通过嘴而说出来，食物通过嘴而吃进去，这张嘴就相当于第四条河，即幼发拉底河。这个"四"最为人们所熟知的意义有助于解释它与"完整的"人之间的联系，因为四必然会把一个三元组变成一个整体。这个文本说："这就是苍穹之上的水，[1]在说到这种水时，他们说，救世主是这样说的：'如果你知道那个问话的人是谁，你就会问他，而他就会给你一个可供饮用的活水之泉。'[2]每一种本性都来到这个水中，来选择它自己的物质，适合于它的一切都从这个水中流出，走向每一种本质，（当然）比走向赫拉克雷恩之石的铁更多。"[3]

289　正如《约翰福音》4：10的参考文献所示，奇妙的幼发拉底河水具有教法之水的性质，它使每一种本性在其个体性中得到完善，从而使人也成为一个整体。它是通过赋予他一种磁力而做到的，通过这种磁力他就能吸引和整合属于他的一切。坦白

（接上页）因果的心理关系来解释的现象。既然原型通常都有某种圣秘性，它们恰好能够唤起那种伴随着共时性现象的迷恋。这些现象包括两种或两种以上有因果关系的事实的**有意义**巧合。关于细节方面，参见"Synchronicity: An Acausal Conneeting Principle"。

1　《创世记》1：7。

2　并非一字不差地引自《约翰福音》4：10。

3　*Elenchos*，V，9，18f（Cf. Legge trans.，I，pp.143f）."赫拉克雷恩之石"，即磁石。

地说，纳塞内派的教义是已经讨论过的炼金术观点的一种完美的类比：这个教义就是使人和哲人石的整合成为可能的那个磁石。

290 在派拉迪克教义中，如此众多的诸如此类的观念一再出现，以致希波吕托斯甚至使用了相同的隐喻，尽管是以更加微妙的方式。我们被告知，如果没有这个圣子，水都无法获得拯救：

> 但是，这就是那条蛇。因为正是他带来了圣父从天上下来的标记，在他们从梦中被唤醒之后，正是他把他们重新带回，把他们从那边迁移到这边，从非物质状态变成物质。他们说，这就是"我就是那扇门"[1]这句话（所表达的意思）。但是，他们说，他把他们迁移到那些闭着眼皮的人跟前[2]，就像石脑油（naphtha）到处都把火拉到自己身边一样[3]，比赫拉克雷恩之石吸引铁的力量还要大……[4]所以，他们说，那个在（圣父的）意象中和在相同的物质［与父一体

1 《约翰福音》10：9："我就是门，凡从我进来的，必然得救。"

2 我使用的是这句话：卡亚津的眼睑。难道这句话的意思是指那些闭着眼睛看世界的人吗？

3 石脑油的类比在巴西里德派的教义中一再出现（*Elenchos*，VII，24，6f）。在那里，它指的是最高执政官的儿子，它包含着神佑的儿子身份的观念。希波吕托斯的阐述在这一点上似乎有点混淆。

4 这句话后面跟着几个隐喻，应该注意的是，它们和前面引用的那段话中的隐喻相同。（Ibid.，V，9，19）

(*homoousion*)]中制作出来的完美的人种，就是被那条蛇从俗世中拉上来的，尽管被他送下去的就是它，而其他别的东西却没有(这样被拉上来)。[1]

291 此处的磁力并非来自教义或水，而是来自“圣子”，他是以蛇为象征的，正如《约翰福音》3：14中所示。[2]基督就是把具有神圣起源的圣父标记的人的那些方面或物质吸引到它自己身边，并把它们带回到其天堂的诞生之地的那块磁石。那条蛇就相当于鱼。意见的一致性也曾同样把救世主解释为一条鱼和一条蛇。之所以说他是一条鱼，是因为他来自未知的深处；之所以说他是一条蛇，是因为他神秘地从黑暗中出现。鱼和蛇是人们最喜爱的象征，用来描述那些心理上发生的事情或体验，它们是突然从无意识中闪现出来并具有某种令人害怕或救赎效应。这就是为什么它们如此经常地用那些有益的动物主题来表示的原因。把基督比作蛇，要比把它比作鱼更为真实可信，尽管如此，这在原始基督教中却并不那么流行。诺斯替教徒喜欢它，是因为它是一个早已确立的“好的”守护神，即艾格沙狄蒙神的象征，这也是他们所喜爱的努斯的象征。当人们对基督这个人物做自然的、本能的

1 *Elenchos*, V, 17, 8ff(Cf. Legge trans., I, pp.158f).

2 “摩西在旷野怎样把铜蛇举起，人之子也必须照样被举起来。”

解释时，这两种象征便具有了不可估量的价值。在梦和其他无意识的表现方式中，野兽的形象是非常司空见惯的。它们表达的是这种内容在心理水平上的表现；就是说，这些内容正处在无意识的某个阶段，就像动物的心理尚未达到人类意识水平一样。各种热血的和冷血的脊椎动物，甚至无脊椎动物，都是以这种方式来表达它们所处的无意识程度的。重要的是，心理病理学家要对此有所了解，因为这些内容有可能导致各种不同水平的症状，这些症状表现在相应的机体或生理功能的局部。例如，这些症状可能与脑脊髓或交感神经系统有明显相关。诺斯替教的塞特派可能已经对诸如此类的现象有所猜测，因为希波吕托斯在谈到这种蛇时曾提到，塞特派教徒把“圣父”比作大脑，把“圣子”比作小脑和脊髓。实际上，蛇象征的是具有抽象理性和具体动物性的“冷血的”非人类内容和倾向：一言以蔽之，就是人身上那种超出人类之外的性质。

292 第三次提到磁石可以在希波吕托斯论述塞特派教义时找到。这显然与中世纪的炼金术教义相类似，虽然无法证明它是直接传递过去的。用希波吕托斯的话来说，它阐述的是一种“合成与混合”的理论：来自上天的光束与地下的黑暗水域以微小的火花的形式混合在一起。在个体死亡之际，以及在作为一种神秘体验而表现出比喻意义的死亡时，这两种物质就无法混合了。这种神秘体验就是混合物的分离。我有目的地写出在中世纪炼金术中使用的这个拉丁术语，是因为它们和诺斯替教的概念表达基本上是相同的事物。分离或不混合，才能使炼金术士把灵魂或精神从原初物质中提取出来。在这个操作过程中，那个有助益的墨丘利会带着那把分离之剑出现（炼金术士也曾使用过！），塞特派教徒们指的是《马太福音》10：34："我来并不是叫地上太平，乃是叫地上动刀兵。"这种不混合的结果就是，以前曾与"他者"混合在一起的东西现在被拉回到"它自己的地方"了，拉回到"适当的"或与之"相类似"的地方，"就像是铁被磁石吸住一样"。[1]同样的，火花或光束"在从教义中得到并且了解到其恰当位置后，便急忙奔向逻各斯，逻各斯以奴隶的形式来自上天……其速度比铁（奔向）磁石还要快"。[2]

293　此处的磁力源自逻各斯。这指的是一种已被详尽阐述和明确表达的思想或观念，因而是一种意识的内容和产物。所以，逻各斯与教法之水非常相似，虽然逻各斯的优点是成为一种自主人格，但自主人格只是人类行为的一个消极对

1　此处和前面关于磁石的那段话一样，提到琥珀和海鹰，强调的是鸟的中心。

2　*Elenchos*，V，21，8（Legge trans.，I，p.168）. 在炼金术中，光束发挥着类似的作用。多恩（*Theatr. chem.*，I，p.276）说到过那种"不可见的天堂之光束在大地的中心相聚"，而且正如迈克尔·迈尔所说，在那里有一个"像红宝石一样的天堂之光"（*Symbola aureae mensae*，1617，p.377）在闪闪发光。那种神秘物质就是从这个光束中汲取出来的，并且构成了其"阴影"，正如"论黄金"所说（*Ars chemica*，1566，p.15）。永恒之水就是运用那种磁力而从太阳和月亮的光束中汲取出来的（Mylius，*Philosophia reformata*，p.314），或者太阳的光束是在"银水"中统一起来的（Beatus，"Aurelia occulta，" *Theatr. chem.*，IV，p.563）。

象。逻各斯更靠近历史上的基督这个人物，就像水更靠近仪式（洗身礼、洒圣水、洗礼）中的魔水一样。我们提出磁力活动的以下三个实例来说明这个具有磁性的东西之三种不同形式：

1. 这个东西是没有生命的，它本身就是一个被动的物质。它是从井的深处拉上来的，是通过人的手来处理的，是根据人的需要来使用的。它表示那种可见的教义，即**教法之水**或逻各斯，通过嘴里说出的话和仪式而与他人沟通交流。

2. 这个东西是一个有生命的、自主的存在，即蛇。它是自发出现的，或者说它的出现很让人吃惊；它把人震慑住；它的目光凝视、固定、无关；它是冷血动物，对人来说它很陌生：它从睡觉者的身上爬过，他会在他的鞋子里或者在他的口袋里发现它。它表达的是他对一切非人事物的害怕，他对崇高、对超越人类认识领域之事物的敬畏。它是最低级的（魔鬼），也是最高级的（上帝之子、逻各斯、努斯、艾格沙狄蒙神）。蛇的在场令人害怕，人们往往是在未曾预料的时刻和意想不到的地方发现它。它代表黑暗和深不可测、水下的深渊、森林、夜晚和洞穴并被视为其化身。当一个原始人说到“蛇”的时候，他的意思是指某种超出人类之外的体验。蛇并不是一个寓言或隐喻，因为它自己那种独特的形式本身就是一种象征。最根本的是要注意到，那个“上帝之子”就具有蛇的形式，而并非其他形式：蛇并不表示“上帝之子”的意思。

3. 这个东西是**逻各斯**，一方面是一种哲学理念与身体的和个体的上帝之子的抽象，另一方面是思想与话语的动态力量。

294 显而易见，这三种寻求描述的是那个拟人化的上帝之不可知的本质。但同样显而易见的是，这些象征都在很大程度上被实体化了：它是真正的水，而不是在仪式中使用的比喻的水。从太初就有逻各斯，上帝早在化作肉身之前就是逻各斯。人们对"蛇"如此强调，以致诺斯替教的蛇派通常都用一条活蛇来庆祝他们的圣体节，和位于埃皮达鲁斯的"医药之神"阿斯克勒庇俄斯的蛇同样真实。同样的，"鱼"也不是那个奥秘的神秘语言，而是正如那些遗存的纪念物所示，它含有其本身就是某物的意思。另外，它是在原始的基督教中获得其意义的，没有得到过书面传说任何真正的支持，而蛇至少可以追溯到耶稣真正说过的话。

295 所有这三种象征都是同化现象，其本身就具有神秘性，因而有某种程度的自主性。确实，要是它们从未出现过，这就意味着宣称有基督这个人物是无效的。这些现象不仅证明了这种宣告的有效性，而且提供了使这种宣告能够发挥效用的必要条件。换言之，这些象征代表基督这个人物的原型，这些原型曾经沉睡在人的无意识之中，然后由于基督真的在历史上出现了而使它们被唤醒，也可以说，受到了磁力的吸引。这就是为什么迈斯特·埃克哈特使用同样的象征，一方面来描述亚当与造物主的关系，另一方面来描述他与较低的生物的关系之原因。[1]

296 这个有吸引力的过程通过建立与自我截然不同的另一个目标或中心，其特点是具有各种形式的名称和象征：鱼、蛇、海鹰、点、单子、十字架、乐园等，从而使自我倾向的心理发生革命性的变革。那个无知的造物主曾想象他就是那个最高的神性，当他再也无法假装不知道他已被非同寻常的权威废黜了的时候，我们就可以用关于这个造物主的神话来说明自我所处的困惑。哲人石的"上千个名称"与诺斯替教用来指称原人的无数称谓相对应，这使其意思昭然若揭：就是那个更伟大、更全面的人，那个由意识和无意识过程的总和组成的难以描述的整体。这个客观的整体，这个主观自我心理的对立面，就是我称之为自性的东西，这与人类的观念完全对应。

二

297 当我们在治疗神经症病例时，我们往往通过向其中增加一些无意识内容来补充意识心灵的不恰当态度（或适应），我们

1 "因此，那个最至高无上的神力，在看到她在上帝之中的稳定性之后，就将这个信息传达给了最低级的生物，以便使他们能够分辨善恶。亚当就居住在这个统一体之中，只要这个统一体继续存在，他就能把所有生物的力量全都控制在其最至高无上的神力之中。当一个天然磁石对一根针施加其磁力并把它吸到自己身上时，这根针就获得了把能量传递给其下所有针的足够力量，它把这种力量提升了，并使之与那块天然磁石联系起来。"（Meister Eckhart，Evans trans.，I，p.274，稍有改动）

的目的是创造一种更宽阔的人格，其重心并不一定与自我相一致，而是相反，随着病人顿悟的增加，这种人格甚至可能阻挠其自我倾向。就像磁石一样，这个新的中心把一切适合于它的东西，即“那些圣父的标记”，也就是所有与原创性和不可改变的个体初步计划有关的东西，都吸引到自己身上。所有这一切都比自我古老，而且针对的都是它，就像巴西里德教派的那个“神圣的、并不存在的上帝”针对的都是那个八神会的执政官，那个造物主一样，而且——相当自相矛盾的是——就像造物主之子针对他的父亲那样。这个儿子在这一点上证明自己更优越，他拥有来自上天的信息知识，因而能够告诉他的父亲，他并不是最高的上帝。当我们考虑到那个潜在的心理体验时，这个明显的矛盾便可自行解决。一方面，在无意识的产物中，自性的出现是**先验的**，也就是说，早在可能有任何意识或理解之前就以人们所熟知的圆形和四位一体的象征形式在儿童最早期的梦中出现了。另一方面，只有病人和无意识内容的艰苦工作，以及由此而导致的意识和无意识材料的综合，才能导致一种“整体性”，出于自性描述的目的这种整体性而再次使用圆形和四位一体的象征。[1]儿童时期最早的梦也是在这个阶段被记住和被理解的。炼金术士们以他们自己的方式比我们现代

1 Cf. *Psychology and Alchemy*, pars.127ff; “A study in the Process of Individuation,” in Part I of vol.9.

人更多地了解自性化过程的本质，通过那个咬尾蛇，即咬住自己尾巴的蛇的象征来表达这种悖论。

298 诺斯替教徒也具有相同的知识，只是做了不同的阐述以适应他们生活的时代。他们对无意识这个观念并非一无所知。例如，伊皮法纽曾引用过瓦伦提尼安教派书信中的一段摘录，信上说："最初，上帝把所有的一切，也就是把处于无意识状态的一切，全都包含在他自己身上。"[1]正是G. 奎斯佩尔教授善意地提醒我注意这段话。他还指出了希波吕托斯的那段话："父亲……没有意识和物质，既非男性，也非女性。"[2]所以，这个"圣父"不仅是无意识的，没有存在的属性，而且是无争的，没有对立物，缺乏所有的属性，因此是不可知的。这是对无意识状态的描述。瓦伦提尼安教派的文本赋予上帝更积极的属性："有人称他是不老的永世、永远年轻、男性和女性，他把一切都包含在他身上，但没有任何东西能把（他自己）包含在内。"在他身上，是意识"把伟大的宝藏传送给那些来自伟大的人们"。但是，意识的存在并非证明上帝本身是有意识的，因为意识的分化只源于会合和此后紧接着发生的四分体（tetrads），它们全都象征着精合与构成。在这里必须把意识看作意识的潜在可能性。厄勒把它翻译成**精神**，而科纳利乌斯则把它翻译成**智识**和

1 *Panarium*, XXXI, cap.V（Oehler edn., I, p.314）.

2 *Elenchos*, VI, 42, 4; G.Quispel, "Note sur 'Basilide,' " p.115.

观念。

299　圣保罗的“无知”这个概念可能和无意识的意思差不太多，因为这两个词的意思都是指人的原初的无意识状况。当上帝在无知的时候“向下望”时，这里使用的希腊词具有“轻视”的含义。[1]不管怎样，诺斯替教的传统认为，当至高无上的上帝看到这些造物主创造的，甚至还不能直立行走的、悲惨的、无意识的人类生物时，他立刻着手进行救赎工作。[2]在《使徒行传》的同一段话中，保罗提醒雅典人，他们是“上帝的子孙”[3]，当上帝在“无知的时候”不以为然地回头一望时，他就向人类发出了信息，命令“身处各地的所有人都要进行忏悔”。由于较早期的状况似乎是相当悲惨的，这种心灵的转换便具有了忏悔罪恶的道德特点，结果，拉丁文《圣经》便把它翻译成“忏悔”[4]，而要进行忏悔的罪孽当然是无意识。[5]正如我们已经看到的，处在这种状况下的不仅是人，根据诺斯替教的观点，还有那个没有意识的上帝。这个观点或多或少地与传统的基督教观

1　《使徒行传》17：30。

2　Cf. Scott, *Hermetica*, I, pp.150ff. 在那本书里有一段关于双耳喷口杯的描述，里面充满了上帝送往大地的努斯（即灵魂）。那些一心想要追求意识的人可以在那个双耳喷口杯中进行“施洗”，这样就可以获得努斯。“上帝说，充满了努斯的人就会认识他自己。”（pp.126f）

3　《使徒行传》17：29。

4　同样也指施洗者的忏悔（《马太福音》3：2）。

5　Cf. “Sin of unconsciousness,” in “Clement of Rome”（*Hom.*, XIX, cap.XXII），指那个生来就是瞎眼的人（《约翰福音》9：1）。

点相一致，上帝是在从《旧约全书》向《新约全书》演进过程中发生转换的，从那个愤怒的上帝变成了那个爱的上帝——这是尼古拉·科森在17世纪表达得非常清楚的一种思想。[1]

300 为此我必须提一下里沃卡·沙夫对《旧约全书》中撒旦这个人物进行考察的结果。[2]随着撒旦这个概念的历史转换，耶和华的意象也随之发生了改变，这样人们完全可以说，甚至在《旧约全书》中上帝意象也曾发生过分化，更不要说《新约全书》了。这个创造世界的神是没有意识的但或许正在做梦的思想，在印度的文献中也有发现：

谁知道它是怎样的，谁将要宣布
它何时诞生，何时降临？
诸神要迟于这些创造；
那么，谁又知道，它已在何时出来？
当这个被创造的世界来临之际，
无论这是否为他所创，
只有那个在至高无上的天堂看到这一切的他
才知道——或者根本不知道。[3]

1 *Polyhistor symbolicus*, p.348：“上帝，那个以前曾专心复仇，用雷鸣闪电使世界处于混乱无序状态的上帝，在一个处女的膝上休息了，不，是在她的子宫里休息，于是他就被爱俘获了。”

2 “《旧约》中的撒旦形象。”

3 *Rig-Veda*, X, p.129.（Cf. Mac Nicol trans., *Hindu Scriptures*, p.37.）

301 迈斯特·埃克哈特的神学知道有一种"神性",除了是一个统一体和存在之外,[1]不可能推断它还具有任何其他属性[2];它"正处在成长转变的过程中",它还不是上主自己,它代表对立物的一种绝对的巧合:"但其简单的本性就是具有无形的形,没有成长的成长,没有存在的存在,没有什么东西的东西",诸如此类。[3]就人类的逻辑而言,对立物的统一等同于无意识,因为意识必须要以主观和客观的分化以及它们之间的关系为先决条件。凡是没有"对方"的地方,或者说在它还没有存在时,意识根本就不可能产生。只有圣父,从神性中"涌现"出来的上帝,才会"注意到他自己",变得"为他自己所熟知",以及"作为一个人而面对他自己"。所以,从圣父那里产生了圣子,就像圣父思考他自己的存在那样。在其原初的统一体中,除了"超现实"之外,"他一无所知"。他就是那个太一。由于神性基本上是无意识的,[4]居住在上帝之中的人也是无意识的。在他对"心灵贫困的人"(《马太福音》5:3,中文通常译作"虚心的人")布道时,这位大师说道:"拥有这种贫困的人拥有他

1 "存在"是有争议的。这位大师说:"神性中的上帝是一个宗教精神的物质,如此高深莫测,以致我们除了说它是虚无之外,我们对它什么也说不出来。说它是任何事物就无异于撒谎而不是说真话。"(Cf. Evans trans., I, p.354)

2 "根本就没有办法达到这个目的,用任何方法都无法做到。"(Cf. ibid., p.211)

3 Cf. ibid., p.352.

4 "在这一点上[意志]更高贵,它会投身于未知之中,这个未知就是上帝。"(Cf. ibid., p.351)

在过着没有智慧的生活时所拥有的一切，这一切既不在他自己身上，也不在真理之中，也不在上帝之中。他贫困到一无所知，以致连上帝就活在他心中也一无所知；因为虽然他站立在上帝永恒的本性之中，但在那里，生活在他心中的没有第二个人：生活在那里的只有他自己。所以我们说，这个人对他自己一无所知，就像他什么都不是的时候一样；他任凭上帝随心所欲地做事，他站在那里空无一物，就像他刚从上帝那里出来时一样。"[1]因此，他应该以下述方式热爱上帝："爱他，就当他不是一个上帝，不是一个灵魂，不是一个人，不是一个意象；而是一个绝对的、纯洁的、清楚的太一，他是从所有的第二性中分离出来的太一；让我们永远地沉降到这个太一之中吧，从虚无到虚无。所以请帮帮我们吧，上帝，阿门。"[2]

302 即便没有那些支离破碎的知识，迈斯特·埃克哈特的这个把世界包含在内的精神，也知道印度和诺斯替教的那种原始的神秘体验，而且其本身是早在11世纪就盛开过的"自由精神"之树上最美的花朵。这位大师的作品可能已被埋藏了六百年，因为"他的时代还没有到来"。只是在19世纪他才发现了一些能够欣赏其心灵之伟大的公众。

303 关于神性之本质的这些说法表达了上帝意象的转换，这些

1 Evans, I, p.219.

2 在布道"Renovamini spiritu"的末尾（《以弗所书》4：23）。Ibid., pp.247f.

转换与上帝意象的变化并行不悖，虽然人们还无法确定谁是对方的因果。上帝意象不是一个**被发明出来的**东西，它是一种在人身上自发产生的**体验**——正如任何人都能亲自发现那样，除非他因理论和偏见的阻碍而看不见真理。因此，无意识的上帝意象可以改变意识状态，正如一旦上帝意象成为有意识的，意识状态就可以改变上帝意象一样。显而易见，这和"原初真理"，即未知的上帝并没有关系，至少还无法得到证实。但是，从心理学上说，关于上帝的不熟悉的观念，或者关于费解的神的观念，是至关重要的，因为它把神性与无意识的圣秘性相认同。东方的灵魂/神我哲学，以及如我们所见，西方的迈斯特·埃克哈特都可以为此做证。

304 如果心理学想要了解这种现象，如果它明确规定不能传递形而上学的判断，如果它并不想假定要信奉那些以科学经验为基础而表面上获得的信仰，那么它就只能这样做。但是，不管怎么说，关于这个问题倒是没有什么问题。心理学所能确定的唯一事情就是图式象征的存在，对其的解释都不是事先确定的。多少可以确定的是，这些象征具有"整体性"的特点，因而可能含有整体性的意思。一般来说，它们是一些"统一的"象征，代表一对或两对对立物的精合，其结果是产生一个二联体或四联体。它们起源于意识和无意识之间的冲突，起源于由此而引起的混乱（在炼金术中以"混沌"或"黑化"而著称）。从经验上讲，这种混乱采取的形式是烦躁不安和迷失方向。圆形和四位一体的象征在此时此刻是作为秩序的一种补偿原则而出现的，它描述的是早已完成的有冲突的对立物的统一，从而使人很容易达到更健康和更安静的状态（“获得拯救”）。就目前而言，心理学所能确定的，充其量是整体性象征就意味着个体的整体性。[1]另一方面，必须最强有力地承认，这种象征作用所使用的意象或图式，在所有的宗教中表达的都必然是那个普遍的“基础”，即神性自己。所以，圆形就是上帝最著名的象征；（在某种意义上说）十字架、各种形式的四位一体，例如，以西结的幻想、持有四卷福音书的“荣耀的国王”（*Rex gloriae*）、诺斯替教的芭碧萝（“上帝在四之中”）和科罗巴斯（Kolorbas）（“所有的四”）；二重性（道、雌雄同体、父亲/母亲）；最后，人类的各种形式（孩子、儿子、人）以及个体的人格（基督和佛祖）也同样如此，我只是提一下与这里使用的那些主题有关的最重要的一些名称。

305 从经验上来讲，人们发现所有这些都是人的统一整体性的表现方式。达到整体性这个目标与上帝的名字相伴，这个事实证明，它具有某种神秘的特点；而且诸如此类的经验、梦和幻想，也确实具有某种迷人的和给人留下深刻印象的属性，这

1 有些人竟然相当奇怪地认为，我不允许进行形而上学的判断是我身上的一个弱点。一个科学家的良心不允许他对那些无法证实的事物或至少证明是可能的事物下断言。任何断言都不能把与此相应的事物变成真实存在的事物。“他说什么是”是上帝独有的一种特权。

种属性就连那些由于先前的心理学知识而使他们没有产生任何喜好偏见的人也能自发地感受到。所以，难怪那些天真的心灵无法在上帝和他们体验到的意象之间作出区分。因此，凡是我们发现象征表示心理整体性的地方，我们就会遇到那种天真的观念，即这些象征就代表上帝。例如，在那些相当常见的罗马建筑物中，关于"人之子"的图画，总是有三个长着动物头的天使和一个长着人头的天使相伴。可以更简单地假定，"人之子"的意思是指普通人，而一个天使针对三个天使的问题指的是那个著名的一个分化功能和三个未分化功能的心理图式。但是，根据传统的观点，这种解释会贬低象征，因为它的意思是指神性在其普世的四重灵性方面的第二人。心理学当然不能把这种观点作为自己的来采纳；它只能确定存在着这些说法，并且通过比较的方法指出，那些基本上相同的象征，特别是一和三的两难困境，常常是在无意识的自发产物中出现，在那里，它们显然指的就是个体的心理整体性。它们表示有一个与本性相似的原型在场，其衍生物之一似乎就是指向意识的那些功能的四位一体。但是，由于这种整体性超出了意识，达到了一种不明确和无法确定的程度，它就总是要把无意识包含在其中，因而也把所有原型的整体性包含在其中。这些原型是起补充作用的"外部世界"的等同物，因而具有某种"宇宙的"特性。这可以解释它们的圣秘性和神圣性。

三

306 为了使我的阐述更加完整，我想要提一些作为普遍“基础”或奥秘的诺斯替教象征，尤其是那些表示这种“基础”的同义词。心理学把这种观点看作无意识基础的一种意象和意识的奠基者。这些意象中最重要的就是造物主这个人物。诺斯替教有大量的象征来表示存在的起源或根源、存在的核心、造物主和隐藏在创造物之中的神圣物质。读者要想避免因这些丰富的意象而产生混淆，他就一定要时刻牢记，每一种新的意象就是所有创造物中固有的神圣奥秘的另一方面。我所列举的诺斯替教的象征只不过是对某种超越观念的放大，其本身那么全面、那么难以进行视觉化的说明，以致需要使用大量不同的表达方式才能将其各个方面全都展示出来。

307 根据圣爱任纽的观点，诺斯替教派的信徒们认为，苏菲亚代表八神会的世界[1]，它是一个双重的四位一体。她以鸽子的

1 *Adversus haereses*，I，30，3.在芭碧萝—诺斯替教的体系中(ibid，29，4)，与苏菲亚相等同的是普鲁尼库斯，他“沉降到更低的区域”。普鲁尼库斯的意思既表示“承载着一个负担”，又表示“淫荡下流”。后一种含义的可能性更大，因为这个诺斯替教派相信，通过性行为，他们就能够用已经在世界上消失的普钮玛来重新控诉芭碧萝。在行邪术的西蒙·玛古斯那里，它就是海伦，她“下降到那些更低的区域……并且产生了那些卑劣的力量、天使和苍穹”。她被那些更低级的力量强有力地俘获了(Irenaeus，I，27，1—4)。她就相当于很久以后炼金术关于“戴着脚镣的灵魂”这个观念[Cf. Dorn，*Theatr. chem.*，I，pp.298，497；Mylius，*Phil. ref.*，p.262；(转下页)

形式下降到水中并且生下了萨杜恩，萨杜恩与耶和华是同一的。正如我们已经提到的，萨杜恩是“另一个太阳”，即炼金术的黑色太阳。在这里，他就是那个“原初的原人”。他创造了第一个只能像蠕虫那样爬行的人。[1]在纳塞内派中，造物主埃萨尔达奥斯，那个脾气火暴的神，其数字为四，他的确立就是为了反对圣父、圣母和圣子的三位一体。地位最高的就是圣父，即那个古代人，他没有特征，被称为更高级的亚当。在各种不同的体系中，苏菲亚取代了这个第一人。[2]伊皮法纽提到过以便尼教派的教义，认为可以把亚当，这个最原始的人，与基督相认同。[3]在西奥多·巴尔—库尼那里，这个最原始的人就是五种元素（即4+1）。[4]在《托马斯法案》中，那条龙是这样说它自

(接上页)*Rosarium philosophorum*, in *Art. aurif.*, II, p.284;“Platonis liber quartorum,” *Theatr. chem.*, V, pp.185f; Vigenère, *Theatr. chem.*, VI, p.19]。这个观念从古希腊炼金术派生而来，可以在佐西莫斯那里找到(Berthelot, *Alch. grecs*, III, xlix, 7; trans. in *Psychology and Alchemy*, pars.456ff)。在“四部曲”中，它起源于阿拉伯古代王国塞巴人。Chuolsohn, *Die Ssabier und der Ssabismus* (II, p.494):“灵魂再次转向物质，与它坠入爱河，并且用欲望之火来体验身体的快乐，再也不愿意把她自己与它分开。于是世界便诞生了。”在瓦伦提尼安教派中，苏菲亚就是“八元”(Ogdoad)。在*Pistis Sophia*中(Mead trans., p.362)，它就是芭碧萝的女儿。由于受到了魔鬼奥萨德斯的杂光的欺骗，她落入了混沌之中被囚禁起来。圣爱任纽(I, 5, 2)把造物主称为“七元”(Heptad)，但把苏菲亚称为“八元”。他说，救世主由四样东西组成，是对第一个四分体(first Tetrad)的复制。对四的复制就是元素的四位一体(I, 17, 1)，围绕芭碧萝—诺斯替的奥图金斯而站立的那四种光也是(I, 19, 2)。

1 *Adv. haer.*, I, 24, 1.

2 Bousset, *Hauptprobleme der Gnosis*, p.170.

3 *Panarium*, XXX, 3.

4 Theodor Bar-Kuni, *Inscriptiones mandaïtes des coupes de Khouabir*, Part 2, p.185.

己的："我就是……他的那个儿子，他伤害和击杀了直立行走的四个兄弟。"[1]

308　对诺斯替教派的信徒们来说，四位一体的原始意象可以与造物主或原人合并。可以说，他就是自身创造活动的牺牲品，因为当他下降到自然界时，他便在她的怀抱中被俘获了。[2]潜藏在物质的黑暗之中的世界灵魂或原人的意象，表现了一个超意识中心的存在，由于其四位一体的特性及其圆形特征，所以必须将其视为整体性的象征。我们可以适当小心地假设，它的意思是指某种心理整体性的假设（例如，意识 + 无意识），尽管象征的历史表明，它总是作为一种上帝意象而被使用。我已经说过，心理学并不适合于作出形而上学的阐述。它只能确定，心理整体性的象征与上帝意象相一致，但它绝不可能证明，上帝意象就是上帝本人，或者自性可以取代上帝的地位。

309　这种一致性在古代埃及的赫卜—塞德节中非常清楚地表现出来，科林·坎贝尔曾对此作了如下描述："国王从一个被称为异形庇护所的寓所里出来，然后他上升到一个四边敞开的楼阁中，有四个台阶供人们拾级而上。携带着奥西里斯的象征，他将其座位放在一个宝座上，并且连续地转向四个方位基点。……这是一种第二次登基典礼……有时国王则扮演神父

1　*The Apocryphal New Testament*, ed. James, p.379.

2　Bousset, pp.114ff.

的角色，供养他自己。或许可以把最后这种行为视为把国王奉为神明的最高顶点。”[1]

310 所有的王权都植根于这种心理学，因此对无名的平民百姓个体来说，每一个国王都携带着自性的象征。他的所有官职的标志——皇冠、披风、天体、权杖、星序等——表明他就是那个宇宙的原人，他不仅产生了世界，而且他本人就是世界。他就是那个“伟大的人”（*homo maximus*），我们在斯韦登伯格的推断中再次遇到了这个人。诺斯替教的信徒们也经常试图提供一些可见的形式，并对这种存在作出适当的概念说明，猜想他就是意识的母体和组织原则。正如希波吕托斯书中的那个“弗里吉亚人”（纳塞内派）所说，[2]他就是那个“不可分割的点”，在上帝的王国里生长的那粒“芥子”。这个点就“在身体之中”。但是，只有与“物质的”人相对的“精神的”人才知道这一点。他是上帝的动词，上帝的话语，以及“永世、力量、智慧、诸神、天使和使者精灵的母体，也是存在与非存在的母体，受生与非受生的母体，不可理解与可理解之物的母体，年、月、日、时的母体……”[3]这个“本身是虚无并且由虚无组成的”点变成了“某种无法为思想所理解的量级”。希波吕托斯指责纳塞内派就像调和论者那样，把所有的一切全都胡乱塞进他们

1 *The Miraculous Birth of King Amon-Hotep*, III, p.81.

2 *Elenchos*, V, 9, 5f（Legge trans., I, pp.140f）.

3 *Psychology and Alchemy*, index, s.v. “Axiom of Maria.”

的思想中，因为他显然还不能完全理解这个点——“上帝的话语”——怎么会有一种人形。他抱怨说，纳塞内派的信徒们把他也称为“多形态的阿提斯”，即大母神的那个将死的小儿子，或者正如希波吕托斯引用的赞美诗中所说的“瑞亚的黑暗幽默”。在这个赞美诗中，他还有一些同义词阿多尼斯、奥西里斯、亚当、科律巴斯、潘、巴克科斯和“白星星的牧羊人”。

311 纳塞内派的信徒们自己把纳斯，即蛇，视为他们最重要的神，他们把蛇解释为“潮湿的物质”，与米利都的泰勒斯相一致。泰勒斯曾说过，水是第一原质，所有的生命都依赖于此。同样，所有有生命的东西也全都依赖于这个纳斯；“它就像独角牛的角一样，在里面包含着万物之美。”它“弥漫渗透在万物之中，就像从伊甸园中流出的水，分化成为四个源流”。“他们说，这个伊甸园就是脑。”伊甸园中的三条河是感觉功能（视觉、听觉、嗅觉），但第四条河，即幼发拉底河，是嘴，“祈祷之地和食物的入口”。作为第四种功能，它具有双重意义[1]，一方面指身体滋养品的纯物质活动，而另一方面“使进食成为一件快乐的事情，并且形成（特征）那个精神的、完善的人”[2]。“第四”则是一个特殊的、具有矛盾情感的东西——一个守护灵。关于这一点的一个很好的例子在《圣经·但以理书》3：24以下，在烈火的

1 “说得好”这个词的一个双关语。

2 *Elenchos*, V, 9, 15ff（Cf. Legge trans., I, p.143）.

窑中的那三个人又加入了第四个人,那第四个人的相貌就“像神之子”。

312 幼发拉底河水就是“天上的水”,就是“救世主所说的那种活水”[1],具有如我们所见的那种磁性。正是这种神奇的水才使得橄榄榨出橄榄油,葡萄制成葡萄酒。希波吕托斯继续说着,仿佛还在讲述幼发拉底河水似的,“那个人在世界上毫无光彩”[2]。确实,这种水就是那个“完人”,即上帝说出的话。“我们具有宗教精神的人从这种活水中选择属于我们的东西。”[3]因为每一种本质,在浸入这种水之后,“都会选择它自己的物质……并且从这种水中走向适合于它的每一种本质”。[4]这种水,或者我们也可以说,这个基督是一种生物发生论(认为地球上的生命都是小行星带来的),一个产生所有可能性的母体,这个精神就是从这里选择他的特异体质的。[5]这种现象“发生在他身上要比铁被吸到磁石上更(快)”。但是,“具有宗教精神的人”是通过进入那扇“真正的门”,即(赐福的)耶稣才获得适合于他们的本性的,从而获得了关于他们自己整体性的知识,即关

1 暗指《约翰福音》4:10。

2 Legge trans., I, p.144.

3 *Elenchos*, V, 9, 21.

4 V, 9, 19(Legge trans., p.144).

5 这意味着自性的整合,在以上讨论的鲍格米勒教派的文献中也以非常相似的话语提到过(pars.225ff),与作为世界创造者的魔鬼有关。他也发现了“适合”于他的东西。

于完人的知识。这个在世界上毫无光彩的人，显然就是那个内部具有宗教精神的人，对那些通过基督而进入人生之门并且受到他启蒙的人来说，他们变成有意识的了。以下这两种意象在此处混合："狭窄之门"的意象[1]和《约翰福音》14:6的意象："我就是道路、真理、生命。要不是通过我，没有人能到圣父那里去。"[2]它们代表一种具有心理学自性化之特点的整合过程。如前所述，这个水象征继续与基督合并，而基督则与那个内部的人合并。在我看来，这似乎并不是一种思想的混淆，而是一种在心理学上对这些事实所作的一种正确阐述，因为作为"话语"（Word）的基督确实就是那种"活水"，而与此同时那个内部"完"人的象征则是自性。

313　对纳塞内派的信徒们来说，这个普遍的"基础"就是那个原人，即亚当，对他的了解就被视为完善的开端和了解上帝的桥梁。[3]他既是男性也是女性；"父亲和母亲"就是从他那里来的；[4]他由三部分组成：理性的、心理的、世俗的。这三部分"一起下来组成了一个人——耶稣"，而且"这三个人一起讲话，他们每个人都是从他自己的本质到他自己的本质"，也就是说，从理性到理性，等等。耶稣是通过这个教义而与那个原人联系

1　《马太福音》7: 14："引到永生，那门是窄的，路是小的。"

2　这段话载于*Elenchos*，V，9，4ff（Legge trans.，I，p.140）。

3　*Elenchos*，V，6，6："上帝的知识就是完美的整体性。"

4　V, 6, 5（Legge trans., I, p.120）.

起来的（基督是第二个亚当）。他的灵魂是“三个部分和一个一”——一个三位一体。[1]作为原人的一些实例，该文本还提到了卡比罗斯[2]和俄安内[3]。后者有一个能够忍受痛苦的灵魂，所以这个“伟大的人物，最美丽和最完善的人，是一个卑贱的奴隶”，可以忍受遭到惩罚的痛苦。他是那个“同时被隐藏和被揭示出来的，已经成为和将要成为的一切事物的被赐福的本质”，“在人的内部被寻找的那个天堂王国”，甚至“在七岁的孩子们之中”。[4]希波吕托斯说，因为纳塞内派的信徒们把“这个整体的生殖本性放进了具有生殖力的种子里”。表面看来，这看上去像是一种与潜在的精神物质有关的“性欲理论”，让人想起了现代人所做的某些同样的尝试。但是，人们不应该忽略这个事实，人的生殖能力实际上只不过是“整体的生殖本性”的一个特例。“对他们来说，这就是那个隐藏的和神秘的逻各斯”，在随后的文本中，它被比作奥西里斯的阴茎，“而且他们说奥西里斯就是水”。虽然种子这种物质是万物产生的原因，但它并不具有万物的本质。因此他们说：“我成为我意欲成为

---

1 V, 6, 6f（p.121）.

2 绰号是“有一些漂亮的孩子们”或“漂亮的孩子”（*Elenchos*，V，7，4）。

3 俄安内是希腊神话传说中的第一只美人鱼，是象征创造力的艺术之神。据说她精通多种科学知识，并且一直在把这些知识传授给人类。她还被视为人世间海洋美丽神话的源头。——中译注

4 根据希波克拉底的观点，一个七岁的男孩已经是半个父亲了。（*Elenchos*，V，7，21）

之物，我就是现在的我。”因为将万物移动的他，就是那个不被移动的他自己。“他们说，只有他是良善的。”[1]还有一个同义词就是那个下流的赫尔墨斯。“因为他们说赫尔墨斯是逻各斯，是过去、现在和未来之事物的解释者和创造者。”这就是为什么他被作为阴茎而受到崇拜的原因，因为他就像男性的器官，“有一种从下往上的冲动”[2]。

四

314 不仅诺斯替教的逻各斯，就连耶稣基督本人也被认为具有性的象征作用，这个事实可以用伊皮法纽引用的摘自《质询成年玛利亚》的一个片段来证实。[3]在那本书中，与此相关的内容是，基督带着玛利亚爬到一座大山上，在那里他用他的肋骨生下了一个女人，然后开始和她性交[4]。可以理解，这种粗鲁的象征会冒犯我们现代人的情感。但是，就连3世纪和4世纪的基督教徒们看起来也感到震惊；另外，当把这种象征与一些具体的误解联系起来的时候，例如在某些教派中所出现的那样，它就只能被拒之门外了。《质询成年玛利亚》一书的作者并没有

1 这个短语表述参考《马太福音》19：17：“除了神之外，没有一位是良善的。”

2 Cf. Legge trans., p.128.

3 *Panarium*, XXVI, cap.VIII.

4 “……吃他流出的精液，表示只要这样做了，就可以永生。”

无视某些诸如此类的反应，从这本书本身即可得到证明。书中说，当玛利亚摔倒在地时，她吃了一惊。这时基督对她说："你为什么要怀疑我呢，哦，你这个没有信仰的东西？"这句话的意思可以参考《约翰福音》3：12："我对你们说地上的事，你们尚且不信，若说天上的事，如何能信呢？"还可参考《约翰福音》6：54："吃我肉喝我血的人就有永生。"

315　这种象征作用最初可能完全建立在幻觉体验的基础上，这种情况在今天的心理治疗中并非不常见。对医学心理学家来说，对此倒是没有什么可怕的。脉络关系本身就可以为正确的解释指明道路。意象表达的是一种难以用理性的术语来阐述的心理学，因此只好利用象征，就像一个梦似的，在睡觉时出现心理水平下降时，就会产生某种多少有点"抽象的"想法。这些在梦中当然并不少见的"令人震撼的"大吃一惊，总是会被看作"仿佛"，尽管它们把自己包裹在那些并非粗俗下流也非淫秽猥亵的感官意象之中。它们并不关心所谓的冒犯，因为它们真的并没有这样的意思；它们仿佛正在结结巴巴地力图表达那种引起它们注意的难以捉摸的意思。[1]

316　这个幻想的脉络关系（《约翰福音》3：12）清楚地表明，应

1　另一方面，我无法使自己摆脱这种印象，梦有时会以某种粗俗的方式把事情缠绕在一起。这可能就导致弗洛伊德得出了这个单一的假设，它们是以所谓"道德的"原因而进行伪装和扭曲的。但是，这种观点却因下述事实而产生了矛盾，梦常常做出完全相反的事情。因此我倾向于赞成炼金术的观点，即墨丘利——那个无意识的努斯——是一个"骗子"。Cf. "The Spirit Mercurius" and "The Psychology of the Trickster Figure."——英编注

该具体地而不是象征地看待这种意象；因为基督说的并不是地上的事情，而是天上的事情或精神的秘密——之所以说是一种“秘密”，并不是因为他在隐藏某种东西，或者使之成为一种秘密（确实，没有什么东西比这种赤裸淫秽的幻想更加露骨的了！），而是因为其意思仍然隐藏着不为意识所知。现代的梦的分析和解释方法遵循的就是这条规则。[1]如果我们把它应用到幻想中，我们就可以得出如下结果：

317 1. 山意味着上升，尤其是指向着高处、向着精神所在的拯救之处的那种神秘的、精神的上升。这个主题已为人们所熟知，无须在此赘述。[2]

318 2. 基督这个人物对那个时代所具有的核心意义已得到大量证实。在基督教的诺斯替教派中，它是作为古代人（原人=亚当）的上帝的视觉化，因而人的缩影有如下述：“人和人之子。”基督就是那个通过自知之明的道路才能达到的内部的人，“那个在你内部的天堂王国”。作为古代人，他与在经验上最重要的原型相对应，作为生死判官和荣耀的君王，他与真正

---

1 但这并不是弗洛伊德的“精神分析”法，这种方法否认外显的梦的内容只是一种表面现象，其依据是，癔症的心理病理学会导致人们不相信那些不相容的欲望是梦的主题。梦和意识都是建立在本能基础上的，这个事实既和梦中人物的意义无关，也和意识内容的意义无关，因为在这两种情况下的基本的东西就是**心理的本能冲动是什么**。关于帕台农神庙的事情，它的意思显然并不是说，它是用石头建造的，建造它是为了满足雅典人的野心，而是说，它就是——帕台农神庙。

2 Cf. “Phenomenology of the Spirit in Fairytales,” in Part I of vol.9.

的无意识的组织原则、四位一体或自性的拳击台相对应。[1]在说到这一点的时候，我并不想对任何事情进行歪曲；我的观点是建立在这种经验基础上的，即曼荼罗结构具有无意识人格之中心的意义和功能。[2]在这个幻想中必然是从心灵中产生的基督的四位一体，就是以十字架象征、荣耀的国王和以年的形式表现出来的基督。

319　3. 从他的肋骨上生出那个女人，表示可以把他解释为第二个亚当。生出一个女人意味着他在扮演《创世记》中造物主的角色。[3]正如在夏娃被创造出来之前的亚当，被各种传说设想为男性/女性，[4]所以基督在这里以某种极端的方式来证明他的雌雄同体性。[5]这个原人通常都是雌雄同体的，在吠陀的传说中，他也是生出了他自己的女性的另一半，并且与她结合。在基督教寓言中，女人从基督的肋骨中生出来，表示教会是“羔羊的新娘”。

320　把这个原人分离成为丈夫和妻子，表示一种初生的意识活动；它产生了一对对立物，由此才使意识成为可能。对这个奇迹的旁观者玛利亚来说，这个幻想就是无意识过程在她自己身上的自发视觉化或投射。经验表明，无意识过程是对某一明确

1　Cf. “The Psychology of Eastern Meditation,” pars.942.

2　Cf. “A Study in the Process of Individuation,” in Part I of vol.9.

3　这与他的本性是逻各斯和三位一体的第二个人相一致。

4　诚然，这种观点是教会所拒绝的。

5　这里把对基督的三种不同解释结合在一起。这种相互掺杂不仅是诺斯替教思维的特点，也是所有无意识意象形成的特点。

的意识情境的补偿。因此，这个幻想中的分离就表示，它是在补偿一种统一的意识状况。这种统一很可能首先指的是那个原人，即人之化身的上帝，因此他成为宗教最感兴趣的人。用奥利金的话来说，他就是那个“唯一的人”（the One Man）[1]。玛利亚在她的幻想中面对的就是这个人。如果我们假设，产生这种幻想的人实际上是一个女人——这是一个并非毫无根据的假设——那么，她在基督这个纯粹的、被神化的男性中失去的，就是那个起平衡作用的女性气质。因此，向她揭示的是：“我是双性，既是男人也是女人。”这种心理学就是在今天也仍然作为“处女的处女”被结合到基督是雌雄同体这个天主教的概念中，虽然与其说这是一个结论，倒不如说这是一个共同的意思。中世纪的画像有时把基督表现为有乳房的，根据《雅歌》1：1的说法：“因你的乳房比酒更美。”（DV）在《揭示马格德堡的麦赫蒂尔德》（*The Revelations of Mechthild of Magdeburg*）中，灵魂说，当上主亲吻她时[2]，他却——与其期待相反——没有胡须。缺乏男性的标志。麦赫蒂尔德产生了一个和玛利亚的幻想类似的幻想，从不同的视角来应对相同的问题：她看见自己被送往一座“石山”，圣母玛利亚就坐在那里，等待着那个圣

1 Gregory the Great，*Expositiones in librum I Regum*，Lib. I，cap. I（Migne，*P.L.*，vol.79，col.23）：“因为上帝和人是一个基督。所以在这一点上他被称为一，表明他是无与伦比的。”与这种时代精神相一致，他的这种无与伦比性和独特性被解释为“他的美德之卓越”。不管怎么说，这本身就是很有意义的。

2 “他用他那玫瑰香味的嘴亲吻了她。”（*Liber gratiae spiritualis*，fol. J iv^{v}）

童的诞生。当它被生下来时，她怀抱着它，亲吻了它三次。正如这本书指出的，这座山是一个关于“精神心态”或精神态度的寓言。“通过神圣的灵感，她知道了圣子是怎样成为圣父心中最内部之核心的。”这个“核心”就是“巩固、治愈和最甜蜜的”；上帝的“力量和最伟大的甜蜜”就是通过圣子，那个“救世主和最强壮、最甜蜜的圣灵”而赋予我们的，但是，“灵魂之最内部的（核心）就是那个最甜蜜的东西”[1]。由此显而易见，麦赫蒂尔德把“核心”与圣父的心、圣子和那个内部的人相等同。从心理学上讲，那个“最甜蜜的东西”就相当于自性，它与上帝意象不可分离。

321 这两个幻想之间有一种重大的差异。古代的启示描述了夏娃从亚当那里生出来是在第二个亚当（基督）的精神平台上，从其肋骨上生出了那个女性的普纽玛，或者说，第二个夏娃，即灵魂是作为基督的女儿出现的。正如我们已经提到过的，在基督教的观点中，可以把灵魂解释为教会：她就是那个“拥抱男人”[2]并且给上主的脚涂油的女人。麦赫蒂尔德的幻想是那个神话的继续：女儿这个新娘已经变成了母亲，生下了圣子形象的圣父。圣子与圣父非常类似，这从人们对基督的四位一体性的强调中就可以得到证实：他发出一种“四重的声

---

1 *Liber gratiae spiritualis*, fol. J iv^{v}.

2 Gregory the Great; Migne, *P.L.*, vol.79, col.23.《耶利米书》31：22：“那就是女子护卫男子。”（AV）

音”（*quadruples vox*）[1]，他的心脏有四种脉搏[2]，从他的脸上放射出四道光束。[3]在这个意象中，一个新的千年在讲话。迈斯特·埃克哈特用一种不同的构想说道：“上帝是从灵魂中生出来的。”当我们打开安格鲁斯·西莱西乌斯的《切鲁比尼克漫游者》（*Cherubinic Wanderer*）[4]时就会发现，上帝与自性是绝对一致的。时代已经历了深刻的变化：生殖的力量不再从上帝那里发出，相反，上帝却是从灵魂中生出来的。与那个幼小的、濒临死亡的神灵有关的神话主题，采取了心理学的形式——一个获得了更多同化和意识实现的标志。

322 但是，还是回到第一个幻想吧：在女人出现之后就有了交配。在山上的神圣婚姻就是一个著名的主题[5]，就像在古老的炼金术图画中那样，雌雄同体有一种对提升之地的喜好。炼金术士们也同样讲到过亚当，他总是把他的夏娃带在身边。他们的精合是一种乱伦行为，不是由父亲和女儿进行的，而是根据变化的时代，在兄弟姐妹或母子之间进行的。后者与古代埃及关于作为卡姆泰夫的阿门的神话主题有不同的对应，卡姆泰夫的意思是“他的母亲的丈夫”，或者与姆特的主题相对应，姆特

---

1 *Liber gratiae spiritualis*, fol. A vii^r. 四位一体指的是四福音书。

2 Ibid., fol. B ii^v.

3 Ibid., fol. B vii^v.

4 Cf. Flitch, *Angelus Silesius*, pp.128ff.

5 例如，宙斯和赫拉在“加戈罗斯高地”的圣婚（*Iliad*, XIV, 246ff, cf. Rieu trans., p.266）。

是“她的父亲的母亲和她的儿子的女儿”[1]。自性交配的观念在关于世界创造者的描述中是一个经常出现的主题：例如，上帝分裂成他的男性和女性的一半[2]，或者他以某种方式使自己受精，这种方式可以很容易地被用作《质询》的幻想的一个例子，如果必须推测那些文字原型的话。所以，在赫里奥波里斯神系关于创世的故事中，那个相关的段落是这样说的：“我，就连我，都和我那紧握的手结合了，我使我自己与我的阴影紧紧拥抱，我把种子倒进我的嘴里，我自己的嘴里，我以风神休的形式发出问题，我以雨神泰芙努特的形式送出水分。”[3]

323 虽然自性滋养的观念在我们的幻想中没有涉及，但在这个观念和创世的自性创造者的观念之间有某种密切关联，这可能是毫无疑问的。然而，创世在这里要让位于精神更新了。这就是为什么播了种子却没有收获可见生物；它的意思是生命的滋养，“这样我们就可以永生”。而且，正如这个文本自身所示，因为应该在天国的或精神的平台上来理解幻想，所以倒出来（水流）指的是一种播种的理性，用四福音书的语言，意思是指一种“喷涌出来流进永恒生命之中”的活水。这个完整的幻想在很大程度上使我们想起了有关炼金术的象征作用。与教

1 Brugsch, *Religion und Mythologie der alten Ägypter*, p.94.

2 在古代埃及人的看法中，上帝是“父亲和母亲”，并且“生出了他自己”（Brugsch, p.97）。印度的众生之主普瑞扎帕提就和他自己被分离开的另一半进行性交。

3 Budge, *Gods of the Egyptians*, I, pp.310f.

会语言的沉默相比，它那种强烈的自然主义、令人不快的强加于人，一方面使人回想起其观念和表达方式早已被放弃的那些古代的宗教形式，但另一方面又使人看到一种仍然很粗糙的观察大自然的方法，这种观察刚开始想要同化人的原型。这种尝试一直持续到17世纪，当时约翰尼斯·开普勒认识，三位一体是宇宙结构的基础——换句话说，当时他把这种原型同化到天文学家对世界的描述之中。[1]

五

324　在对那个原人的生殖器同义词作了这种题外话的阐述之后，我们将回到希波吕托斯对纳塞内派之核心象征所作的论述，并继续论述关于赫尔墨斯的一系列说明。

325　赫尔墨斯是一个精神巫师、一个灵魂的指导者和灵魂的诞生者。但是，灵魂是“那个上天蒙神赐福的人，即那个原人亚当带下来的……做成泥巴的形式，这样他们就可以为创造了他们的造物主服务，造物主就是萨尔达奥斯，一个脾气火暴的神，即数目字四”[2]。执政官与埃达巴忒（塞特教派神话中的人物，相当于造物主德穆格）相对应，即最高的原人，也与萨杜恩相对

1　我要把这个观点归功于P.泡利教授在苏黎世所作的一个演讲，这个讲座是关于开普勒天文学的原型基础。参见他的“原型观念的影响”等。

2　*Elenchos*, V, 7, 30f（Legge trans., I, p.128）.

应。[1]“第四”指的是第四个人——即魔鬼——他反对三位一体。埃达巴忒的意思是“混沌的孩子”；因此，当歌德在借用炼金术的术语时，把这个魔鬼称为“混沌的奇怪儿子”，这个称呼是很恰当的。

326 赫尔墨斯持有金色的魔杖。[2]他用它“把睡液滴在死者的眼睛上并把睡觉者唤醒”。纳塞内派提到这句话出自《以弗所书》5：14：“你这睡着的人，当醒过来，从死里复活，基督就将给你光。”就像炼金术士把那个关于基督的著名寓言，即角石或奠基石，作为他们的哲人石一样，纳塞内派的信徒们认为它象征着他们的第一人亚当。或者更严格地说，那个“内部的人”，他是一块岩石或石头，因为他来自亚当之石，“从亚当那个高天之上的原人那里掉下来的”[3]。炼金术士们说，他们的石头不是“用手从大山上切割下来的”[4]，纳塞内派的信徒们也就他们那个内部的人说过同样的话，他被带下来“进入到湮没的形式之中”[5]。在伊皮法纽那里，这座大山就是那个原人基督，石头或内部的人就是从他身上切割下来的。正如伊皮法纽所解释的，这

---

1 Bousset, *Hauptprobleme der Gnosis*, pp.352f.

2 此处希波吕托斯引用了《奥德赛》（XXIV，2）的文本。

3 *Elenchos*, V, 7, 36（Legge trans., I, pp.129f）.

4 《但以理书》2：34：“你正在观看时，一块岩石被开凿出来，但不是用人的手开凿的。”这就是那块把雕像的泥脚和铁脚打得粉碎的石头。

5 意即嗜眠症（*lethargia*），与死亡状态相类似的遗忘和睡眠状态。那个“内部的人”仿佛被埋葬在躯体的人之中。正如炼金术士们所说，他是“戴着脚镣的灵魂”或“在身体的监狱中。”记忆缺失（*Lethe*）就相当于现代的无意识概念。

意思是说，那个内部的人是“无须人种”而生出来的，是“一个变成一座高山的小石头”[1]。

327 第一人就是逻各斯，众多的灵魂“纠缠在一起”跟随着他，就像在尼克亚中描述的蝙蝠跟随着赫尔墨斯一样。他把他们引导到海洋之神那里——用荷马那不朽的话语来说——并引导到“太阳神的门口和梦之地”。“这就是海洋之神，神与人的起源之地，不停地产生着潮汐和流动，一会儿涨潮，一会儿落潮。”人就是从潮汐中生出来的，诸神则是从流动中生出来的。“他们说，那句话是这样写的：‘我说过，你们是诸神，你们都是最至高无上的上帝之子。’”[2]在这里，上帝和人有密切关系，或者说上帝就是人，这是显而易见的，在《圣经》中如此，在纳塞内派的教义中也同样如此。

六

328 正如希波吕托斯所说[3]，纳塞内派的信徒们认为万物均来自一个三元组，它首先是由“那个上天被赐福之人，即亚当的被赐福的本性”组成，其次是由下等人必死的本性组成，第三

---

1 *Ancoratus*, 40.《但以理书》2：35：“那块打碎雕像的石头变成了一座高山，占据了整个大地。”（DV）

2 *Elenchos*, V, 7, 37（Legge trans., I, p.130）.《诗篇》, 82（Vulg., 81）：6，《路加福音》6：35和《约翰福音》10：34中都提到过此事。

3 V, 8, 2（ibid., p.131）.

是由“上天所生的无国王的种族”组成，“那个求索之物的米利亚姆，那个伟大智者的乔瑟[1]，那个预言家赛弗拉[2]，以及并非诞生在埃及的摩西”[3]都属于此。这四个人共同组成了那个典型的婚姻四元数：[4]

丈夫——妻子
|　　　|
姐妹——兄弟

他们的同义词是：

母亲——父亲

王后——国王

未知的女人——遥远的爱人

阿尼玛——阿尼姆斯

329 摩西与丈夫相对应，赛弗拉与妻子相对应；米利亚姆是摩

1 叶忒罗，是米甸的祭司和摩西的岳父。

2 西波拉，摩西的妻子。

3 这很可能是暗指由摩西产生的“生殖”这个普钮玛的本性，因为根据*Elenchos*，V，7，41，“Egypt is the body”（Legge trans.，I，p.130）。

4 这种婚姻四元数就是姑表亲婚姻在原始水平上与此相对应的那种原型。我已在“Psychology of the Transference”（pp.211ff.）中对此作过详细论述。

西的姐姐；乔瑟是“智慧老人”的原型，并且与父亲—阿尼姆斯相对应，如果这个四元数是一个女人的四元数的话。但是，把乔瑟称为“伟大的智者”，这个事实却暗示着这个四元数是一个男人的四元数。在女人的情况下，此处对那个智慧男人的强调就要落在米利亚姆身上，此时她就具有了大母神的意义。不管怎么说，我们的这个四元数并没有那种非常常见的乱伦的兄弟姐妹关系。代之以此，对摩西来说，米利亚姆有一种母亲的意味（参见《出埃及记》2：4及以下）。作为一个女先知（《出埃及记》15：20以下），她是一个“有魔法的”人。当摩西娶了一个非洲摩尔女子——即那个“埃塞俄比亚女人”——为妻时，这使米利亚姆非常愤怒，以致她因受到打击而患上了麻风病，身上长出了“像雪一样白的鳞片”（《民数记》12：10）。因此，米利亚姆并非完全不适合于扮演阿尼玛的角色。在《旧约全书》中最著名的阿尼玛人物，书拉密说：“我虽然黑，但很秀美。”（《雅歌》1：5）在克里斯蒂安·罗森克鲁兹的《化学婚礼》中，那位皇家新娘是摩尔王的妃子。黑人，特别是埃塞俄比亚人，在炼金术中扮演着相当重要的角色，他们是乌鸦座的头（*caput corvi*）和黑化的同义词。[1]他们作为有罪的异教世界的代表而出现在“圣蒲柏渡的激情”（Passion of St. Perpetua）中。[2]

1 Cf. *Psychology and Alchemy*, par.484.

2 见玛丽—路易斯·冯·弗朗茨的研究。

330 这个三元组合的特点是拥有各种不同的名字，这些名字可能是拟声词：Kaulakau，Saulasau，Zeesar。[1]Kaulakau的意思是天上的亚当，Saulasau的意思是地上的血肉之人，而Zeesar则被命名为“向上流的约旦河”。这条约旦河是耶稣开挖的向上流动的河流；它是上涨的洪水，因此——正如已经提到的——是诸神之父。“他们说，这是所有生物中人类的雌雄同体，无知者把他称为‘有三个身体的怪兽格律翁’（意即，从地上流出的）；但是，希腊人称之为月亮在天上的角。”这个文本把上述四位一体，即与向上流动的约旦河、雌雄同体、有三个身体的格律翁、月亮的角相等同的四位一体界定为天体演化的逻各斯（太初之道）（《约翰福音》1：1及以下），把“他蕴含着生命”（《约翰福音》1：4）界定为“生出完人”[2]。

331 这个逻各斯或四位一体，就是“国王喝酒用的、占卦用的”那个酒杯[3]，或者阿纳克里翁的烧杯。这个酒杯导致希波吕托斯相信了在迦南发生的葡萄酒的奇迹。他说，这是“向天国显示的”，因为天国就在我们心中，就像葡萄酒在酒杯中一样。将其比作这个酒杯的还有萨莫色雷斯岛的那些吟诵猥亵诗的诸神和基利尼山上的赫尔墨斯，他表示那个原人以及获得再生

---

1 这些话出现在《以赛亚书》28：10的希伯来人中，在那里他们描述了“用结结巴巴的话和稀奇古怪的语言的主”对民众说的话。“这儿一条诫命，那儿一条诫命；这儿一条规则，那儿一条规则；这儿一句训示，那儿一句训示。”

2 Cf. *Psychology and Alchemy*, par.550（Cf. Legge trans., I, p.131）.

3 《创世记》44：5。

的那个精神的人。最后这一个人与赫尔墨斯象征的那个原人“在所有的方面都是同体的”。希波吕托斯说，由于这个原因，基督说他们必定会吃他的肉，喝他的血，因为他已经意识到他的每一个门徒的**个性**，也意识到每一个门徒都有“实现他自己的独特本性”的需要。[1]

332 另一个同义词是科律巴斯，他是从头上的王冠和无形的脑中降落下来的，就像幼发拉底河是从伊甸园里流下来的并且渗透在所有事物之中一样。他的意象“以世俗的形式”存在——没有被认出来。他是**居住在洪水中**的神。我无须在这里描述这种象征，因为我已经在我的一篇关于帕拉赛尔苏斯的研究中比较冗长地讨论过它了。[2]就科律巴斯而言，他与那个第一人之间的相似性被古代人的观点解释为，科律巴斯就是原人。[3]“科律巴斯”这个名字并不是指某一个特殊的人，而是某一集体的匿名成员，例如克里特斯、卡皮里、达克提耳斯等。从词源学上讲，它与头上的王冠有关，尽管这并不确定。[4]在我们的文本中，科律巴斯似乎是某一个人的名字——基利尼山上的赫尔墨斯，在这里，他是作为萨莫色雷斯的卡皮里的同义词而出现的。在提到这个赫尔墨斯时书中说：“这就是那个色雷斯

---

1 *Elenchos*, V, 8, 12（Legge trans., I, p.133）.

2 “作为一种精神现象的帕拉赛尔苏斯”（Swiss edn., pp.104ff.）。

3 Roscher, *Lexicon*, II, part 1, col.1608, s.v. “Kuretes”（克利特和弗里基亚民间传说中的精灵或神的侍者）。

4 Ibid., col.1607.

人……叫科律巴斯。”[1]我在一个早期发表的出版物中说过[2]，这个不同寻常的人或许就是受关于狄俄尼索斯传说的科律巴斯影响的产物，因为他似乎也曾经是一个阴茎般的存在，正如我们从卢西恩的《叙利亚女神》（*De dea Syria*）中的一个注释中了解到的那样。[3]

333　海洋（我们已经说过，这是神居住之地）是从那个“完美的人”的中心流出来的。正如耶稣所说，那个“完美的”人就是“真正的门”，那个“完美的”人为了获得再生就必须通过那道门。此处怎样翻译“teleios”（成全完备）的问题成为关键；因为——我们一定会询问——为什么一个“完美的”人必须通过再生才能获得新生呢？[4]人们只能得出结论认为，完美的人不可能如此完美，以致不可能再做出进一步的改善了。我们在《腓立比书》3：12中也遇到了类似的难题，在那里，保罗说：“这并不是说，我……已变得完美。”在三节之后他又进一步说道：“希望我们这些在精神上成熟起来的人都这么想。”诺斯替教派显然赞同保罗的观点。这个词只有一个接近的意思，相当

1　*Elenchos*, V, 8, 13（Legge trans., I, p.133）.

2　“The Spirit Mercurius”（Swiss edn., p.123）.

3　Roscher，col.1392，s.v.“Korybos”，提供了这个文本的全部内容。从脑中降落下来可能是暗指那种古代的观念，认为精子是通过脊髓而从头部向下传到生殖器来的。Cf. Onians，*The Origins of European Thought*，p.234.——英编注

4　炼金术士们非常恰当地指出：“完美的东西并不是达到完美境界的东西。”

于和精神完全相同的东西[1]，它和一定程度的完美或精神性的概念并没有什么关联。只有当它指上帝时，"完美"这个词才正确地含有希腊语的意思。但是，当把它用来指除此之外还需要再生的人时，它最多只能表示"完整"或"完全"，尤其是如我们的文本所说，除非这个完全的人穿过那道门，否则他连获得拯救都不可能。[2]

334 这个"完美的人"的父亲就是那个更高级的人或第一人，他并"没有明确形成"，而且"没有质"。希波吕托斯继续说道，他被弗里基亚人称为"爸爸"（Papa）（阿提斯）。他是带来和平的人，并且镇压了人体中的"元素之战"[3]，这是我们在中世纪的炼金术中逐字逐句地遇到过的一种说法，在那里，哲人之子"制造了敌人之间或元素之间的和平"[4]。这个"爸爸"也被称为"尸体"，因为他被埋藏在身体中，就像木乃伊被埋藏在坟墓中一样。在帕拉赛尔苏斯那里也发现了类似的观点，

---

1 *Elenchos*, V, 8, 22, 把"精神"描述为"天上具有理性的完美的人"。由此，显而易见，拥有一个理性灵魂就是使人成为"精神"之人的东西。

2 *Elenchos*, V, 8, 21（Legge trans., I, p.134）. 克拉默（*Bibl.-theol. Wörterbuch der Neutestamentlichen Gräzität*）给出的意思是"完整、完美、什么都不缺乏，达到了预定目标"。鲍尔（*Griech.-deutsch. Wörterbuch zu den Schriften des Neuen Testaments*, col.1344）认为与年龄、"成熟、发育完全"有关，也与奥秘、"受到启示"有关。魏斯（*The History of Primitive Christianity*, II, p.576）宣称，正是这种"不完美的意识和想要进步的意志才是完美的标志"。他的这种观点依据的是爱比克泰德（*Enchiridion*, 51, 1f），那本书中说，决心想要取得进步的人，事先就已经是"完美的"。

3 在V, 8, 19中第一次提到（Cf. Legge trans., I, p.134）。

4 *Hermetis Trismegisti Tractatus vere Aureus cum scholiis*（1610）, p.44.

其著作《长生不老》(*De vita Longa*)开宗明义地指出:"生命,真的什么都不是,只不过是一具防腐的木乃伊,它保护必死的身体免受致命蠕虫的腐蚀。"[1]身体只从"蛹"中生活,"外来的微生物",即四处游荡的微观世界(与宏观世界相对应),通过它而统治着物质的身体。[2]他是"人类的始祖"(第一个被造出来的人),和伊德斯一样,也是"所有生物都由此被创造出来的那道门"[3]。(参见上文"真正的门"!)蛹是和身体一起诞生的,并且维持着它[4],尽管还没有达到那个"超级天空之蛹"(supercelestial Mumia)的程度。[5]后者与纳塞内派的更高级的亚当相对应。关于伊德斯,帕拉赛尔苏斯说,在里面"只躺着一个人……他就是人类的始祖"。[6]

335 所以,帕拉赛尔苏斯的蛹在所有的方面都与那个原人相对应,他形成了终有一死的人中的一个微观宇宙,享有宏观宇宙的全部力量。由于在帕拉赛尔苏斯那里这常常是一个受犹太

---

1 1562年由亚当·冯·博登施泰因发表,载于*Paracelsus Sämtliche Werke*, ed. Sudhoff, III, p.249。

2 在*De origine Morborum invisibilium*, Book IV的开端,蛹说:"草药和树木的全部力量都可以在蛹中找到;不仅是在地上长出的植物的力量,而且包括水中长出的植物,金属的所有属性、白铁矿的全部性质、宝石的所有本质。我怎么可能把这些东西全都数出来并予以命名呢?它们都在人的内心深处,不多也不少,在蛹中,强壮而又强大。"(*Volumen Paramirum*, pp.291ff)

3 *Fragmentarische Ausarbeitungen zur Anatomie*(Sudhoff, III, p.462).

4 因此,这个蛹是一种解毒药(*De mumia Libellas*; ibid., p.375)。

5 *De vita Longa*, Lib. IV, cap.VII(ibid., p.284).

6 *Fragmentarische Ausarbeitungen zur Anatomie*(loc. cit.).

教神秘哲学影响的问题，在这一点上我们来回忆一下犹太教神秘哲学的梅塔特隆这个人物似乎并非没有必要。在《光明篇》（犹太教卡巴拉神秘哲学的一本重要文献）中，弥赛亚被描述为“中心柱”，即赛菲罗斯体系的中心柱，关于这个中心柱它是这样说的：“这个中心柱就是梅塔特隆，他的名字就像上主的名字一样。它被创造并被构成为它的意象和与之相似的东西，它包括自下而上和自上而下的所有等级变化，并且在中心把（它们）结合在一起。”[1]

336 希波吕托斯继续说道，那个死人将通过穿越“天国之门”而再次站起来。雅各在去往美索不达米亚的路上见过这道天国之门，“但他们说，美索不达米亚是从那个完美的人中流出的大洋之溪流”。这就是雅各所说的天国之门：“这个地方多么可怕呀！这里没有别的，只有上帝的寓所和天国之门。”[2]从那个原人（天国之门）中流出的溪流在这里被解释为海洋的涨潮，我们已经看到，这种涨潮可以生出诸神。希波吕托斯引用的这段话很可能指的是《约翰福音》7：38，或者指两者都常见的伪造的来源。在《约翰福音》中的这段话——“信我的人就如经上所说，从他腹中要流出活水的江河来”——指的是一个非圣经的来源，但在作者看来似乎是源自圣经的。奥利金说，

1 *Zohar*, cited in Schoettgen, *Horae Hebraicae et Talmudicae*, II, p.16.

2 《创世记》28：17（DV）。

凡有人喝了这种水，在他身上就会有泉水流出，流进永恒的生命之中。[1]这种水就是那种“更高级的”水，即教法之水，从基督腹中流出的河以及神圣的生命，与“较低级的”水，即黑暗之水，那里是黑暗之地，居住着这个世界的王子和那条骗人的恶龙及其天使。[2]这条有水的河流就是救世主本身。[3]基督就是通过四福音书而被倾倒入世界中的那条河[4]，就像幼发拉底河一样。我有目的地在这里更详细地引用教会的寓言，以便使读者能够看到诺斯替教的象征是怎样充斥在教会的语言之中的，另一方面，尤其是怎样充斥在奥利金使用的语言中，他的放大和解释之生动活泼在很大程度上与诺斯替教的观点一致。所以，对他来说，就像对他的许多同时代人及其后继者一样，这种把宇宙与“精神的内部人”相对应的观点是人们很熟悉的：在他第一次做的关于创世记的布道中，他说，上帝首先创造了天国，这个完全精神的物质，而它的副本就是“我们的心灵，它本身

---

1 *In Genesim hom.*, XI, 3 (Migne, *P.G.*, vol.12, col.224)：“你可以看到那口幻想之井，从中取出那活水，它将成为你心中向上喷涌至永恒生命的泉水。”

2 Ibid., I, 2, col.148.

3 *In Numeros hom.*, XVIII, 4 (Migne, *P.G.*, vol.12, cols.707)：“因为这些水上的乐园和生命之树所在的那个乐园很相似。我们要么把这些水看作是使徒和福音传道者撰写的作品，要么看作是天使和天上的力量给这些灵魂提供的帮助；因为它们受到这些水的浇灌并被其淹没，受到滋养对天国的事情有了全面的认识和了解；尽管我们的救世主也是使上帝之城感到欣喜的那条河；圣灵本身不仅仅是那条河，而且是从把他置于其中的那些事物中出来的，河水就从它们的腹部流出来。”

4 Rahner, “Flumina de ventre Christi,” pp.269ff. Cf. Hippolytus, *Commentary on Daniel*, I, 17 (*Werke*, I, pp.28f).

就是一个精灵，就是说，它是看见和知道上帝的我们的那个精神的内部人”[1]。

337　关于基督教与诺斯替教的部分异教观点的相似之处，这些例子可能足以使读者描述我们这个时代的前两个世纪人们的心智，表明那个时代的宗教教义与心理事实究竟有多么密切的关系。

七

338　现在我们不妨回到希波吕托斯列举的那些象征吧。处在其**潜伏状态**的那个原始人被称为阿波罗，“并不是因为他饲养那些公山羊和母山羊”，而是因为他就是使宇宙旋转的那个极地。[2]这使我们想起了以前提到过的与墨丘利有关的炼金术士们的那些相似的观点，墨丘利就是在北极被发现的。同样的，纳塞内派——用奥德赛的语言——把阿波罗称为普罗透斯。希波吕托斯引用荷马史诗的原话如下：“这个地方经常有一些大海的老人，不朽的埃及人普罗透斯……他总是讲述真理……”[3]接着，荷马继续说道：“……他效忠于海神波塞冬，而

1　*In Genesim hom.*, I, 2（Migne, *P.G.*, vol.12, col.147）.

2　*Elenchos*, V, 8, 34（Legge trans., I, p.137）.这是一个双关语，源自“牧羊人”、“不停地旋转”，大地之轴，即极地。

3　*Odyssey*, Rouse trans., p.65.

且他知道大海的全部深度。”[1]波塞冬显然就是无意识的拟人化：[2]人们难以“把握住这个古老的神秘存在……他可能会首先看见我，或者知道我在那里，就避开了”。人们必须迅速地捕捉住他，并把他紧紧抓住，以便强迫他说话。虽然他住在大海中，但他在神圣的正午时分会来到孤独的海岸上，就像一个两栖动物那样，在他的海豹们中间躺下来睡觉。必须记住，这是些温血动物，也就是说，可以把它们看作能够成为意识的无意识内容，有时它们会自发地在有光明和空气的意识世界中出现。这位流浪的英雄从普罗透斯那里知道了他怎样才能“在鱼类出没的大海上”踏上回家的路，这位老人便以这种方法证明了他就是那个把死者的灵魂带到冥府的普绪科蓬波斯。[3]希波吕托斯说“他不让自己滚动”。“但是，”这本书又继续说道，“他围绕着自己旋转并且改变了他的形状。”因此，他的行为就像是一个无法把握的旋转意象。他所说的话是“真实的”，绝对可靠；他是一个“预言家”。纳塞内派的信徒们说“完人的知识的确是深入而且难以理解的”，这种说法并不是没有道理的。

339 后来，人们把普罗透斯比作厄琉息斯秘仪（古希腊时期位于厄琉息斯的一个秘密教派的年度入会仪式，源自希腊神话

---

1 *Odyssey*, Rieu trans., p.74.

2 他有点“骗子”的特点。

3 普洛透斯在很多方面与赫尔墨斯相同：最重要的是，第二视力的天赋和变形的能力。在《浮士德》（Part II, Act 5）中，他告诉那个侏儒怎样以及在哪里开始他的劳作。

传说）中那绿色的谷穗。参加秘仪的人哭着对他说："女主人生下了那个神圣的男孩子，布里莫生下了布里莫斯啦！"希波吕托斯说，与较高级的厄琉息斯秘仪相对应的一种"较低级的"普通入会仪式，是珀耳塞福涅（希腊神话中被冥王哈德斯绑架到地府的冥后，是宙斯和农业女神得墨忒尔的女儿）的黑暗道路，她是被那个冥王劫持的；仪式把人们领"到那个受崇拜的阿芙洛狄忒（希腊神话传说中爱与美的女神）的小树林，她使人们患上了爱的疾病。"男人们应该顺着这条下界的道路走，以便获悉"那些伟大的和天堂的"奥秘。[1]因为这种奥秘就是"天堂之门"和"上帝的寓所"，只有善良的上帝才居住在那里，注定只有那些具有宗教精神的男人才能进去见到他。他们

1 当我访问印度南部图鲁卡鲁坤德拉姆的一个古塔时，一个当地的梵文学者向我解释说，那些古庙的外面全都有目的地用一些淫秽的雕塑从上到下地覆盖着，以便提醒普通人注意他们的性欲。他说，这个精灵是非常危险的，因为如果这些人（"不完美的人"）没有做好准备就直接踩踏这条宗教精神之路，那么死神阎摩就会立刻夺取他们的性命。这些性欲的雕塑的意思是提醒人们注意他们的教规，这种教规命令他们遵守普通人的生活。只有当他们遵守了他们的教规时，他们才能踏上这条宗教精神之路。这些猥亵下流的东西是想要唤醒来访者对寺庙的性欲好奇心，这样他们就不会忘记它；否则他们就不会遵守它。只有那种具备了因果报应（通过以前存在的活动而获得的命运）资格的人，以及注定要过这种精神生活的人，才会无视这种禁令而不受惩罚，因为对他来说这些猥亵下流的东西什么意思都没有。这也是为什么有两个勾引男人的女人站在寺庙门口，引诱人们遵守它的原因，因为只有这样普通人才能获得更高的精神发展。而且，既然寺庙代表全世界，人类的所有活动就全都在里面得到了描绘；由于大多数人不管怎么说也总是要思考性欲的，所以寺庙的绝大多数雕塑就都具有性欲的性质。他说，正是因为这个原因，男性生殖器像阴茎就立在神圣的阿底顿腔（至圣所）中，立在子宫之中。这个梵文学者是一个密宗学者。

应该脱掉衣服，全都变成“新郎”，“被那个女神夺走了他们的精气”[1]。这是对《启示录》14:4的一种暗指：“……因为他们原是童身。羔羊无论往哪里去，他们……都跟随着他。”[2]

八

340 在客观的自性象征中，我已经提到过纳塞内派关于“不可见的点”这个概念。这个概念与莫诺伊姆斯中的“单子”和“人之子”的概念完全一致。希波吕托斯说：

> 莫诺伊姆斯……认为，有一个像海洋之神那样的人，在讲到他时诗人说的话有点像以下的表述：海洋之神，诸神和人类之源。[3]换句话说，这个人就是所有，就是宇宙、尚未出生者、不败朽、永恒的根源；上述之人有一个儿子，他出生之后受了很多苦，他的诞生是超越时间的，既不是随意的，也不是预先确定的……这个人就是一个单子，无混合的（和）无法分割的，（但）又是混合的（和）可以分割的；与万

1 他们的原型是那个被阉割的阿提斯和埃莱夫西斯的祭司，在庆祝圣婚之前，要喝下一口毒汁被弄成阳痿。

2 《马太福音》5：8：“心灵纯洁的人是有福的，因为他们将与上帝同在。”

3 《伊利亚特》（XIV，200f，246）的一种节略：“我打算跨过丰腴的大地，去往它的边缘，拜访欧申纳斯（育神的长河），以及泰西丝（神祇的母亲）……甚至拜访欧申纳斯河流自身，他是所有这一切的祖先。”（Rieu trans.，pp.262f）

物有爱并保持和平(但)又和万物发生战争并在万物中与它自己开战;不像又很像(它自己),可以说它是一种包含万物的音乐的和谐……展示万物并诞生了万物。它就是它自己的母亲,它自己的父亲,这两个不朽的名字。莫诺伊姆斯说,完整的人的标志就是一点或一点点(jot or tittle)。[1]这个一点点就是那个没有混合的、简单的、未混合的单子,有其来自任何虚无的组成,但又组成了许多形式、许多部分。那个单一的、不可分割的一点,就是那个长着很多面孔、千眼和一千个名字的极小的一点。这就是那个完整的人和不可分割之人的标志。……人之子是那个一小点,那个从高处流下来的一点,充实和充盈万物,在他自己身上包含着那个人身上的一切,那个人就是人之子的父亲。[2]

341　在莫诺伊姆斯那里,这个自相矛盾的单子的观念描述了自性的心理学本质,就像2世纪的一位思想家在基督教信息的影响下所想象的那样。

342　在普罗提诺(205—270)那里可以发现一个类似的概念,

1 《路加福音》16:17:"然而,天地的消逝比涂抹律法的一笔一画还要容易。"亦可参见《马太福音》5:18。正如爱任纽(*Adv. haer.*, I, 3, 2)所说,这完全有可能就是一点点这种象征的起源。

2 *Elenchos*, VIII, 12, 5ff(Legge trans., pp.107ff).所有这一切都是诺斯替教派对约翰一世的一种释义,与此同时是对心理学自性的一种有意义的阐述。希腊字母ι与自性的关系和希伯来字母Yod(碘)与犹太教神秘哲学中的哲人石的关系一样。那个原人亚当,就代表Yod这个字母顶端的那个小钩。(*Shaare Kedusha*, III, 1)

他生活在稍晚一点的年代。他在《九章集》(*Enneads*)中说:“自我认识揭示了这个事实,灵魂的自然运动并非线性,除非它确实发生了某种偏差。相反,它围绕某个内部的东西,围绕一个中心做环形运动。现在这个中心就是那个环形出发之地,就是那个灵魂。因此,灵魂将围绕这个中心运动,就是说,围绕她由此出发的那个原则运动;在趋向于它的过程中,她将使自己依附于它,就像所有的灵魂确实做过的那样。那些有神性的灵魂始终朝向它,而这正是其神性的秘密,因为神性就在于它要依附于这个中心。……任何一个从中撤出的人,就是一个始终没有获得统一的人,就是一个禽兽之人。”[1]

343 此处的那个点就是一个圆圈的中心,可以说它是由灵魂的环形运动造成的。但是,这个点却是“万物的中心”,即上帝意象。这是一个仍然在现代人的梦中作为曼荼罗象征之基础的观念。[2]

344 具有同样意义的是在诺斯替教中也很常见的关于火花的观念。[3]在迈斯特·埃克哈特那里,它的意思相当于“灵魂的

---

1 *Ennead*, VI, 9, 8(Guthrie trans., p.163,稍有改动)。

2 “A Study in the Process of Individuation” and “Concerning Mandala Symbolism” in Part I of vol.9.

3 布塞特(*Hauptprobleme der Gnosis*, p.321)说:“[诺斯替教派的信徒们相信]人类或者至少某些人,从一开始就在他们内心携带着一种源自光明世界的更高级的元素(闪光),这使他们能够上升到七层世界之上,进入上层的光明世界,在那里居住在那个未知的父亲和天国之母。”

小火花"[1]，我们早已在萨图尔尼努斯的教诲中遇到过了。[2]同样的，据说赫拉克利特，即"那位自然科学家"，也把灵魂看作一个"具有恒星本质的火花"[3]。希波吕托斯说，在塞提斯教派的教义中，黑暗拥有"处于奴役中的光明和光明的火花"，而这个"非常小的火花"在下界的黑暗之水中得到了精美的混合。西门·玛古斯[4]也有同样的教诲，在精液和牛奶中有一种非常小的火花，它"增长并且变成了一种无限的和不可改变的力量"[5]。

345 关于这个点的象征在炼金术中也有发现，在那里它代表那种神秘物质；在迈克尔·迈尔那里[6]，它表示"本质的纯洁性与同质化"。它是蛋黄里可以长成一只小鸡的那个"太阳

---

1 Meerpohl, "Meister Eckharts Lehre vom Seelenfünklein."

2 Irenaeus, *Adversus haereses*, I, 24. 开悟的属灵人包含着一小部分完满存在者（II, 29）。Cf. *Elenchos*, VII, 28, 3（Legge trans., II, pp.80f）.

3 Macrobius, *Commentarium in Somnium Scipionis*, XIV, 19.

4 *Elenchos* VI, 17, 7. Cf. "Transformation Symbolism in the Mass," par.359.

5 Cf. Wickes, *The Inner World of Man*, p.245. 这是一种典型的自性化象征作用："然后，我看见在杆子上悬挂着一个人，在它内部拥有这个世界和那些空间的所有孤独。孤独、无望，那个太一悬挂着，眼睛向下凝视着虚空。太一长时间地凝视着，把所有的孤独都吸收到自己身上。然后在深不可测的黑暗中诞生了一个极微小的火花。它慢慢地从无底的深渊中升起，在上升过程中它一直在成长，直到变成一颗星。这颗悬挂在太空中的星恰好和那个人相对，白色的光亮像溪流一样流泻在那个孤独的太一身上。"相反，它和琐罗亚斯德（前628—前551，是古代波斯帝国琐罗亚斯德教的创始人，这个教派后来也被称为拜火教和祆教）有关，他把火花从一颗星星上取下来，结果把他烧焦了。（Bousset, p.146）

6 Maier, *De circulo physico quadrato*（1616）, p.27.

点”[1]，在坤拉斯那里它代表以“盐点”（salt-point）的形式表现出来的智慧；[2]在迈尔那里它是金子的象征。[3]对于“论黄金”一文的注释者来说，它就是那个中点，那个“小圆圈”和使敌对的元素和解的“调停者”，以及“通过持续的旋转把方形的角变成像它自己那样的圆形的角”[4]。对多恩来说，那个“可以理解的十六点”就是创造的出发点。[5]约翰·迪也同样说，万物皆起源于点和单子。[6]确实如此，上帝自己同时既是中心也是圆周。在米利乌斯那里，这个点被称为“赫尔墨斯之鸟”[7]。在“新生之光”中它是精灵与火、神秘物质的生命，与火花相似。[8]这个点的概念与诺斯替教的观念多少有些相同。

346 从这些引文中我们可以看到基督是怎样被同化到神的国之意味的象征中去的，例如，白芥子、隐藏的宝藏、高价的珍珠等。他和他的国具有同样的意思。对于基督人格进行如此消解，人们必然会有非议，但是人们还没有认识的是，它同时也代

---

1 “因此在鸡蛋里有四样东西：土、水、气和火；诞生‘太阳点’却在这四样东西之外，位于蛋黄中间的就是小鸡。”（*Turba*, Sermo, IV）鲁斯卡（*Turba*, p.51）用“触发点”来代替“太阳点”，他相信所有的抄写者都犯了同样的错误。对此我还无法确定。

2 *Von hylealischen Chaos*, p.194.

3 *De circulo physico quadrato*, p.27.

4 *Theatr. chem.*, IV, p.691.

5 “Physica genesis,” *Theatr. chem.*, I, p.382.

6 *Monas hieroglyphia*（first edn.,1564）.*Theatr. chem.*（1602）, II, p.218.

7 *Phil. ref.*, p.131.

8 *Mus. herm.*, p.559.

表把基督同化和整合到人类的精神中去。[1]这种结果可以在人格的成长和意识的发展中看到。在我们今天这个反基督教的时代，这些独特的成就现在已受到严重威胁，不仅受到社会政治的幻想体系的威胁，而且主要是受到一种理性主义的狂妄自大的威胁，这种狂妄自大正在把我们的意识与其超越的根源撕扯开，并将那些内在目标置于其面前。

1 在这里我想要引用一种神学的观点："耶稣是一种综合与成长，由此而导致的形式是这样一种形式，它讲述了成为其构成的一百种力量。但有趣的是，这个过程并没有随着教规的封闭而结束。耶稣仍然在构成之中。"（Roberts, "Jesus or Christ—A Reply," p.124）

第十四章

自性的结构和动力

一

347 在前一章提供的例子应该足以描述作为自我意识之基础的原型的顺向同化和放大作用。我并非想要毫无必要地增加它们的数量，而是想要对它们加以总结，这样就可以对此作出一种全面的描述。从希波吕托斯提供的机制不同的暗示中可见，许多诺斯替教派的信徒们无非就是些心理学家而已，这显然是毫无疑问的。所以，他在对他们进行报告时说，“灵魂是非常难以发现和理解的”[1]，对完整的人的了解也同样非常困难。“因为对人的理解是整体性的开端，但对上帝的了解却是完美

1 *Elenchos*, V, 7, 8（Legge trans., I, p.123）.

的整体性。”亚历山大的克莱门特在《指导者》(III, I)中说：“因此，它似乎就是认识自己的所有戒律中最伟大的；因为只有当一个人认识了他自己的时候，他才能认识上帝。”而莫诺伊姆斯在给帕拉赛尔苏斯的信中写道：“从你自己中把他找出来，要知晓是谁占有你身上的一切，请说：我的神、我的精灵、我的理解、我的灵魂、我的身体；要知晓悲哀与欢乐源自何处，以及爱与恨源自何处，虽然你不愿意也要醒来，虽然你不愿意也要睡去，虽然你不愿意也要变得愤怒，虽然你不愿意也要坠入爱河。如果你会仔细地调查这些事情，你就会在自己身上发现他，那个太一和众多，就像找到那个小点一样，因为你将在你自己身上找到使你发生转变和获得解救的出发点。”[1]

348 在阅读这个文本时，人们会不由自主地想起印度的那个观点，它把自性看作梵和阿特曼，例如在《基那奥义书》(*Kena Upanishad*)中：“心灵根据谁的意志和指示向前飞？第一口气根据谁的命令呼出？谁发出我们在这里说出的话语？唤起眼睛和耳朵的是什么神？耳朵的听见、心灵的思维、言语的说出……那些无法表达的言语，那些借此得到表达的言语……那些心灵无法思考的东西，以及心灵借此而进行思考的东西，都知道那就是梵。”[2]

---

1 *Elenchos*, VIII, 15, 1ff. Cf. Legge trans., II, p.10.

2 Radhakrishnan, *The Principal Upanishads*, pp.581f.

349 在《广林奥义书》(*Brihadāranyaka Upanishad*)中,是用间接的形式把它作了如下界定:"居住在所有存在之中的他,但又在所有存在之外,任何的存在都不知道它,他的身体就是所有的存在,他从内部控制着所有的存在,他就是你的自性,那个内部的控制者,那个不朽的人。……除了他之外没有任何其他先知,除了他之外没有任何其他的人能够听见,除了他之外没有任何其他的人能够感知到,除了他之外没有任何其他的人知道。他就是你的自性,那个内部的控制者,那个不朽的人。所有的一切都有悲伤。"[1]

350 在被称为"阿拉伯人"的莫诺伊姆斯那里,也并非没有印度的影响。他所说的话之所以重要,是因为它表明,甚至在2世纪[2]时自我也被视为包罗万象的整体性,即自性的典型——这是一种就是在今天也并非所有的心理学家都熟悉的想法。在近东地区和在印度一样,这些开悟是只能是心理学的深刻的内省观察的产物。诺斯替教的灵知无疑是一种心理学知识,其内容是从无意识派生出来的。它通过全神贯注于"主观因素"而达到开悟,[3]从经验上讲,这种主观因素存在于集体无意识对意识心灵所施加的可以证明的影响上。这可以解释诺斯替教的象征和无意识心理学的发现之间那种令人惊讶的相似性。

---

1 *The Principal Upanishads*, pp.228f.

2 希波吕托斯生活在公元前230年,所以莫诺伊姆斯一定比他早。

3 *Psychological Types*(1923 edn., pp.471ff.).

351 我想要通过对以前讨论过的象征进行总结来佐证一下这种相似性。为了这个目的，我们必须首先回顾一下导致心理学家们一种整体性原型的那些事实。这些事实首先是梦和幻想；其次，是整体性象征出现于其中的积极想象的产物。这些事实中最重要的是一些包含着圆形和四位一体元素的几何结构[1]；意即，一方面是环形的或球形的形式，它们可以要么以纯几何的形式，要么以客体对象的形式为代表，另一方面是可以分成四份或者以十字的形式表现出来的二次图。它们也可以是在意义上彼此相关或者用这种方式进行安排的四个客体或四个人物。像四的倍数八，就具有相同的意义。四位一体主题的一个独特变式就是3+1这个两难问题。在这里，十二（3×4）似乎是解决这个难题的一种方法，也是一个整体性的象征（十二生肖，年）。可以把三看作一种相对的整体性，因为它通常要么代表一种精神的整体性，它是一种就像三位一体那样的思想的产物[2]，要么代表一种本能的、神秘的整体性，就像冥府中诸神的三元本质一样，即“下界三元神”。但是，从心理学上讲——如果上下文表明它指的是自性——那就应该把三理解为一种有缺陷的四位一体，或者理解为朝向它的垫脚石。[3]从

1 这个圆圈由于其“完美的”形式而具有整体性特点；四位一体，因为四是可以把圆自然地划分为其组成部分的最小的数。

2 Cf. “A Psychological Approach to the Dogma of the Trinity,” pars.182ff.

3 Cf. “Phenomenology of the Spirit in Fairytales,” in Part I of vol.9, and “A Psychological Approach to the Dogma of the Trinity.”

经验上讲，一个三合体有一个与之相反的作为其补充的三位一体。对四位一体的补充就是统一体。

352　那个几何形状的水晶和创造奇迹的石头，就是从圆形和四位一体主题中派生出来的。由此可以类推城市、城堡、教会[1]、住房、房间[2]和容器。[3]另一个变式就是轮子。前一个主题强调的是自我在自性这个更大维度上的包容性；而后者强调的是作为一种仪式的绕行而出现的旋转。从心理学上讲，它表示精力集中和全神贯注于某个中心，被想象为一个圆圈的中心，因而作为一个点来进行阐述。这很容易导致人们把它与天国的极点和围绕它旋转的繁星点点的天堂之碗联系起来。一个相似的类比就是作为“生日轮盘”的星象图。

353　住房、房间和容器的意象把我们带到其内容面前，即房子或城市里的居民，以及装在容器中的水。居民既与四位一体有关，也与作为四的统一体的五有关。水在现代人的梦和幻想中是作为反映天空的一个蓝天而出现的，作为一座湖、四条河（例如，作为欧洲心脏的瑞士有莱茵河、提契诺河、罗纳河、因河，或者拥有基训河、皮逊河、底格里斯河和幼发拉底河的伊甸园）、作为治愈之水和圣水等。有时水与火相联系，或者甚至作为火水（葡萄酒、酒精）而与之结合起来。

1　赫尔墨斯的“牧羊人”中用活的石头建造教会。

2　Wilhelm, *The Secret of the Golden Flower*, p.40.

3　*Psychology and Alchemy*, par.338.

354 这个二次空间的居民导致人物的出现。除了几何与算术的象征之外，这就是最常见的自性象征。它是一个神，或者是一个像神一样的人，一个王子、一个牧师、一个伟人、一个历史人物、一个令人爱戴的父亲、一个令人赞赏的榜样，那个成功的哥哥——简言之，一个超越了梦者之自我人格的人物。在妇女心理学中有一些相应的女性人物。

355 正如圆形与方形相对比一样，四位一体要与3 + 1主题相对比，正面的、美丽的、善良的、令人赞赏的、可爱的人物，要与负面的、丑陋的、邪恶的、卑劣的、可怕的、像恶魔般可鄙的生物相对比。和所有的原型一样，自性也有一种自相矛盾的、二律背反的特征。它是男性也是女性，是老人也是儿童，是强有力的也是孱弱无助的，是庞大的也是渺小的。自性是一个真正的“对立复合体”[1]，虽然这个词的意思并不是说它是一个本身充满矛盾的东西。这种表面的自相矛盾很有可能只不过就是意识态度的过度补偿（这是荣格杜撰的一个词，意思是指事情做得过头之后产生的一种补偿）后改变的一种反映，这种态度对整体可能具有很好的影响，有可能具有不好的影响。一般意义上的无意识也同样如此，因为那些使人害怕的人物可能是由意识心灵对无意识的害怕而引起的。意识的重要性不应低估；

1 库萨的尼古拉斯对上帝的一种定义。Cf. “Psychology of the Transference,” par. 537.

因此，至少在某种程度上把自相矛盾的无意识表现与意识态度建立起因果联系，这是很明智的。但是，我们也不应当高估意识的作用，因为经验已经提供了太多不容置疑的证据，来证明无意识补偿过程的自主性，使我们只是在意识心灵中来寻找这些自相矛盾的起源。在意识与无意识之间有一种"不确定性关系"，因为观察者是不能与被观察的对象分离的，并且必然会通过观察行为而对其造成干扰。换言之，对无意识的精确观察会使意识的观察产生偏见，反之亦然。[1]

356 因此，自性可以从最高级到最低级的各种形式出现，因为这些形式以守护灵的方式超越了自我人格的范畴。不言而喻，自性也具有其兽形的象征作用。根据我的经验，在现代人的梦中最常见的这些意象是象、马、公牛、熊、白色和黑色的鸟、鱼和蛇。有时人们也会遇到乌龟、蜗牛、蜘蛛和甲壳虫。主要的植物象征则是花和树。在无机物当中，最常见的是山和湖泊。

357 凡在性欲被低估之处，自性便以阴茎作为其象征。低估可能存在于某种平常的压抑或公开的贬值之中。在某些与众不同的人身上对性欲进行某种纯生物学的解释和评估可能也有这种作用。任何诸如此类的概念全都忽视了性本能的精神内涵和"神秘"内涵。[2]这些内涵自古以来就作为心理事实而存

1 关于曼荼罗主题的案例史，见 Part I of vol.9。

2 Cf. Hurwitz, "Archetypische Motive in der chassidischen Mystic," ch. VI.

在着，但在理性主义和哲学基础上它们的价值被贬低并受到压抑。在所有这些情况下人们只能借助于补偿来期待某种无意识的生殖器崇拜。这方面的一个很好的例子主要是弗洛伊德的性欲主义心理学取向。

二

358 现在来看一看诺斯替教关于自性的象征，我们发现希波吕托斯的纳塞内派最强调人类意象，在几何与算术象征中最重要的四位一体、八位一体、三位一体和统一体。在这里我们将注意力主要集中在四位一体的整体性象征上，首先注意的是在上一章的第六节提到的那个象征，我愿意简称为摩西四元数。然后我们将考虑第二个纳塞内派的四元数，即那个有四条伊甸园河流的四元数，我将称之为伊甸园四元数。虽然其构成不同，但这两个四元数表达的却是大体相同的观点。随后我将不仅要努力在心理学上把它们相互联系起来，而且要把它们和以后的（炼金术的）四位一体结构联系起来。在这些研究过程中，我们将发现，这两种四元数在多大程度上具有诺斯替教时代的特点，它们能在多大程度上与基督教时代心灵的原型史相互关联起来。

359 摩西四元数中的四位一体[1]显然是根据以下图式建构的：

1 *Elenchos*, V, 8, 2.

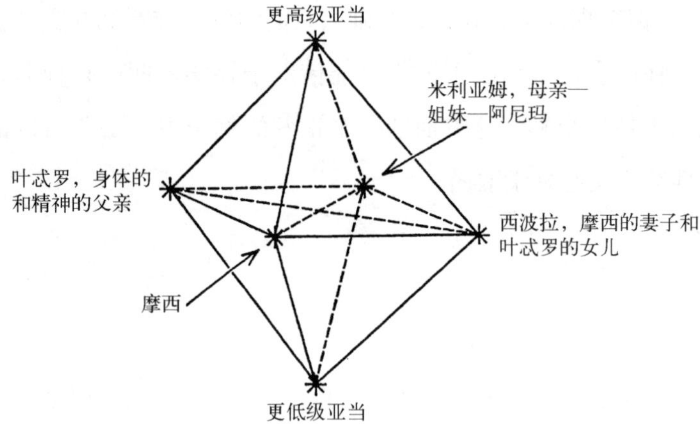

摩西四元数

360　“更低级亚当”与终有一死的普通人相对应，摩西与文化英雄和立法者相对应，因此，在拟人化水平上，与父亲相对应；西波拉，作为国王和神父的女儿，与“更高级母亲”相对应。对普通人来说，这两个人代表“皇家的一对”，在摩西看来，一方面它与他的那个“更高级的人”相对应，另一方面又与他的阿尼玛，即米利亚姆相对应。[1]那个“更高级的”人是“精神的、内部的”人的同义词，在这个四元数中以叶忒罗为代表。这就是从摩西的观点来看待这个四元数的意义。但是，既然摩西与叶忒罗有关，就像更低级亚当，或普通人，与摩西有关一样，那么我们就不能只把这个四元数理解为摩西的人格结构，而且也必须从更低级亚当的立场来看待。这样我们就可以得到以下这个四元数：

1　Cf. “Psychology of the Transference,” pp.211ff.

摩西————————————————	**西波拉**
作为文化英雄	作为更高级母亲
更低级亚当—————————————	**夏娃**
作为普通男人	作为普通女人

361 由此可见，纳塞内派的四元数在某种意义上是不对称的，因为它会导致一种带有完全上行倾向的六音部的诗（即六个一组）：叶忒罗和米利亚姆就不得不作为一种第三层次，作为摩西和西波拉的高级配对物而被添加到上述四者中去。这样我们就得到了一个从更低级亚当引向更高级亚当逐渐进展的或系列的台阶。这种心理学显然成为一系列精心安排的瓦伦提尼安合朔的基础。因此，更低级亚当或肉体的人是作为万物的最低级阶段而出现的，从这里只能有一种上升。但是，正如我已经指出的，在纳塞内派的四元数中的这四个人是如此熟练地精心挑选出来的，以致它不仅为乱伦这个主题留下了空间，这在婚姻的四元数中绝不缺乏，而且也为普通人下行的心理结构的扩展留下了空间，这种下行是朝向低于人类的，以阴影为代表的黑暗和邪恶的方面。就是说，摩西和那个"埃塞俄比亚女人"结了婚，而米利亚姆，那个女先知和母亲—姐妹，则变成了"麻风病人"，这是她与摩西的关系发生负面转向的一个明显证据。下面这个事实可以进一步证明这一点：米利亚姆"用言语顶撞"摩西，并且挑拨他的兄弟亚伦来反对他。于是，我们就得到了下面这个六元组：

更低级亚当————————————————**夏娃**

摩西————————————————————**埃塞俄比亚女**

叶忒罗,异教徒牧师————**米利亚姆**,"白皮肤的"麻风病人

362 虽然在《圣经》故事中对叶忒罗"这个伟大的智者"什么也没有说,但是,作为一个米甸人的神父,他并没有服务于耶和华,也不属于被上帝选定的子民,而是和他们道别,然后回到了他自己的家乡。[1]他似乎一出生就有个名字雷古埃尔("上帝的朋友"),曾以其优越的智慧帮助过摩西。因此他是一个神秘人格,原型的具体体现,显然也是"智慧老人"的原型,是神话和民间传说中精灵的拟人化。正如我在其他地方表明的[2],这个精灵有一种二重性。正如在这个例子中,摩西通过娶大地的黑女儿为妻来代表他自己的阴影一样,叶忒罗既然有能力成为异教徒神父和陌生人,就必须在这个四元数中作为他自己的"更低级的"侧面而被包括在内,这个侧面具有某种魔力的和邪恶的意义(虽然在这个文本中并没有得到确认)。[3]

363 正如我已经解释过的,这个摩西四元数是在民间传说中发现的平常婚姻的一个变式。[4]因此也同样可以用其他神秘名称

1 《出埃及记》18:27。

2 "Phenomenology of the Spirit in Fairytales," in Part I of vol.9, see.3.

3 既然这个完整的阴影四元数是一个对称的结构,那么这个"智慧的好人"在这里就必须有一个相应的黑暗的冥府人物与之相对。

4 Cf. "Psychology of the Transference," pars.425ff.

来给它命名。这种表亲之间的婚姻的基本图式：

丈夫————————————作为妻子的表姐妹
丈夫的姐妹—————————妻子的兄弟

有很多的变式：例如，姐妹可以用母亲来取代，或者妻子的兄弟可以用一个像父亲般的人来取代。但是，这种乱伦的主题保留着一个典型的特征。既然这个图式主要表现的是爱情关系以及移情的心理学特点，那么它就会像所有的性格学图式一样，显然要以某种“有利的”和“不利的”形式来表现自己，因为这些关系也会表现出相同的矛盾心理：一个人所做的一切事情都具有正面和负面。

364 因此，读者不应该让自己被这种多少有点粗俗的诺斯替教的命名牵着鼻子走。这些名称是偶然的，而图式本身却是普遍有效的。这个“阴影四元数”也同样是真实的，为此我一直保留着这些相同的名称，因为摩西的传记提供了完全适合于例证这个阴影的某些特征。

365 那个更低的六元组并不是在“更低级亚当”那里达到其最低点的，而是在其黑暗的、兽形的前兆中达到的，即在人之前被创造出来的那条蛇，或诺斯替教的纳斯。因此，我们就有了那幅在扉页上展示的结构图。

366 这个图并不是无聊的猜谜游戏，因为这些文本非常清楚地表明，诺斯替教派的信徒们相当熟悉他们的那些形而上学人物的阴暗面，以致他们由此而造成了最大的伤害。(人们只要考虑一下把好上帝与普里阿普斯相认同[1]，或者把那个原人与猥亵下流的赫尔墨斯相认同就行了。)再者，正是那些诺斯替教派的信徒们，例如巴西里德曾不遗余力地讨论过恶的问题(“恶来自何处?”)。努斯和善良的魔鬼的那种蛇的形式，并不意味着蛇只有一个善的方面。正如阿波菲斯蛇是传说中埃及太阳神的敌人，那个恶魔，那条“古蛇”[2]，则是基督这个“新太阳”的敌人。善良、美好、高尚的上帝受到一个不完美的、自负的、无知和无能的物质世界创造者的反对。有一些执政官利用手中的权力给人类做了一些错误百出的记录(手写的字条)，基督只好对它们进行弥补。[3]

367 随着第二个至福千年曙光的来临，强调的重点越来越多地转向阴暗面。这个造物主变成了创造物质世界的魔鬼，此后不久，炼金术开始形成墨丘利的概念，把墨丘利视为一个渗透和保持在万物之中的部分物质的、部分非物质的精灵，从石头和

1 在贾斯廷的灵知中。See Hippolytus, *Elenchos*, V, 26, 32(Legge trans., I, p.178): 但是，善良的太一就是普里阿普斯。

2 《启示录》12: 9。

3 《歌罗西书》2: 14:“他取消了对我们不利和反对我们的记录，把它钉在十字架上毁掉了它。”(DV)。这个记录是印刻在身体上的。这种观点得到了奥罗修斯的证实(“Ad Aurelium Augustum Commonitorium de errore Priscilcillian et Origenistarum,” p.153)。他说，按照普利西里安的意见，灵魂在穿越星球而下降从而获得诞生的过程中，被邪恶的力量抓住了，在胜利者(“获胜者的君主”)的命令下，被铸造成不同的身体，在每个身体上都写上一个“记录”。那些灵魂的部位收到了一个神圣的字据，而身体部位则被刻上了黄道十二宫。

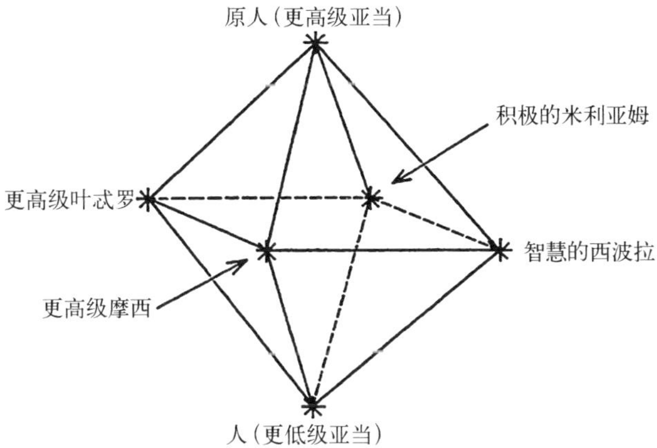

A. 原人四元数

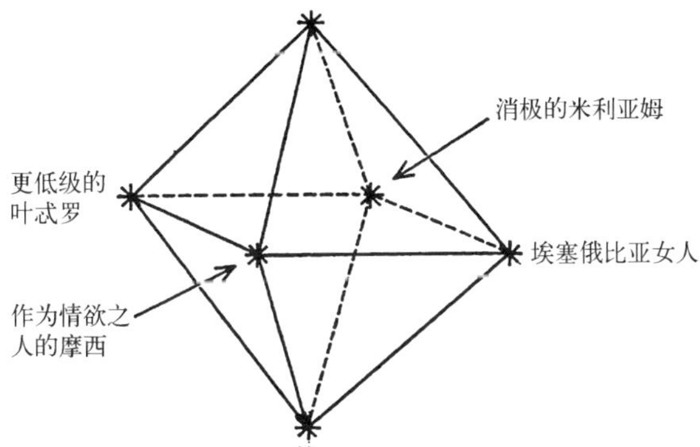

B. 阴影四元数

金属到最高级的活的有机体中都有。他以蛇的形式居住在大地之中，他有一个身体、灵魂和精神，拒信他还有一种人的形状，如矮人或高人，而且被视为“地神”[1]。由此清晰可见，这条蛇

1 “The Spirit Mercurius.”

要么是人的祖先，要么是那个原人的久远的复制品。下面这个等式是多么合理啊：纳斯=努斯=逻各斯=基督=更高级亚当。中世纪把这个等式向其黑暗面做了扩展，正如我已经说过的，诺斯替教的生殖器崇拜已为这种扩展做好了准备。早在15世纪炼金术的《阿什伯纳姆抄本》(1166)[1]中，以及在16世纪把墨丘利与赫尔墨斯相认同当中，都出现过这种扩展。[2]

三

368 诺斯替教派的哲学在炼金术中找到了其延续之所，这是很有意义的。[3]"阿基米亚母亲"是现代科学的母亲之一，而现代科学给我们提供了一种关于物质之"黑暗"面的无与伦比的知识。它业已渗透到生理学和进化的秘密之中，使生命本身的真正根源成为研究的对象。人类的心灵便以这种方式深深地沉入到物质的尘世之中，从而重复了诺斯替教关于努斯的神话，

---

1 See *Psychology and Alchemy*, fig.131.

2 "Chrysopoeia", in Gratarolus, *Verae alchemiae artisque metallicae*(1561), pp.269. 这是奥古莱鲁斯献给教皇利奥十世的，其中包含着日神福玻斯的姐妹心灵婚姻的一个符咒：

> 你这个柱状的东西，也是个大胆的玩意，
> 没有失败，从其纯洁的泉水中流出的溪流，
> 那些银色的人被称为"快"，那种原始状态，
> 也是一项如此伟大工程之最初开端。

3 在西罗马帝国，这种发展有一个缺口，从3世纪一直扩展到大约11世纪，也就是，扩展到第一次从阿拉伯文译过来的时候。

他在下界的深处看见了他的映像之后便跌落下来，并且在菲西斯的拥抱中被吞噬掉。这种发展的高峰在18世纪以法国人革命为标志，在19世纪以科学唯物主义为标志，在20世纪以政治和社会“现实主义”为标志，这就把历史的车轮往后退行了整整两千年，看到了专制统治的重新抬头，缺乏个体权利，残忍、侮辱，以及基督教时代之前的奴隶制，其“劳动问题”是通过“囚禁奴隶的私人监狱”（罪犯营）来解决的。“所有价值观的完全颠覆”就在我们的眼前得到了推行。

369 此处简要概述的这种发展似乎在中世纪和诺斯替教派的象征中就已被预见到了，就像反基督者在《新约全书》中被预见到一样。至于这究竟是怎样发生的，我将努力在以下的内容中加以描述。我们已经看到，由于更高级亚当与更低级亚当相对应，所以更低级亚当与蛇相对应。对中世纪和古代晚期的心理来说，这两个双重锥形的第一个，即原人四元数，代表精神世界或形而上学，而第二个双重锥形，即阴影四元数，则代表尘世的性质，尤其是代表人的本能倾向，即“肉欲”——用诺斯替教—基督教的术语——这种肉欲的根源就在动物王国，或者更准确地说，就在温血动物王国之中。该系统的最低层次就是冷血的脊椎动物，即蛇，因为实际上可能与所有温血动物建立的融洽关系到了蛇这里也就终止了。与人们的预期相反，认为蛇应该与原人极其相似的观点得到了下述事实的证实——这个事实对中世纪的人具有特殊意义。一方面，它是关于基督的一种著名的讽喻；另一方面，它似乎又具有智慧和最高精神性这种天赋。[1]正如希波吕托斯所说，诺斯替教派的信徒们认为蛇就等同于脊髓和骨髓。这些都是反射功能的同义词。

370 这两个四元数的第二个是第一个的消极方面；它是它的阴影。所谓“阴影”，我的意思是指低劣的人格，其最低层次是无法与动物的本能区分开的。这是一种可以在非常早期的时代，在关于灵魂的观念中发现的观念，是伊西多[2]的“多余的灵魂”[3]，我们在奥利金那里也遇到过它，他说人心中包含着动物（人性中隐含着动物性）。[4]既然对大多数人来说，阴影本身是无意识的，那么蛇就相当于完全无意识的且不可能成为有意识的东西，但是，作为集体无意识和本能，它似乎又具有它自己的某种独特智慧，拥有某种常常被认为是超自然的知识。这就是蛇（或龙）竭力守护的那个宝藏，也是为什么蛇一方面意味着邪恶与黑暗，另一方面却又代表智慧的原因。它的无关联性、冷酷和危险性表达的是这样一种本能，用无情的冷酷来蛮横地对待所有道德的愿望和考虑，以及人类任何其他的愿望和考虑，其

1 “最具有精神性的动物。”

2 伊西多是巴西里德的儿子，见Clement of Alexandria, *Stromata*, II, 20, 113（Wilson译，II, p.65）。那个“多余的副产品”就是动物灵魂，例如狼、猴子、狮子等的灵魂。

3 在瓦伦提尼安教派那里，那些“附属物”就是居住在人身上的精灵。Clement of Alexandria, 112, 114（pp.64f）。

4 *In Levit. hom.*, V, 2（Migne, *P.G.*, vol.12, col.450）：“所以，当你发现你拥有世界上所具有的一切时，你不要怀疑在你内心甚至已经有了那些在牺牲时献祭的动物。”

效果就像是突然看到一条毒蛇那样令人害怕而又魂飞魄散。

371 在炼金术中，蛇是哲人墨丘利的象征，人们常常把它与启示之神赫尔墨斯相提并论。两者都具有普纽玛的性质。墨丘利这条蛇是一个冥府的精灵，它居住在无知之中，尤其是在潜藏在创造之中的那一点点原始的混沌之中，即无形的混沌或火球之中。炼金术中蛇的象征又返回来指历史上更早期的那些意象。既然炼金术士们把他们的杰作理解为创世的再现或模仿，那么墨丘利这条蛇，那个狡猾而又狡诈的神，便使他们想起了伊甸园里的那条蛇，因而使他们想起了那个魔鬼，那个诱惑物，他们自己承认在炼金过程中这个怪物变着法地捉弄他们。靡菲斯特，他的"叔叔就是那条蛇"，是歌德对炼金术所熟悉的墨丘利的一种说法。和龙一样，墨丘利是雌雄同体的狡猾的、逃避的、有毒的和危险的先兆，而且正是由于这个原因他才不得不被人人喊打。

372 对纳塞内派的信徒们来说，天堂是一个与摩西四元数相同的和具有类似意义的四位一体。它的四重性质就包含在四条河之中：皮逊河、基训河、底格里斯河和幼发拉底河。《创世记》中的那条蛇是拟人化的树木守护神的一个例证；因此在传统上它是在树中表现出来的或者是缠绕着树木的。正是树木发出声音，在说服夏娃——用路德的话来说——"吃一些树木是很好的，看到这是一棵强壮的树是很令人快乐的。"在"瓶子里的精灵"这个童话故事中，同样可以把墨丘利解释为一个树木的守护神。[1]在《瑞普利卷轴》中，墨丘利是作为一条蛇以从哲学树（“知识树”）的顶端掉落下来的梅露希娜的形象而出现的。[2]这棵树代表转换过程的发展和阶段[3]，其果实和花朵表示这件工作的完成。[4]在这个童话故事中，墨丘利是隐藏在大橡树根下的，也就是隐藏在大地之中。因为墨丘利这条蛇就居住在大地的内部。

373 对炼金术士们来说，天堂是关于白色的一个特别令人喜爱的象征，[5]即重新获得的纯真状态，它的河流的起源就是永恒之水的象征。[6]对教会的神父们来说，基督就是这个根源[7]，天堂的意思就是灵魂之地，逻各斯的四重性质的河流就是从那里冒着泡沫汩汩流出的。[8]我们在炼金术士和神秘主义者约翰·波达奇那里也发现了同样的象征：神圣的智慧是一个“新的大地、天国的土地。……因为所有的生命之树都是从这片大地上生长出来的。……所以天堂也是……从这个新的大地的心

---

1 “The Spirit Mercurius.”

2 See *Psychology and Alchemy*, fig.257.

3 Ibid., par.357.

4 Ibid., fig.122; “The ‘Arbor philosophica,’ ”（Swiss edn., pp.427ff.）.

5 Ripley, *Cantilena.*, verse 28f.; *Chymische Schrifften*, p.51; Mylius, *Phil. ref.*, p.124.

6 “一片用天堂的清水浇灌的土地”（Hollandus, “Fragmentum de lapide,” *Theatr. chem.*, II, p.142）。论亚里士多德和亚历山大大帝，由基督教哲学家收集书写（*Theatr. chem.*, II, p.885）。把“亚里士多德的实践”与天堂之水进行比较，它使人成为完整的和不朽的：“所有真正的哲学家都是从这片水中获得生命和无限财富的。”

7 Didymus of Alexandria, *De trinitate*（Migne, *P.G.*, vol.39, col.456）.

8 St Ambrose, *Explanationes in Psalmos*, Ps. 45, 12（*Corp. Script. Eccl. Lat.,* LXIV, p.337）. Cf. Rahner, “Flumina de ventre Christi,” pp.269ff.

脏和核心中冉冉升起的，从而使失去的伊甸园变得郁郁葱葱”[1]。

四

374　这个蛇象征把我们带到了关于天堂、树木和大地的意象面前。这就相当于一次进化的退行，从动物王国退回到植物王国和无机物的自然界，在炼金术中就成为物质之奥秘，即哲人石的一个缩影。在这里不要把哲人石理解为这项伟大杰作的最终产物，而是相反，应理解为其原初的物质材料。这个神秘物质也被炼金术士们称为哲人石。此处所描述的这种象征作用可以用示意图表示为另一个四元数或双金字塔：

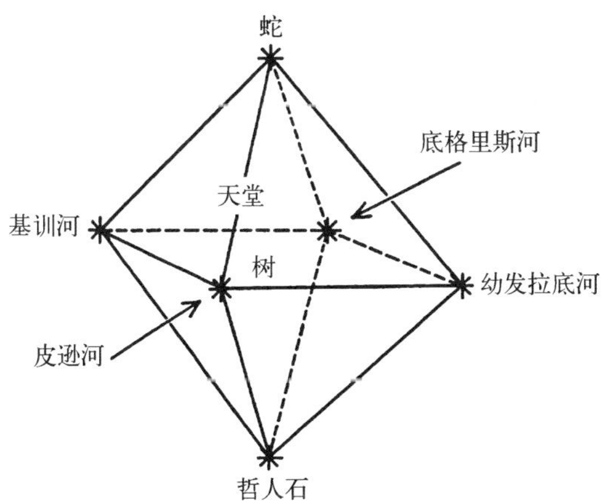

C. 伊甸园四元数

1　*Sophia*（1699），p.9.

375 哲人石被认为是一个统一体，因而常常代表一般意义上的原初物质。但是，正如后者只是一种原初的混沌，人们相信这种原初的混沌隐藏在金属中的某处，尤其是在水银之中，或在其他物质之中，它本身并不是一个简单的东西（正如“混沌”这个名称所示），哲人石也同样由四种元素组成，或者必须由这四种元素组合在一起。[1]在混沌之中，这些元素并未统一在一起，它们只是共同存在，必须通过炼金过程才能结合起来。它们甚至相互敌对而且绝不会自愿地统一起来。因此，它们代表一种原初的冲突状态和相互排斥状态。这种意象可用来例证原始的统一体分裂或拆解成为多样性的可见世界。炼金术的产品把处在无机物领域中的哲人石的统一体从这个分裂的四位一体中聚集在一起。作为宏观宇宙之子和一种活的存在，哲人石不仅是一种讽喻，而是与基督直接平行的[2]，是那个更高级亚当，那个天国的原人，第二个亚当（基督），就是那条蛇。因此，这第三个四元数的最低点就是那个进一步与原人相对应的事物。

376 正如已经提到的那样，哲人石的构成是建立在四种元素

1 和亚当一样，哲人石也是由四种元素组成的。这个方形圆圈的中心就是那个“中介物，在敌人或元素之间制造和平，这样它们就可以在一次合适的拥抱中相互爱戴”（“Tractatus aurens,” *Theatr. chem.*, IV, p.691）。

2 Cf. *Psychology and Alchemy*, “The Christ-Lapis Parallel.”

的统一基础上的[1]，而这四种元素又代表着对那个不可知的早期状态或混沌的一种拆解。这就是那个原初物质，那个奥秘，那种原始的物质，在帕拉赛尔苏斯及其追随者那里被称为“非受造物”，而且被视为与上帝永远共存的——这是对《创世记》1：2中的深渊的一种正确解释：“大地一片混沌，空无一物，黑暗笼罩着渊面，上帝的灵在水面上运行。”这个原始的物质是圆形的，就像世界和世界灵魂一样；它实际上是集世界灵魂与世界物质于一身。它就是那块“有灵魂的石头”[2]，用现代的用语来说就是物质结构中最基本的石料，即原子，这是一个智识的模型。炼金术士们时而把这个“圆形的元素”描述为原始的水，时而描述为原始的火，时而又描述为普纽玛、原始的土，或者“我们智慧的小体”[3]。作为水或火，它就是那种普遍的溶剂；作为石头或金属，它就是必须进行分解并变成气（普纽玛、精神）的某种东西。

377 这个哲人石的象征作用可以再次用一个双金字塔的示意图进行视觉化的表示：

---

1 Mylius, *Phil. ref.*（p.15）。他把构成哲人石的元素与实体、精神和灵魂相认同：实体是一种物质，即土，精神是灵魂和实体之间的那个节，因而相当于火。构成灵魂之恰当特点的水和气也是“精神。”这些元素中有三个是“移动的”，有一个（土）是不移动的。

2 引自佐西莫斯论著中奥斯坦尼斯的言论，“Sur L’art”（Berthelot, *Alch. grecs*, III, vi, 5）。

3 “Aurora consurgens,” *Art. aurif.*, I, p.208.

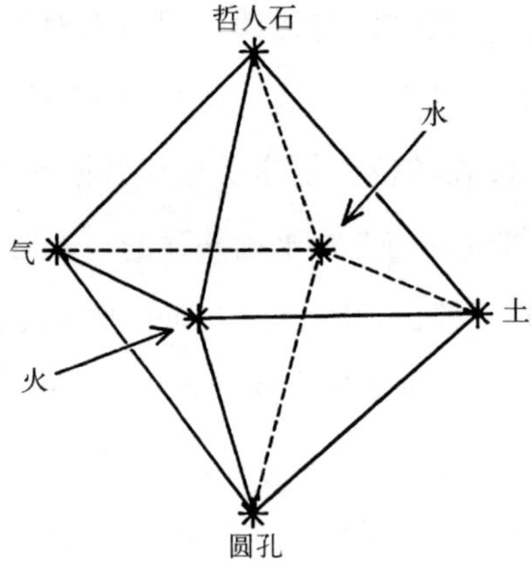

D. 哲人石四元数

佐西莫斯把圆孔称为欧米伽元素（Ω），它很可能表示头颅。[1]在萨巴人的论文“柏拉图四部曲”[2]中提到颅骨是转换的容器，而“哲学家们”则自诩是“有着金色头颅的孩子”[3]，这很可能是“智者之子”的同义词。容器常常是哲人石的同义词，这样一来，在容器及其内容之间就不存在差别；换言之，它们是相同的奥秘。[4]

1 Cf. “Transformation Symbolism in the Mass,” pars.365ff. “头”也具有“开端”的意思，例如“尼罗河的源头”等。

2 *Theatr. chem.*, V, p.151.

3 Berthelot, III, x, 1.

4 “有一块石头、一种药、一个容器、一种方法、一种气质。”（*Rosarium philosophorum*, *Art. aurif.*, II, 206）“事物的各种形式都是在我们的水中产生出来的。……它们在这种所谓的水中被制作出来，就像在一种人造的容器中被制造出来一样，这是一个巨大的秘密。”（Mylius, *Phil. ref.*, p.245）“哲学容器就是它们的水”（ibid., p.33）。这句话源自霍格兰德在的一篇论文（*Theatr. chem.*, I, p.199）。我们在那里发现“硫黄也被卢利称为大自然的容器”，而黑利则把容器描述为“卵子”，但同时既是内容，也是容器。自然的容器就是永恒之水和哲学家的“醋”（“Aurora consurgens,” II, *Art. aurif.*, I, p.203）。

根据古老的观点，灵魂是圆形的[1]，容器也必须是圆形的，就像天国或世界一样。[2]那个原人的形式是圆形的。因此，多恩说，这个容器"应该是通过把圆形变成方形制作而成的，这样，从其身体中分离出来的我们的质料中的精神和灵魂才能和它们一起把身体上升到它们自己天国的高处"[3]。对"论黄金"一文做过批注的那位匿名作者，也曾描写过把圆形变成方形的过程，并表示方形的四个角是由四种元素组成的。在中间有一个小圆圈。这位作者说："把你的石头还原为四种元素，对它们进行精馏并使之结合成为一体，你将会得到那个完整的处方。这个必定是由元素还原而成的太一，就是在这个方形中间的那个小圆圈。它是调停者，在敌人和元素之间制造和平。"[4]在后面那一章他把这个容器描述为"真正的哲学鹈鹕"[5]，如下一页所示。[6]

1 Caesarius of Heisterbach, *Dialogue on Miracles*, Scott and Bland trans., Dist. I, chs. XXXII, XXXIV.

2 在奥林匹奥多鲁斯那里，正在发生转换的容器是那个"球形瓶"或"圆形的装置"(Berthelot, II, IV, 44)。"炼金的器皿是仿照自然的器皿制作的，因为我们发现整个天国和所有的元素都很像是一个球形的实体"(Dorn, *Theatr. chem.*, I, p.430)。"所有这类杰作的最后就是，成为哲学家的墨丘利被放置在这个天球之中"(ibid., p.499)。特莱维萨努斯把这个容器称为"圆形的婚床"("Liber de alchemia," *Theatr. chem.*, I, p.790)。

3 "Congeries," *Theatr. chem.*, I, pp.574f.

4 *Theatr. chem.*, IV, p.691.

5 "在整个世界上被寻找的不可能是任何其他东西。"鹈鹕是一种蒸馏用的容器，但馏出物却没有滴入到接收器中，而是回流到蒸馏器的腹中。我们可以把这个过程看作是对意识实现过程的例证和对意识洞察到无意识的一种复制。"它将他们以前的生命安全恢复到接近死亡的状态。"这位作者对鹈鹕是这样说的。如我们所知，这个鹈鹕是对基督的一种暗指。

6 Cf. *Psychology and Alchemy*, p.123.

378 他评论说："A处在内部，因为它是所有其他字母由此奔流而出的根源和起源，同样也是所有其他字母奔流而回的最终目标，就像河水流入海洋和大海之中一样。"这种解释足以说明，这个容器不是别的，而是一个曼荼罗，象征着自性或带着他的四种放射物的更高级亚当（就像带着他的四个儿子的荷露斯）。这位作者称之为"隐藏的魔幻数字七"[1]。女先知玛利亚也同样说："哲学家们除了不教炼金术的密封容器之外，什么都教，因为这种容器是神圣的，是用主的智慧藏匿起来不为异教徒所知的；而且作为知者的他们其实并不知道这种真正的方法，因为他们对炼金术的容器一无所知。"西奥博尔德·德·霍格兰德补充说："年长者说，因此人们寻求的更多的是关于这部手稿的幻想而不是这部手稿（的知识）。"女先知玛利亚说："这就是斯

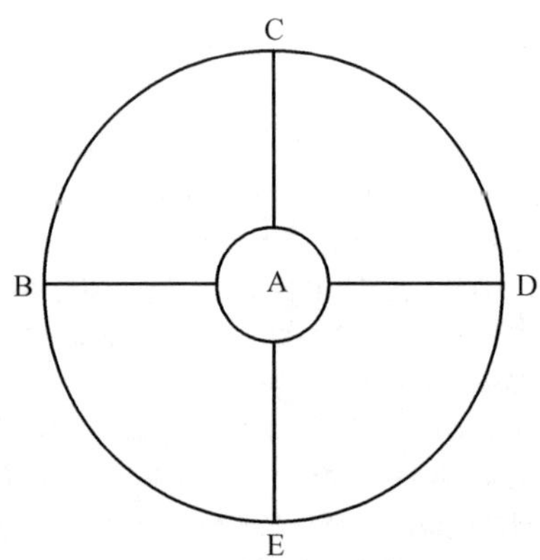

1 就是说，要算上（没有包括在这个示意图中的）字母F和G，它们分别表示上和下。

多葛学派隐藏的那个赫尔墨斯的炼金术容器，它并不是一个黑暗艺术的容器，而是测量你的火的量杯。”[1]

379 从这些引文中清晰可见，这个容器具有不同寻常的重大意义。[2]菲拉雷瑟斯在总结不胜枚举的墨丘利的同义词时说，墨丘利不仅是开启炼金术的钥匙，和“在那个守护在通往生命树之路上的小天使手中的那把双刃剑”，而且是“我们真正的、隐藏的容器、哲学的花园，我们的太阳在那里升起和落下”[3]。这多少有助于我们理解约翰内斯·德·路佩西撒提出的那个奇怪的忠告：“仿照小天使的样子制作一个容器，这个小天使就是上帝这个人，仿照六只胳膊的样子制作六个可以自行反转的翅膀；在上边，是一个圆形的头……把所谓燃烧的水倒进这个容器里。”诸如此类。[4]把小天使界定为“上帝这个人”，这表明路佩西撒在这里指的是以西结的那个幻想，它是按照这种方式安排的，一个横贯其中的水平部分会产生一个分成四个部分的曼荼罗。正如我已经提到的，这就等于是把圆形制作成为方形，根据一个炼金术的秘诀，容器应该是由此打造出来的。曼荼罗表示人或神圣的自性，整体性或上帝的幻想，正如在这个例子中已相当清楚地表明的那样。诚然，一个诸如此类的秘

1 *Art. aurif.*, I, p.324; *Theatr. chem.*, I, p.199; *Art. aurif.*, I, p.323.

2 Cf. *Psychology and Alchemy*, par.338.

3 *Mus. herm.*, p.770.

4 *La Vertu et la propriété de la quinte essence*(1581), p.26.

诀只能“在哲学上”加以理解，也就是在心理学上加以理解。然后书中写道：把赫尔墨斯的炼金术容器从你的心理整体性中制作出来，把它倒进永恒之水或教法之水中，其象征之一就是燃烧的精神（参见路佩西撒的“燃烧之水”）。这是一种暗示，炼金术士应该通过炼金术的教义“向内理解”和转换他自己。

380 在这一方面我们也就可以理解，当《曙光乍现》（第II部分）说到自然的容器是子宫（*matrix*）时是什么意思了：它就是那个“其中有三样东西的太一，即水、气和火。它们是三个玻璃的蒸馏瓶，哲人之子就是在这里生出来的。因此它们将其命名为酊剂、血液和蛋”[1]。这三个蒸馏瓶是对三位一体的暗指。事实也确实如此，这可以在1588年版的《潘多拉》一书的第249页中的那个例证中看到，在浸泡在一个大蒸煮罐的三个蒸馏瓶旁边站立着基督这个人，血从他胸口上被长矛刺伤的伤口中流出。[2]神秘的转换就在其中完成，那个圆形的炼金术容器就是上帝自己，就是（柏拉图学派）的世界灵魂和人自己的整体性。因此，它是原人的另一个副本，与此同时也是以其最微小和最物质化的形式表现出来的宇宙。因此人们很容易发现，建构一个原子模型的最初尝试会把行星系统作为一种原型。

1 *Art. aurif.*, I, p.203.

2 See *Paracelsica*, p.99.

五

381 四位一体是一种最卓越的组织图式，有点像是望远镜中的十字线。它是一个调节系统，几乎本能地用来分割和安排一个处于混沌状态的多样性，就像我们划分地球的可见表面，划分年月历程，或者把个体的集合体划分成小组[1]，月相、气质、元素、炼金术的颜色等是一样的。所以，当我们遇到诺斯替教徒中的一个四元数时，我们发现其中隐含着一种或多或少有意识的意图，想要把倾泻在他们身上的那些处于混沌状态的神秘意象的混合物组织起来。正如我们已经看到的，这种安排采取的形式起源于原始的表亲之间的婚姻，意即婚姻四元数。[2]这与原始的婚姻形式亦有不同之处，在原始的婚姻形式中姐妹交换已经祛除了其生物特性，姐妹的丈夫不再是妻子的兄弟，而是另一个近亲（例如在摩西四元数中妻子的父亲），甚至是一个陌生人。表亲和兄弟属性的丧失一般是通过一些神奇的性质来补偿的，例如较高的地位、魔力等，这两种性质只有在丈夫的姐妹和妻子的兄弟中才能发生。也就是说，要发生一次阿尼玛和阿尼姆斯的投射。这种变化会随之带来一种伟大的文化进步，因为投射这个

1 婚姻类型与解决方案。

2 "Psychology of the Transference," pars.433ff. Cf. Layard, *Stone Men of Malekula*, chs.5, 6; "The Incest Taboo and the Virgin Archetype," pp.266ff.——英编注

根本事实指的是丈夫和妻子之间关系中的一系列无意识群集，意思是说，这段婚姻已经在心理上变得复杂了。它不再只是一种生物的和社会共存的状态，而是开始转变成为一种意识关系。当最初的表亲婚姻随着婚姻类型进一步分化成一个六类、八类或十二类系统而被废弃时，这种情况就会发生。与这种发展携手并进的无意识激活的原因就是同族结婚倾向——“亲属关系的力比多”——的退缩，由于婚姻配偶有越来越多奇怪的现象发生，这种倾向再也无法找到恰当的满意度。[1]

382 除了婚姻四元数之外，诺斯替教的教徒们还把天国的四条河流这个四位一体用作组织其众多象征的一种手段。因此，在我们列举的象征中有两种（补偿性的）意图，想要把显然没有联系的意象组织起来。这与我们在积极想象过程中和在混乱的心理状态下产生的一系列图画的体验是一致的。在这两种情况下，四位一体的象征会不时地出现。[2]它们表示通过秩序而达到的稳定，这与由于混乱而导致的不稳定正好相反，这些象征还具有补偿意义。

383 以上所描述的这四种四元数首先是想要对诺斯替教中及其继承者炼金术中几乎不胜枚举的象征进行系统的安排，但这种原则性的安排也证明对理解现代梦的个体象征作用是有用

1 “Psychology of the Transference,” par.438.

2 Cf. *Psychology and Alchemy*, part II. 三元组合的象征也出现了，但比较少见。

的。我们在这个领域遇到的意象甚至更为多样，如此复杂而又混乱，以致绝对有必要画出某种组织图式。由于从历史上进行追溯是明智之举，我就把摩西四元数作为一个出发点，因为它是从原始的表亲婚姻图式中直接派生而来。诚然，这个四元数只具有某种例证的意义。人们同样可以很容易地把这个体系建立在任何其他婚姻四元数基础上，而不是建立在任何其他四位一体基础上，例如，荷露斯和他的四个儿子。这种四位一体不够原始，因为它遗漏了那个与之相对的女性元素。[1]最为重要的是，看起来应该联系在一起的正是这种极端的对立物、男性和女性等。这就是为什么炼金术中成对的对立物会在四位一体中联系在一起的原因，例如，热和冷、干和湿。把这种观点应用到摩西四元数中，就会得出以下的关系图：

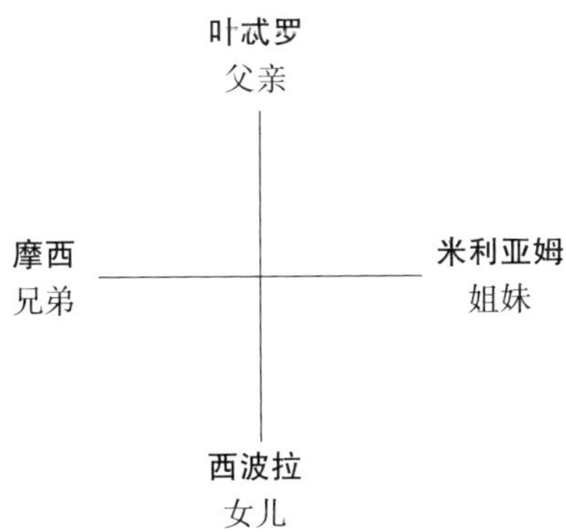

1　诺斯替教的四元数在时间点上当然要迟于荷露斯四位一体，但在心理学上它更为古老，因为女性因素在其中再次确定了其正确位置，而专制统治的荷露斯四元数却并非如此。

384 第一个双金字塔，即原人四元数，与诺斯替教的模型相对应，而第二个双金字塔则是在心理学上从第一个派生而来，但建立在诺斯替教的教徒们采用的《圣经》文本中包含的资料基础上的一个结构。关于建构第二个四元数的心理学原因业已讨论过。第二个必定是第一个的“阴影”，这是由于下述事实所致：那个更低级亚当，即终有一死的人，拥有一个冥府的精神，因而没有被一个超乎凡人之上的四位一体恰当地表达出来。如果他确实如此，那么他就是一个不对称的人物，正如那个更高级亚当是不对称的，而且必须用一个与他有关的就像他的阴影或其黑暗反射一样的附属的四位一体来补偿。

385 现在，正如原人四元数在更低级亚当那里找到了与其对称的补偿，更低级亚当也通过附属的阴影四元数而得到了平衡，这是仿照高级四元数的模型而建构起来的。更低级亚当的这种对称的补偿就是那条蛇。选择这个象征是有道理的，首先是因为亚当与蛇的著名联想：它是他在冥府的魔鬼，他熟悉的那个精灵。其次，因为蛇是黑暗、本能之冥界最常见的象征。可以用一个相同的冷血动物，例如龙、鳄鱼或鱼来取代它——这种取代是经常发生的。但是，蛇不仅仅是一种有毒的、冥府的存在；正如我们已经提到的，它也是智慧的一种象征，因而也是光明、善良和治愈的象征。[1]甚至在《新约全书》中它同时既

1 例如，就像希腊罗马神话中的医神埃斯库累普和善良的魔鬼之蛇一样。

是对耶稣基督的一种讽喻，也是对魔鬼的一种形象描述，正如我们已经看到的，鱼也是这类象征。同样的，对我们来说只具有负面意义的龙，在中国却具有正面意义，而且有时在西方炼金术中也同样如此。蛇象征的内在两极性远远超过了人的内在两极性。它是外在的，而人则是部分潜伏的或潜在的。在聪明和知识方面，蛇超过了亚当，而且能够智胜他。她比他更为古老，而且显然凭借上帝的力量而配备了超人的智慧，就像取代了撒旦角色的上帝之子那样。[1]

386 正如在上部人可以在一个“光明”而善良的上帝的观念中达到顶峰一样，在下部他却可以建基在一个黑暗而又邪恶的原则基础之上，在传统上被描述为魔鬼或蛇，这是对亚当的不服从所做的拟人化描写。正如我们用蛇与人相对称一样，在第二个纳塞内派的四元数，或伊甸园四元数中，蛇也具有很好的互补作用。伊甸园把我们带到一个植物和动物的世界中。它实际上是一个由于动物的存在而充满生机的植物园或花园，是从大地上长出的所有生长物的缩影。作为墨丘利之蛇，蛇不仅与启示之神赫尔墨斯有关，而且作为一个植物守护神，会带来“赐福的绿色”，植物生命全都萌芽开花了。[2]确实如此，这条蛇

1 Schärf, “Die Gestalt des Satans im Alten Testament,” p.151.

2 “哦，赐福的绿色啊，你使万物诞生，从而知道了，蔬菜和水果都不是从芽中长出来的，而是它有一种绿色。我们同样知道了，这个东西产生的是绿色，由于这个原因哲学家们称之为一个小芽。”（*Ros. phil.*, *Art. aurif.*, II，p.220）

甚至居住在大地内部，是隐藏在石头中的普纽玛。[1]

387 因此，蛇的这种对称的补充作用就是把石头作为大地的代表。在这里我们进入了象征作用的一个后期发展阶段，即炼金术阶段，其核心观念就是哲人石。正如蛇成为人的低级对立物一样，哲人石则成为对蛇的补充。另一方面，它与人相对应，因为它不仅以人形作为表征，而且它甚至还有“身体、灵魂和精神”，是一个小矮人，正如那些文本所示，是自性的一种象征。但是，它并不是一个人的自我，而是一个集体的实体，一种集体的灵魂，就像印度的梵天、“金胎”一样。石头是金属的父母，是雌雄同体的。虽然它是一个最终的统一体，但它不是一个基本的统一体，而是一个进化而来的复合的统一体。我们可以用炼金术士们为其核心象征而设计的所有那些“数以千计的名称”来代替这块石头，但这样说并没有什么差别，也不见得更合适。

388 象征的这种选择也不是随心所欲的，而是从1世纪到18世纪的炼金术文献中记载的。我们已经知道，哲人石是通过四种元素的分裂和聚合，从圆形中产生出来的。这个圆形是一个高度抽象的、超越的观念，因为它是圆形的[2]和整体的，因此它指的就是那个原始人，即原人。

---

1 参见佐西莫斯引用奥斯坦尼斯说的话（Berthelot，III，vi，5）。

2 这是一种暗示，指自转可能是物质的一个原则。

389 因此，我们的那四个双金字塔就会以圆圈的形式来进行排列，并形成那个著名的咬尾蛇。作为第五个阶段，那个圆形就会随即与第一个阶段相认同；就是说，漆黑的大地——金属——与原人有某种神秘的关系。在炼金术中这是显而易见的，但在宗教史中也出现过，在宗教史中金属是从迦约马特（后期琐罗亚斯德教中人类的始祖，是至高无上的神阿胡拉创造的第一个人，因此也被称为原人）的血中长出来的。[1]这种奇妙的关系被解释为最低级的、最物质化的东西与最高级的、最具有精神性的东西的同一，在把蛇解释为最阴暗的，同时也是"最具有宗教精神的"动物时，我们已经见识过了。在柏拉图那里，这个圆形就是世界灵魂和一个"可称颂之神"[2]。

六

390 现在我们要尽力浓缩前面几章的论点并用示意图来予以表征。若纵向排列，我们的这张图看起来就是这个样子的：

---

1 根据达姆达德—纳什科的报告（Reitzenstein and Schäder, *Studien zum antiken Syncretismus aus Iran und Griechenland*, p.18），迦约马特是查拉图斯特拉体系的神智学版本中的那个原人，另一方面，伊摩则是古代雅利安传说中的那个原人，他的名字叫"闪光的伊摩"。根据梅约—伊—卡尔德的观点，金属是从他的身体中创造出来的（Kohut, "Die talmudisch-midraschische Adamssage," pp.68, 70）。在*Bundahish*中，迦约马特的身体是由金属组成的（Christensen, "Le Premier Homme et le pemier roi dans l'histoire légendaire des Iraniens," p.21）。

2 Cf. "A Psychological Approach to the Dogma of the Trinity," par.185.——英编注

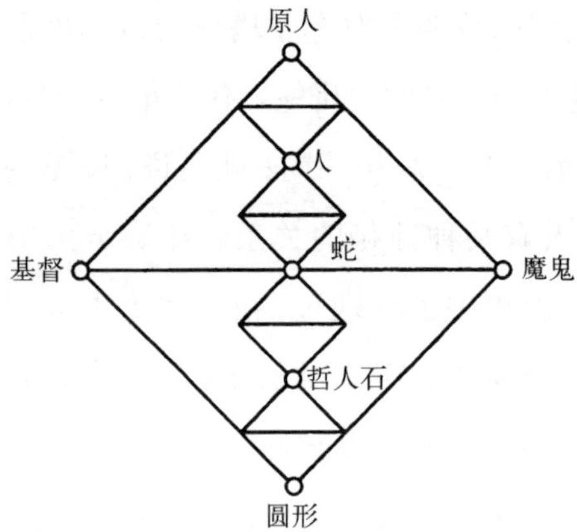

在这个示意图中，我强调的要点是对立物之间最大的紧张，意即蛇的双重意义，它占据着这个体系的核心。作为对基督和魔鬼的一种讽喻，它包含着在那个原人降落到凡间时所导致的那种最强烈的两极对立，并对此作了象征性的表述。普通人还没有达到这个紧张点：他只是在无意识中，即在那条蛇中才能达到这个点。[1]可以说，与人相匹配的东西，即对立物就是在哲人石中结合起来的，但有一道可见的裂缝或缝合口，意即雌雄同

1　大多数人都没有足够的意识范围以觉察到隐藏在人类本性中的对立物。它们所产生的紧张在大部分情况下都处在无意识之中，但可以在梦中出现。从传统上讲，蛇代表人身上的薄弱环节：它把阴影，即他的弱点和无意识拟人化地表现出来。无意识的最大危险就是易受暗示。暗示发挥作用是由于一种无意识的动力被释放出来，越是处在无意识状态下，暗示就越有效果。因此，意识与无意识之间这种不断扩大的分裂增加了心理传染病和大众精神病的危险。随着象征观念的丧失，通往无意识的桥梁被摧毁了。本能再也无法抵御不健康的观念和空洞的口号。没有传统和在本能中没有根基的根本理性阻挡不住极端无理性。

体的象征。这就对哲人石这个观念造成了破坏，就像是完全人性的成分对原人造成破坏一样。在更高级亚当中和在圆形中对立物是不可见的。但很有可能一方与另一方是绝对对立的，如果双方同样都是不可区分的超越的实体，这就是成为下述规则的那些悖论之一：对某一形而上学事物的说明只能是二律背反的。

391 那条咬尾蛇的排列可绘制出如下这幅图：

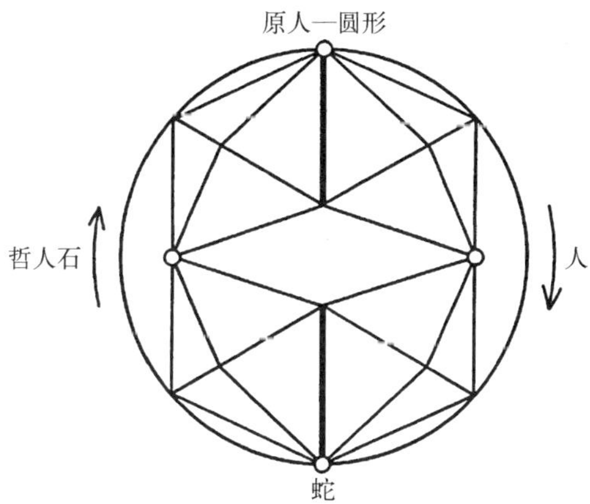

这种安排一方面表现了原人—圆形与蛇之间那种比较强烈的紧张，另一方面表现了人与哲人石之间那种不太强烈的紧张，这是通过这些点相互之间的距离来表示的。箭头表示下降到自然的凡间和上升到精神。最下面的点是那条蛇。但是，尽管哲人石具有决定性的物质属性，但也是一种精神的象征，而圆形则隐含着超越实体的意思，是通过物质的秘密

而象征性地表现出来的，因此可以与原子的概念相比较。这些概念的这种二律背反的演变与炼金术的自相矛盾的性质是一致的。

392 哲人石四位一体是炼金术之灵知的产物，它把我们带到了炼金术那有趣的物理推测面前。在迈克尔·迈尔（1568—1622）的《化学源考》（*Scrutinium chymicum*）（1687）中有一幅画[1]，把四种元素描绘成火的四个不同阶段（图I）。

393 正如这幅画所示，这四个阶段都充满了火。我们由此而获悉，那个最低阶段与火神伏尔甘相对应，是世俗的（？）火；第二个阶段与墨丘利相对应，是植物的生命灵魂；第三个阶段与月亮相对应，是女性的，是心理原则；第四个阶段与太阳相对应，是男性的，是精神原则。从迈尔的评论中显而易见，他一方面关注的是四种元素，另一方面关注的是四种火，它们有助于产生不同的聚集状态。根据其在该系列中的位置，他的火元素就会与伏尔甘相对应；墨丘利之火就会与气相对应；而第三种火则与水和月亮相对应；与太阳相对应的第四种火，他称之为“土之火”。根据迈尔引用的瑞普利的观点，这个火元素就是可以“点亮木头”的火；因此它一定是普通的火。另一方面，太阳火则似乎是土中的火，今天我们会称之为“伏尔甘之火”，而且与固态的聚集状态相对应。

1 Emblema, XVII, p.49.

394 关于这些聚集状态与各种不同的火之间的这种类比，其中最显而易见的事情就是，它含有某种燃素说的意味——当然，并不一定确切，但显然有这种暗示：火是所有聚集状态中最独特的，因此应该是其共同的构成成分。这个观点很古老[1]，可以在《哲人汇编》中找到，达德里斯在这本书中说："硫是隐藏在四体（元素）中的灵魂。"[2]此处的积极原则（灵魂）并不是火，而是硫。但是，与这个观点的意思相同，就是说，可以把这些元素或聚集状态还原为公分母。今天我们已经知道，这个与对抗元素共同的因素就是分子运动，而这些聚集状态则与这种运动的不同程度相对应。分子运动又反过来与某种量子的能量相对应，所以这些元素的公分母就是能量。现代能量概念的一个踏脚石就是斯塔尔的燃素说[3]，它是以上述炼金术的前提为基础的。因此，我们可以从中看到能量理论的最早期开端。[4]

1 最早的出处源自赫拉克利特。

2 *Turba*, Ruska ed., Sermo, XLIII, p.149.

3 G. E.斯塔尔（1660—1734）曾设想，所有易燃的（即可氧化的）物质都含有某种着火的原则。人们设想它没有重量，甚至还有负的重量。Cf. H. E. Fierz-David, *Die Entwicklungsgeschichte der Chemie*, pp.148f。

4 当然，从心理学上讲，原始的超自然力量这个观念要古老得多，但是我们在这里讲的是科学的概念。"硫＝灵魂"这个等式仍然包含着原始的超自然力量理论的踪迹。在更早些时候，超自然力量的特点被误解为万物有灵论。

I. 四种元素

引自迈克尔·迈尔,《化学源考》(1687)

395 炼金术士们描画了其轮廓的这种燃素理论并没有走那么远,但其所指的方向却是准确无误的。另外,能量理论可能由此建构而成的所有的数学和物理元素,在17世纪就已为人们所熟知。能量是一个抽象的概念,这是准确描述物体运动行为所必不可少的。运动中的物体同样也必须借助于空间—时间的坐标系才能得到理解。无论运动是在哪里发动的,都要借助于时空四元数才能做到,这个四元数要么通过玛利亚法则3+1来表达,要么通过一倍半的比例3∶4来表达。因此,这个四元数可以取代四种元素组成的那个四元数,在那里单元与时间坐标相对应,或者取代炼金术系列元素中的第四个,其特点是,一个元素通常都有一个异常的位置，就像火或土一样。[1]

396 四元数中诸因素之一的这种异常位置，也可以用其双重性质来表达。例如，天堂的四条河流中的第四条，即幼发拉底河，表示食物由此进入，祷告由此说出的嘴，因而既是河流也是逻各斯。在摩西四元数中，摩西的妻子发挥着双重作用，她既是西波拉，也是那个埃塞俄比亚女人。如果我们用迈尔四种元素的神圣等同物来建构一个四位一体——阿波罗、露娜、墨丘利、伏尔甘——我们就会得到一个具有兄弟姐妹关系的婚姻四元数：

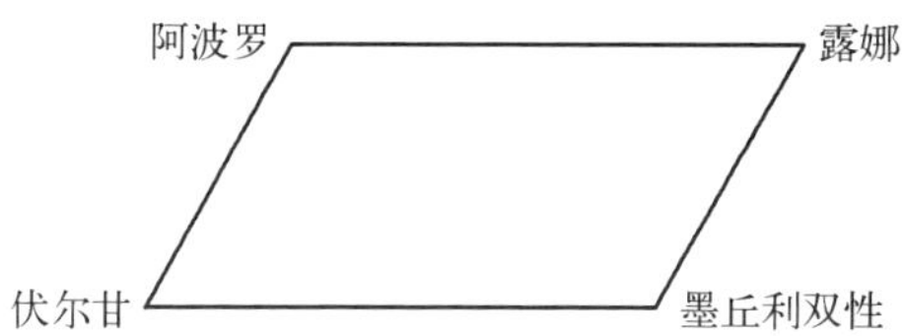

在炼金术中，墨丘利既是男性也是女性，而且还经常以处女的形象出现。这种特点（3+1，或3∶4）在时空四元数中也是显而易见的：

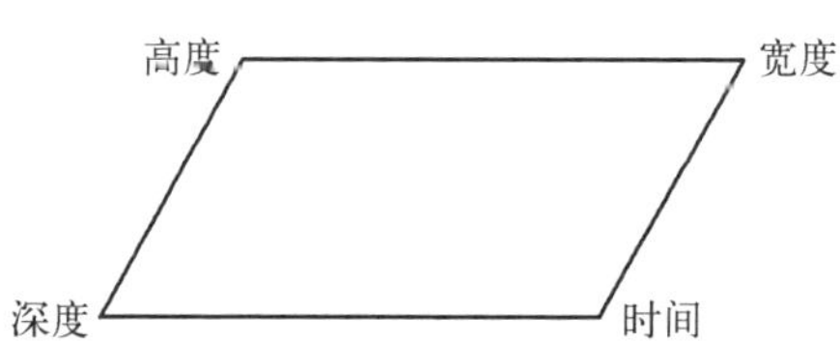

1　火有精神，其他元素则是质料；土不会移动，其他元素会移动。

397 如果我们从空间三维的观点来看待这个四元数，那么我们就可以把时间想象为第四维。但是，如果我们根据时间的三种性质——过去、现在、未来——来看待它，那么，我们就必须把状态改变在其中发生的静态空间作为第四个术语加进去。在这两种情况下，四都代表一个不可通约的他者，这是它们之间相互决定所必需的。因此，我们是用时间来测量空间，用空间来测量时间。在诺斯替教的四位一体中，他者即第四维，就相当于那个火神，"数字四"就相当于摩西的双重妻子（西波拉和埃塞俄比亚女人），相当于双重的幼发拉底河（河流和逻各斯），相当于炼金术的元素四元数中的火[1]，相当于迈尔的诸神四元数中的墨丘利双性，以及"基督教四位一体"中的墨丘利双性——如果这种表述允许的话[2]——相当于玛利亚或魔鬼。这两个无法相容的人物在炼金术的墨丘利双性中统一起来了。[3]

1 伯麦把"自然之火"称为"第四种形式"。Cf. "Tabula principiorum," *De signatura rerum*（1682），p.279.

2 萨贝利乌斯关于史前单孢体的学说（2世纪初），"沉默而无为的上帝"及其三个侧面（表现方式），需要作进一步的研究，因为它把一个四面体的神的最初开端遗留给了后代。因此，弗洛拉的约阿希姆对皮特·伦巴都作了如下谴责："正如他（皮特）在其《句法书》中所说，因为某个至高无上的神是圣父、圣子和圣灵，它既不会生育，也不是被生出来的，以后也不会这样。约阿希姆据此宣称，伦巴都认为上帝不是三位一体，而是四位一体，就是说，有三个是人，而那个共同的事物就是第四个。"（Fourth Lateran Council, 1215, Decrees, cap. 2; Denzinger and Bannwart, *Enchiridion*, p.190）Cf. "A Psychological Approach to the Dogma of the Trinity," pars.243ff.

3 Cf. "The Spirit Mercurius."

398 时空四元数是理解物理世界的原型要素——其实就是理解它的根本可能性。它是心理的四位一体中最出类拔萃的组织图式。就其结构而言，它与心理学的功能图式相对应。[1]这种3∶1的比例经常在梦中和在自发的曼荼罗绘画中出现。

399 这个四位一体的图式把一个图安排在另一个图之上，同时伴随着上升和下降的观念，与这个图式相类似的一个现代图式，可以在我撰写的关于曼荼罗图画那篇论文的例证中找到。[2]同样的观点也出现在作过较长描述的图画中以及在探讨那些形成了"节点"震动的图画中。[3]这些节点中的每一个都表示一种突出的人格，在第一个案例的图画中也同样有这种描述。一个类似的主题完全可以构成这里添加上的（图II）三位一体表征的基础，它引自弗洛拉的约阿希姆的一篇论文手稿。[4]

400 最后，我想要提一下在《克莱门汀布道》中关于创世的独特理论。在上帝那里，普纽玛（灵魂）和索玛（身体）是一体。对它们进行分离时，普纽玛以儿子和"未来永世的执政官"的身份出现，而实际上是物质或质料的索玛则一分为四，分别与

1 三种相对分化的功能和意志未分化的"劣势的"功能。Cf. *Psychological Types*; Jacobi, *The Psychology of C.G. Jung*.

2 See, in Part I of vol.9, "A Study in the Process of Individuation," fig. 2.

3 See, in Part I of vol.9, "A Study in the Process of Individuation," fig.3.

4 Zurich Central Library, Graphics Collection, B X 606.

四种元素相对应（这四种元素在启蒙中必然会受到人们郑重其事的祈求）。魔鬼，即“这种永世的执政官”，和这个世界的精神就是从这四个部分的混合中产生出来的。索玛已经变成精神化的了：“上帝既通过圣子也通过魔鬼来统治这个世界，因为这两者均在他的掌握之中。”[1]上帝以合冲（成对的对立物）的形式在世界上把自己展现出来，例如天/地、日/夜、男/女等。最初系列中的最后一个术语是亚当/夏娃的会合。紧跟在这个分裂过程最后的就是回到开端，即通过纯化和湮灭而达到宇宙的完满。[2]

401 了解炼金术的人几乎不可避免地会因克莱门特的理论与炼金术士的基本概念的这种相似性而感到震惊，如果我们不考虑其道德方面的话。这样我们就产生了这两个“敌对的兄弟”——基督和魔鬼，在犹太基督教传统中他们被视为兄弟；把四部分组成的东西分成四个部分或元素；成对的对立物及其最高的统一体；把哲人石和墨丘利与基督相提并论，而且由于蛇或龙的象征作用，还要把哲人石和墨丘利比作魔鬼；最后，墨丘利双性和哲人石这个人物，他把对立物在其本身之中不可分割地统一起来。

---

1 Harnack, *Dogmengeschichte*, I, p.334.

2 *Realencyklopädie für Protestantische Theologie und Kirche*, Hauck ed., IV, pp.173ff.

II. 三位一体
引自弗洛拉的约阿希姆的一部手稿

* * *

402 如果我们回溯以下我们的论点所走过的历程，我们从一开始就看到了两个诺斯替教的四位一体，其中一个是超越人之上的，而另一个则位于人之下，意即“积极的摩西”，或原人四元数和伊甸园四元数。[1]希波吕托斯恰好提到过这两个四位一

1 为了避免误解，我要强调一下，这里所使用的“乐园”并不是在隐喻意义上使用的，不是作为“未来的天堂”或上帝的住所，而是在大地的伊甸园这个意义上使用的。

体，这很可能并非巧合，或者说，纳塞内派只知道这些，因为在他们的体系中，人的地位与更高级亚当有密切联系，但与有着植物和动物的冥界，即伊甸园分离开来。只有通过他的阴影，他才能与蛇建立某种具有双重意义的关系。这种情境完全符合诺斯替教时代和早期基督教时代的特点。在那些时代，人非常近似于一个“没有君主的（即独立的）物种”，也就是近似于上位的四位一体，即天国，是向上仰视的。但是，从上面开始的一切却不会再往更高处上升了，而是以向下作为终点目标。因此，我们觉得只好用一个阴影四元数使纳塞内派的更低级亚当保持对称，因为，正是由于他不可能直接上升到更高级亚当那里——因为中间有一个摩西四元数——因此我们不得不假设有一个与上位的四位一体相对应的下位的、阴影的四位一体，位于他和下位原则即蛇之间。这种操作安排在诺斯替教时代显然不为人们所知，因为这种不对称的上升倾向不会对任何人造成干扰，而是相反，是人们竭力追求的事情，而且是“在节目单上安排好的”。因此，如果我们在人和蛇之间插入一个在文本中没有提到的四位一体，我们之所以这样做，是因为我们再也想象不到会有一个精神心理，它是完全朝上的，还没有被更低级的人类那同样强烈的意识所平衡。这是一种特别现代的事态，而且在诺斯替教的思想脉络中，是一种非常令人厌恶的时代错误，它把人放在那个意识领域的中心，而人在那里以前并未有意识地存在过。只有通过基督，他才能真实地看到在上帝和俗世之间其协调作用的这种意识，通过把基督这个人作为他效忠的对象，他才逐渐获得了基督作为协调者的位置。通过被钉死在十字架上位于两个小偷之间的基督，人才逐渐获得了关于其阴影及其双重性的知识。这种双重性已经通过蛇的双重意义而被预见到了。正如蛇既代表治愈的力量也代表败朽的力量一样，因此其中一个小偷注定是要上升的，而另一个则要下降，因此同样地，阴影一方面是令人遗憾的和应受谴责的弱点，另一方面则是健康的本能性和更高级意识的前提条件。

403 因此，只有当作为协调者的人的地位变得足够真实，使他觉得他对自己及其存在的意识比他对上帝的依赖和受上帝支配还要强烈的时候，使人的这种地位保持平衡的阴影四元数才会降落到位。因此，如果我们通过增加其对立面来补充具有早期基督教和诺斯替教之心理特点的那种向上的精神心态，那么这就会与历史发展的路线相一致。人对精神领域的这种原始依赖，就像孩子依恋母亲一样，受到了撒旦王国的威胁。这个具有普纽玛精神的人是被救世主从他身上传递下来的，人打破了地狱之门并且欺骗了那些执政官；但是他也在完全相同的程度上被束缚在天国之中。一道深渊把他与邪恶分离开。这种态度因为对基督重临的直接期待而得到强有力的加强。但是，当基督没有再次出现时，就只能预期会出现退行。当这么大的希望破灭，这么大的期待没有得到满足时，此时力比多就必然会流回到人的内心之中，通过强调人的个人心理过程来提升他对自己的意识；换句话说，他逐渐移动到他的意识领域的核心之中。这就会导致与精神领域的分离，开始向阴影领域迈进。人的道德意识因而得到加强，而且作为与此相类似的东西，他的救赎感就变得相对不太重要了。教会为了对现实的涌入施加限制，不得不提升其仪式的重要性和力量。她（教会）不可避免地以这种方式成为“这个世界的王国”。从原人向阴影四元数的转换例证了一个历史的发展，这种发展在11世纪导致了对邪恶原则是世界创造者的普遍认可。

404 蛇及其冥府智慧形成了这出伟大戏剧的转折点。随后出现的拥有哲人石的伊甸园四元数把我们带到了自然科学的开端（罗杰·培根、大阿尔贝图斯和炼金术士），其主要倾向与这种精神倾向的差别并不是180度，而只是90度——就是说，它与教会的精神态度相抵触，与其说这是信仰的一种矛盾，倒不如说是信仰的一种尴尬。

405 这条路线从哲人石，即从炼金术，直接导向炼金术聚集阶段的四元数，我们已经知道，这个四元数最终是建立在时空四元数基础上的。后者进入了原型四位一体的范畴，就像这些四位一体一样，证明是对心理从运动中的身体上感知到的感觉印象进行组织所必不可少的原则。时间和空间构成了一个心理的先在，是获得心理过程知识完全不可缺少的原型四位一体的一个方面。

406 这一系列过程以圆形这个概念作为终结，或者以与四位一体的固定性质相反的旋转这个概念作为终结，正如我们已经说过的，旋转已经证明对理解现实是至关重要的。与这种发展相联系的科学唯物主义的兴起，一方面看起来是一种逻辑的后果，另一方面则是对物质的神化。从心理学上讲，后者是建立在下述事实基础上的，这个圆形与原人的原型是一致的。

407　咬尾蛇之环以这种洞见而宣告结束，大自然的环形作品的象征以及这门"艺术"的象征也以此而告终。

七

408　我们的这一系列四元数也可以用等式的形式来表达，其中A代表初始状态（在这个例子中是指原人），$A1$指终结状态[1]，B、C、D指中间状态。由此分裂而来的各种形式在每一种情况下都以那些小写字母a、b、c、d作为符号。关于这个公式的结构，我们必须牢记在心，我们关心的是同一种物质的持续转换过程。这种物质及其相关的转换状态必将产生与其相似的东西；所以A将产生a，B将产生b；同样的，b也会产生B，c也会产生C。我们还可以假定，a后面紧跟着b，而且这个公式是从左向右排列的。这些假设在心理学的公式中是合理的。

1　因此，在后面的那些公式图中，A和$A1$是一致的。——英编注

409 诚然，这个公式不可能呈线性排列，而是呈环形排列的，由于这个原因它会向右移动。A产生其相似物a。这个过程通过接触而从a走向b，反过来又产生了B。这个转换过程随着太阳向右转，就是说，它是一个成为意识的过程，这已经通过每次都把A、B、C、D分裂成四种性质上不连续的单元而得到了证明。[1]我们今天的科学理解并不是建立在四位一体基础上，而是建立在一个原则的三位一体基础上（空间、时间、因果）。[2]但是，我们在这里进入的并不是现代科学思维的领域，而是古典的中世纪世界观的领域，直到莱布尼茨时代才承认了这个一致性原则，并对其天真而又轻率地加以应用。为了给我们关于A的判断——这是由a、b、c所表达的——赋予整体性特点，我们就必须用一致性原则，或者，如我已经称谓的共时性原则来补充我们这种以时间为条件的思维。[3]这样做的理由就是，我们对大自然的描述在某些方面是不完善的，因而把某些可以观察到的事实排除在我们的理解之外，或者用一种不合理的方式加以阐述，例如，在“没有原因的结果”这种悖论中。[4]我们的诺斯替教的四位一体是无意识的一种天真的产物，因而代表一种可以与四种定向的意识功能建立联系的心理事实；因为，正如我已

1 与人们经常提到过的物种差异相对应。

2 我没有考虑现代物理学的时空连续统一体。

3 Cf. “Synchronicity: An Acausal Connecting Principle.”

4 Jeans, *Physics and Philosophy*, pp.127, 151.——英编注

经说过的，这个过程向右移动表示意识的辨别[1]，因此是对构成意识过程之本质的四种功能的应用。

410 整个的环必然会回到其开端，而且这是当D——在接触点上，这种状态从A处做了最大的移动——通过某种物极必反而变成a_3时才这样做的。于是我们就有了下面这幅画：

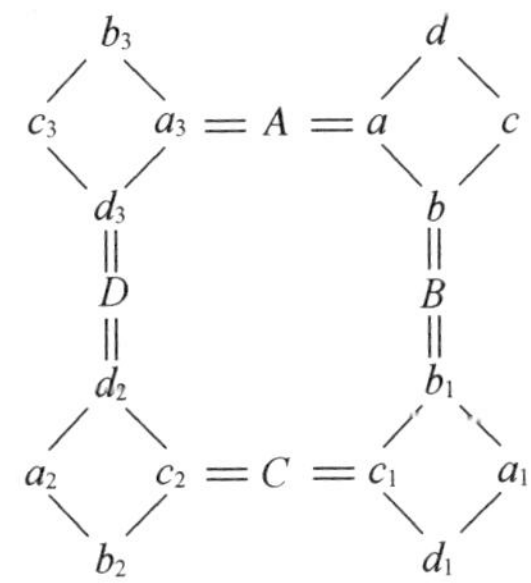

这个公式确切地再现了转换的象征过程的基本特点。它表示曼荼罗的旋转[2]，补充（或补偿）过程的对立作用，然后是复原，即回到原始的整体性状态，炼金术士们是通过咬尾蛇的象征来表达的，最后这个公式重复了古代炼金术的四聚体[3]，它隐含于统一体的四重结构：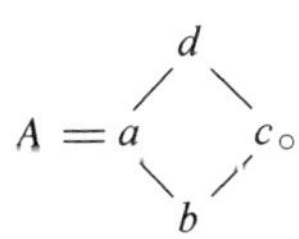。但是，这个公式所能暗示的

1 直接原因就是我们写字是向右移动的。可以说右边是被意识理性支配的：在所有的意义上说，右边就是“正确的”。左边是心脏、情绪这一边，在那里人是受无意识影响的。

2 Cf. “On Mandala Symbolism,” figs.19, 21, 37, 60.

3 Cf. *Psychology and Alchemy*, pars.189, 209f.

东西，只能是通过转换和整合过程而达到的那个更高级的平台。这种“升华”或过程或性质改变，就存在于分四次把整体性展现为它的四个部分，这句话的意思无非是指它成为有意识的了。当心理内容被分裂成四个方面时，意思是说，它们受到四种起定向作用的意识功能的歧视。只有这四个方面全都产生了，才有可能作出完整的描述。我们的公式所描述的这个过程，把原本无意识的整体性变成了意识过程。原人A通过其阴影B从上天降落到自然界C(=蛇)，通过一种把混沌还原为秩序的结晶化过程D(=哲人石)，再次上升到原初状态，这同时也意味着从无意识状态转变为意识状态。意识和理解源自歧视，就是说通过综合之后的分析(分解)，正如炼金术的名言以象征的术语所说明的那样:“分解和凝结”。这种一致性是通过字母a，a_1，a_2，a_3等的同一性来表征的。就是说，我们一直应对的是同一个因素，在这个公式中它只是改变了其位置，而从心理学上讲其名称和性质也都改变了。与此同时，这种位置的变化必然是事情做过头之后的补偿性变化，与作为一个整体的精神的补充或补偿性变化相对应。《易经》中卦象的变化正是以这种方式才被中国古典的注释者们所理解的。每一种原型的安排都有它自己的圣秘性，这从给它们起的那些名字中就显而易见。因此，a之于d就是那个“无君主的物种”，a_1之于d_1就是“阴影四元数”，这很令人烦恼，因为它代表的是完全人性化的人(尼采的“最丑陋的男人”)[1]，a_2之于d_2就是自说自话的“伊甸园”，而最后a_3之于d_3就是物质世界，以唯物主义的形式表现出来的其圣秘性，威胁要阻碍我们这个世界的发展。在过去两千多年的人类心灵史中，这些究竟与什么样的变化相对应，我几乎无须详尽地阐明。

411 这个公式展现了一个自性的象征，因为自性不只是一种静态的量和不变的形式，也是一个动态的过程。古人也以同样的方式并非把人心中天主的意象仅仅看作一种印刻，看作一种没有生命的、刻板印象，而是一种积极的力量。这四种转换代表一种恢复过程，或者也可以说是在自性内部发生的复原过程，可以和太阳中的碳与氮的循环相比拟，此时碳原子核捕捉住四个质子(其中的两个立即就变成了中子)，而且在这个循环结束时以阿尔法粒子的形式把它们释放出来。碳原子核自身从这种反应中出来并没有任何变化，“就像凤凰从灰烬中飞出来一样”[2]。存在的奥秘，即原子及其成分的存在，可能完全存在于某种不断重复的复原过程之中，在试图阐明原型的圣秘性时，人们也会得出类似的结论。

412 我已经完全意识到这种比较的极端假设的性质，但是我相信，即使冒着被表面现象欺骗的危险来考虑这些反思也是很恰

1 Cf. *Thus Spake Zarathustra*, Common trans., pp.303ff.——英编注

2 Gamow, *Atomic Energy*, p.72.

当的。核子物理学和无意识心理学迟早会更紧密地结合在一起，因为它们双方会各自相互独立地并从相反的方向向前推进到超越的领域，一个带着原子的概念，另一个带着原型的概念。

413 与物理学的这种类比并非离题太远，因为象征图本身就代表下降到物质之中，并且要求外部与内部相统一。精神不可能与物质完全不同，否则它怎么可能使物质移动呢？物质也不可能远离精神，否则物质怎么可能产生精神呢？精神和物质共存于同一个世界之中，每一方都带有另一方，否则任何互惠的行动都不可能产生。因此，如果研究能够进展到足够深远的程度，我们就会在物理概念和心理概念之间达成某种最终的一致。我们现在的尝试可能比较大胆，但我相信它们走的路是正确的。例如，数学已经不止一次地证明，它那超越了经验的纯逻辑结构后来与事物的行为是一致的。就像我称之为共时性的事件一样，这指的是所有存在形式之间一种深刻的和谐。

414 既然类比这种形式是一种在很大程度上支配精神生活的法则，我们完全可以公平地推测，我们的——从表面看来——纯粹推测的结构并不是一种新的发明，而是在早期思想水平上就有所预兆。一般地说，这些结构可以在神秘转换过程的许多阶段找到，以及在对这些奥秘产生不同程度的启蒙时发现。我们也可以在古典的和基督教的三分法当中找到它们，这种三分法由灵魂、精神和物质组成。这方面一种最全面的尝试就是

《柏拉图四部曲》中的十六张图。在《心理学与炼金术》中我已经详细探讨过这一点，因此在这里我仅限于阐述几种基本观点。图式化和类比构成是从四条主要原则开始的：1. 自然的产品，2. 水，3. 复合的性质，4. 感觉。这四个出发点中的每一个都有三个转换阶段，他们和第一个阶段一起构成总共十六个部分。但是，除了每一条原则都有这种四重水平的划分之外，每一个阶段在其垂直系列中也有相对应的东西。

415 炼金术产品的各个方面，也和占星术及所谓降神术有密切联系。从人们对一些有意义数字的使用和人们所熟悉的精神符咒或魔法的使用，这一点可以清晰可见。同样的，年代久远的泥土占卜术[1]是建立在由十六部分组成的图形基础上的：有四个核心人物（由低级审判员或高级审判员、审判员和两个公证人组成），四个后人（孙子）、四个儿子、四个母亲。（这个系列是从左至右书写的。）这些人物都被安排在占星学星座图中，但是那个中心在天宫图中却是空的，这个中心被一个含有这四个核心人物的方形所取代。

416 亚塔那斯·基歇尔[2]制作了一个在这一方面值得一提的四位一体系统：

---

1 Fludd, "De animae intelleetualis scieutia seu Geomantia," *Fasciculus geomanticus* (1687), pp.35f.

2 *Arithmologia, sive De abditis numerorum mysteriis* (1665), pp.260ff. 我要感谢 M.-L.冯·弗朗茨博士提醒我注意这本书。

I. 太一 = 第一个单子 = 上帝 = 万物之根 = 最简单的理解 = 神圣的本质 = 神圣典范

II. 第二个单子 = 第十 = 双重性 = 精神世界 = 天使的智识 = 太一和他者的构成 = 即从对立的方面

III. 第三个单子 = 第一百 = 灵魂 = 智识

IV. 第四个单子 = 第一千 = 所有具体事物 = 身体 = 实体的最终和具体展现

417 基歇尔评论说，虽然感觉只对身体产生影响，但前面的三个统一体却是理解的对象。所以，如果一个人想要理解感觉所感知到的东西，只有通过心灵才能做到。"因此，感觉所感知到的一切，必须被提升到理性或智识或绝对统一体。当我们以这种方式把绝对统一体从所有可以感知到的、理性的或智识的多样性带回到无限简单之时，就再也无话可说了，此时那块石头也不再是一块石头，因为所有的一切都是最简单的统一体。甚至正是因为那块具体而又有理性的石头的绝对统一体才把上帝作为一个典范，其智识统一体也同样是智识。你可以从这些统一体中看到，起感知作用的感觉是怎样回到理性，理性是怎样回到智识，智识是怎样回到上帝，在那里用一个完美的循环就可以发现开端和圆满。"[1]

1 *Arithmologia, sive De abditis numerorum mysteriis*（1665）, p.266.

418 基歇尔的这个系统显示了与我们这一系列四元数的密切关系。所以，第二个单子是一个由对立物组成的双重性，与由于路西法的堕落而被分离开的天使的世界相对应。另一个重要的类比就是，基歇尔把他的图形想象为一个由上帝作为第一动因而发动的圆形，然后自行展开，但又通过人类的理解活动而被带回到上帝那里，这样终点就再次回到了起点。(基歇尔竟然选择把哲人石作为一个具有分离性质的榜样，根据炼金术的观点这是相当显而易见的，因为哲人石就是包含着上帝或隐藏在物质中的上帝的一部分的那个神秘物质。)这也是对我们的公式的一种类比。炼金术士们喜欢把他们的产品画成一个环形过程，一个循环的蒸馏过程，或者画成那条咬尾蛇，那条咬自己尾巴的蛇，而且他们画了无数关于这个过程的绘画。正如哲人石这个核心观念明确代表自性一样，具有无数象征的炼金过程也例证了自性化过程，例证了自性从无意识状态向意识状态的一步一步的发展过程。这就是为什么在这个过程的自始至终都有一个作为原初物质的哲人石的原因。[1]根据迈克尔·迈尔的观点，自性的另一个同义词金子，是来自太阳循环的产物。这个循环就是“回到自身的那条线(就像蛇用它的头咬住自己的尾巴一样)，在那里或许可以看见那个永恒的画家和陶工，

1 *Psychology and Alchemy*, pp.306n.,309, etc.

即上帝"[1]。在这个循环中，自然"把四种性质相互联系在一起，而且画了一个等边的正方形，因为相反的东西是被相反的东西绑定的，敌人是被敌人绑定的，用的是同样永恒的枷锁"。迈尔把这个圆形变成方形的过程与"人体方圆几何图"，即四方形的人相比拟，这个四方形的人任尔东西南北风，"始终依然故我"[2]。他称之为"金色的房子、一分为二的圆圈、四个角的方阵、壁垒、城墙、四边战线"[3]。这个循环是一个由对立物的统一组成的魔圈，"不受任何伤害的影响"。

419 独立于西方传统之外，在中国的炼丹术中也可以找到关于这个循环过程的相同观念："回光则天地阴阳之气无不凝。"《太乙金华宗旨》这本书这样说。[4]

420 那种帮助循环过程的环形装置，早在奥林匹奥多罗斯那里就已经提到过。[5]多恩所持的观点是，"物理化学的循环运动"来自土，即最低级的元素。因为火是从土中产生的，把精炼的矿物和水转换成为气，气上升到天国，在那里凝结然后再降落下来。但是在它们上升过程中，那些挥发的元素"从高天星辰中取到男性的种子，把它们带到下界的母体，即元素之中，以便

1 *De circulo physico quadrato*, p.16.

2 Ibid., p.17.

3 Ibid., p.19.

4 Wilhelm, *The Seeret of the Golden Flower*, p.34.

5 Berthelot, *Alch. grecs*, II, iv, 44.

用炼金术的方法使它们受孕”。这就是“循环蒸馏”[1]，路佩西撒说这个过程一定要重复一千次。[2]

421　关于上升和下降的基本观念可以在《翠玉录》中找到，那些转换的阶段已经被反复描述过了，主要是在《瑞普利卷轴》及与其有关的书中描述的，应当把它们理解为想要以图画的形式理解无意识的自性化过程的非直接尝试。

1 “Physica genesis,” *Theatr. chem.*, I, p.391.

2 *La Vertu et la propriété de la quinte essence*, p.26.

第十五章

结 论

422 在本书中，我已尝试对原型的各个方面进行详尽阐释和放大，这对现代人理解自性原型是至关重要的。通过介绍，我对在任何心理治疗过程中表现出来的那些概念和原型做了描述，这种治疗过程具有非常深刻的穿透力。其中第一个原型就是阴影，那种隐藏着的、被压抑的，大部分是卑劣的和充满负罪感的人格，其最终的后果是要返回到我们的动物祖先的王国，因而包含着无意识的所有历史方面。通过对阴影以及包含在其中的那些过程的分析，我们发现了阿尼玛和阿尼姆斯这一对组合。表面看来，阴影是被无意识心灵投射的，就像身后留下的身体的阴影一样，阴影就是光的丧失。因此，在这种表面的观点看来，有其道德卑劣性的心理阴影也可以被看作善的缺失。但是，更仔细地观察就可以证明，它只不过是把那些有影响的和自主的因素隐藏起来的一种阴暗，这些因素可以自行区分开来，意即阿尼玛和阿尼姆斯。当我们对它们进行全面观察时——就像女人身上那种可怕的、盲目地难以控制的、武断的恶魔一样，就像男人身上那种迷人的、占有的、情绪化的、富有情感魅力的女人一样——我们开始怀疑，是否无意识只能是非真实存在的意识的彗星之尾，是否只能是光和善的缺失。

423 如果迄今为止人们已经相信，人类的阴影乃是万恶之源，现在经过更仔细的研究就可以确定，具有无意识的人，也就是他的阴影，并非只是由那些应在道德上受到谴责的倾向所组成，而且也表现出一些善良的品质，例如正常的本能、适当的反应、现实化的顿悟、创造性冲动等。在这个理解层次上，邪恶看起来更多的是对那些自然表现出来的事实的扭曲、变形、误解和误用。这些歪曲和讽刺漫画现在看起来就是阿尼玛和阿尼姆斯的一些特殊效应，后者才是邪恶的真实作者。但是，我们不可能停留在这种认识水平上，因为其结果是，所有的原型都会自发地产生喜欢的和不喜欢的、光明的和黑暗的、善和恶的效应。归根结底我们不得不承认，自性是一个对立物复合体，这恰恰是因为，若没有两极性就不可能有现实性。我们一定不要忽略这个事实，对立物只是在人类的努力和行动领域中才获得其道德提升的，我们无法对那些可能被认为是普遍有效的善和恶下定义。换句话说，我们并不知道其中有什么样的善和恶。因而必定会作出假设认为，它们是从人类的意识需要中产生出来的，正是因为这个原因，它们在人类领域之外才失去了其效用。这就是说，作为形而上学实体的善与恶的原质是不被许可的，因为它会剥夺这些术语的意义。如果我们把上帝所做的一切或所允许的一切称为“善”，那么，邪恶也是善的，而且“善”就会变得毫无意义了。但是，遭受的痛苦，无论是基督受难还是世界遭受的痛苦，却依然如故。愚蠢、罪恶、疾病、老年和死亡仍继续形成那层黑暗的锡箔，它抵消了生命的快乐辉煌。

424 对阿尼玛和阿尼姆斯的再认识是一种独特的经验，这种经验似乎在大多数情况下，或者至少主要是由心理治疗师来保留的。但是，任何一个稍有一些美文学（那些被视为美术门类之一的文学，如小说、诗歌和散文等）知识的人，都会毫不费力地形成一幅关于阿尼玛的图画；她是小说家们，尤其是莱茵河以西的小说家们特别喜爱的主题。[1]对梦进行仔细的研究也就不一定必要了。对女人的阿尼姆斯进行再认也并非那么容易，因为他的名字是军团。但是，任何一个能够忍受其伙伴之敌意而又不受其影响的人，以及与此同时还能对其进行批判性考察的人，都禁不住会发现它们被占有了。然而，更有利和更重要的，是使一个人自己的心境及其对自己人格不断变化的影响经

1 在瑞士文学中最著名的例子就是斯皮特勒的《意象》（*Imago*）。在英国文学中或许就是赖德·哈格德的《她》（*She*）。——英编注

受最严格的考验。知道别人在什么地方犯了错误并没有什么价值。当你知道了你在哪里犯了错误时，事情才会变得有趣起来，因为这时你才能为此做点什么。我们能够在别人身上获得改进的东西，作为一条规则其用途是值得怀疑的，即便它确实有什么效用的话。

425 虽然我们从一开始遇到的人多数阿尼玛和阿尼姆斯是以其负面的和不受欢迎的形式表现出来的，但它们远非只是一种坏的精神类别。如我们所说，它们也同样具有正向的方面。由于它们那种超自然的暗示力量，它们从古时候起就形成了所有男性和女性之神性的原型基础，因而引起了人们的特别注意，首先是心理学家，但也引起了一些有思想的外行人的关注。作为内在的精神，阿尼玛和阿尼姆斯时而做好事，时而做坏事。它们的对立面就是性别的对立面。因此，它们代表一对最高级的对立物，并非毫无希望地被逻辑矛盾所区分，而是由于它们之间的相互吸引力而有望获得同意，而且实际上也使之成为可能。这种对立物的精合以"化学婚礼"的形式引起了炼金术士们的深思，以迪弗莱特和马尔丘特或上帝和神的形式[1]引起了犹太教神秘哲学家的深思，更不要提羔羊的婚姻了。

426 由炼金术的对立物统一而产生的这种双重存在，即同体者或哲人石，在文学作品中如此鲜明地标记出来，以致我们毫无

1 Hurwitz, "Archetypische Motive in der chassidischen Mystik," ch. VI.

困难地就能把它作为一种自性的象征而识别出来。从心理学上讲，自性是意识（男性）和无意识（女性）的统一。它代表着精神的完整性。如果这样解释的话，它就是一个心理学概念。然而，从经验上讲，自性是以独特象征的形式自发出现的，其完整性首先是可以在曼荼罗及其无数的变式中辨别出来的。在历史上，这些象征已经作为上帝意象得到了验证。

427 阿尼玛和阿尼姆斯阶段与多神论有关，而自性则与一神论有关。[1]这种自然的原型象征描述的是一种包含光明和黑暗在内的完整性，在某些方面与基督教是相矛盾的，但与犹太教或崇拜耶和华的宗教观点并不矛盾，或者只是在相对较小的程度上有点矛盾。后者似乎更接近于自然本性，因而是对直接经验的一种更好的反映。但是，基督教的异教创始人却试图围绕着摩尼教二元论的观点转动，这对早期教会是一个巨大的危险，他们以某种方式认识了这种自然的象征，而且对基督来说，在这些象征之中有一些非常重要的象征，他认为这些象征与魔鬼是相同的，尽管这对教义并没有什么影响。

428 迄今为止，想要发现自性之适当的象征表达方式的最富有成果的尝试是诺斯替教派的信徒们进行的。他们中的大多数——例如，瓦伦提尼安和巴西里德——实际上都是神学家，和那些较正统的神学家不同，他们允许自己在很大程度上受到

1 Cf. Amy I. Allenby, *A Psychological Study of the Origins of Monotheism*.

自然的内在经验的影响。因此，他们和炼金术士们一样，是一个真正的信息矿，里面装载着从基督教信息的影响中所产生的所有那些自然的象征。与此同时，他们的观点可以补偿由于善的缺失这个学说所假设的上帝的不对称，就像那些众所周知的现代无意识倾向为了在意识和无意识的沟壑上搭建桥梁而产生了整体性象征一样，这就危险地扩大了那种普遍的迷失方向感。

429 我已清楚地认识，这项远未完成的工作只不过是一种概述，表明了当我们从心理学经验的立场来观察时，某些基督教的观点看上去是怎样的。既然我主要关心的是想要指出经验发现与我们的传统观点之间的相似和差异之处，对由于时间和语言所导致的悬殊差别进行考虑就被证明是不可避免的了。这在鱼象征的例子中尤为如此。我们不可避免地要在不确定的基础上向这里移动，而且必须不时地求助于某种推测性的假设，或者试探性地重新建构这种脉络关系。诚然，每一位研究者都必须尽可能全面地为他的研究发现提供文件证明，但是，他也应该大胆地提出某种临时性的假设，甚至冒着可能犯错误的危险。不管怎么说，错误是真理的基础，如果一个人不知道某件事情**是**什么，那么他知道了它**不是**什么，那至少也是一种知识的增长。

译名对照表

ablution 洗身礼
Abraham ben Hiyya 亚伯拉罕·本·希亚
Abraham Eleazar 亚伯拉罕·以利亚撒
Abravanel, Isaac ben Judah 伊萨克·本·犹大·阿布拉瓦内尔
Act of God 天意
Ad Autolycum《致奥图莱克书》
Adam 亚当
Adam Scotus 亚当·司各脱
Adonis 阿多尼斯
Adversus Manichaeos《反摩尼教》
Aeon 永世
aeon of the Fishes 双鱼之永世年
Aesculapian 阿斯克勒庇俄斯
Albertus Magnus 阿尔贝图斯·马格纳斯
Albigenses 阿比尔教派
Albumasar 阿尔布马扎
alchemy 炼金术
Amen 阿门
Angelus Silesius 安格鲁斯·西莱西乌斯
anima 阿尼玛
anima mundi 世界灵魂
anima rationalis 理性灵魂
animus 阿尼姆斯
Anthropos 原人
Anthropos Quaternio 原人四元数
Apep 阿佩普
Aphrodite 阿芙洛狄忒
Apocalypse《启示录》
apocatastasis 复原
Apophis-serpent 阿波菲斯蛇
apperception 统觉
aqua abyssi 黑暗之水
aqua doctrinae 教法之水
aqua permanens 永恒之水
Aqua Vitae 生命之水
Aquilo 阿基洛
arcane substance 神秘物质

arcanum 奥秘
Archanthropos 古代人
archetype 原型
archetype of the self 自性原型
Aristotle 亚里士多德
aspersion 洒圣水
Assumptio Mariae 玛利亚升天
Astarte 阿施塔特
astrology 占星术
Atargatis 阿塔加提斯
atman 阿特曼

Babylonian Hera 巴比伦人的赫拉
Babylonian Nun 巴比伦的农
Bacchus 巴克科斯
Balaam 巴兰
Balak 巴勒
Baobo 鲍波
baptism 洗礼
Barbelo 芭碧萝
Basil the Great 圣大巴西勒
Basilides 巴西里德
Basilidians 巴西里德教派
Beghards 贝格教派
Beguins 贫苦兄弟会
Benedictine order 本笃会
Blaise de Vigenere 布莱斯·德·维吉尼亚
blessed God 可称颂之神
Bogomils 鲍格米勒教派
Bouche-Leclercq 布谢—勒克莱尔克
brahman and atman 梵和阿特曼
Brethren of the Free Spirit 自由灵兄弟会
brihadaranyaka upanishad《广林奥义书》
Brother Klaus 克劳斯兄弟

Cabiros 卡比罗斯
Cardan 卡丹
Cardinal 红衣主教
Cathari/Catharists 纯洁派
central column 中心柱
Chaldaeans 迦勒底人
chalice of benediction 祝福的圣杯
Chaos 混沌
cherub 小天使
Cherubinic Wanderer《切鲁比尼克漫游者》
chiliastic 千禧主义
Chymical Wedding 化学婚礼
circular distillation 循环蒸馏
Clementine Homilies《克莱门汀布道》
Clement of Alexandria 亚历山大的克莱门特
Codex Ashburnham《阿什伯纳姆抄本》
Colin Campbell 科林·坎贝尔
completeness 完整性
complex quantity 复数量
Concordantia《天文学和神学的和谐一致》
coniunctio 精合
coniunctio oppositorum 对立物的精合

consensus generalis 普遍共识
Cornarius 科纳利乌斯
corpus mysticum “奥秘之体”
Corybas科律巴斯
Cosmic Ens or Entity 宇宙的有或实体
Cumont, Franz 弗朗茨·居蒙

daimon 邪神
daimonion 守护神
Dardaris 达德里斯
De dea Syria《叙利亚女神》
De divinis nominibus《论天主的名称》
Deesse Raison 理性女神
Deity 神
Demeter 得墨忒耳
demiurge 造物主
Derceto-Atargatis 德塞托—阿塔加提斯
descent and indwelling 降临和内住
deus terrenus 俗世之上主
Dionysius the Areopagite 丢尼修
Diotima 狄奥提玛
divine syzygy 神圣的会合
double nature 二重性
dracontius lapis 龙石
Dragon 德拉贡
Dream of Poliphilo《波利菲洛之梦》
duplex nature 双重性质
Dyophysites 基督二性教派

Ebionites 以便尼派
Echeneis 短鲫
ego 自我
element 元素
Elenchos《诘问法》
Elephantine 大象岛
elevated places 提升之地
Elias 伊莱亚斯
elixir vitae 长生不老药
Empedoclous 恩培多克勒
endosomatic perceptions 体内知觉
Enlightenment 启蒙运动
Enneads《九章集》
Enuma Elish《埃努玛·埃利什》
Epidaurus 埃皮达鲁斯
Epiphanius 伊皮法纽
Eros 厄洛斯
eschatological 末世论的
Euchites 祈祷派
extra-conscious 超意识

feel 感受
feeling-tone 情调
fiery god 火神
filii sapientiae 智者之子
filius macrocosmi 宇宙之子
filius philosophorum 哲人之子
Franz Josef Doelger 弗朗茨·约瑟夫·德尔格

Garnerius 加涅里乌斯
Gayomart 迦约马特
Gerhard Dorn 格哈德·多恩
Gloria mundi “世间的荣耀”

Gnosis 灵知
Gnostics 诺斯替教徒
Golden Flower《金花的秘密》或《太乙金华宗旨》
Gr.Iesous 耶稣

habitus 习性
Hapi 犬首
Heb-Sed festival 赫卜—塞德节
Hecate 赫卡忒
hermaphrodite 雌雄同体
Hermes 赫尔墨斯
Hermetic vessel 密封容器
Heru-ur 哈默迪
Hexaemeron《创世六日》
hieros gamos 圣婚
High Church 高教会派
Hipparchus 希帕克斯
Hippolytus 希波吕托斯
hiranyagarbha 梵天
Histoire des Albigeois et des Vaudois《阿尔比和沃杜瓦的历史》
Hölderlin 荷尔德林
Holy Ghost 圣灵
homo altus 高人
homunculus 矮人
hyacinth 红风信子石

Ibn Ezra 伊本·以斯拉
Ignatius Loyola 依纳爵·罗耀拉
imago Dei 上帝的形象
incarnation 肉身
incommensurable Other 不可通约的他者
individual nature 个性
individuality 个体性
initial psychic situation 原始的心理情境
insight 开悟
intelligentia 智识
Interrogationes maiores Mariae《质询成年玛利亚》
Introductorius in evangelium aeternum《永远的福音导论》
Irenaeus 爱任纽
Ishtar 伊师塔
Isidorus 伊西多

Jah Jahweh Zebaoth 耶和华·雅威·大能者
Jakob Bohme 雅各布·伯麦
James of Sarug 萨鲁格的詹姆斯
Jeremias 耶利米亚
Jethro 叶忒罗
Joachim of Flora 弗洛拉的约阿希姆
Johannine Epistles《约翰书信》
Johannes de Rupescissa 约翰内斯·德·路佩西撒
Johannes Kepler 约翰尼斯·开普勒
John Chrysostom 约翰·克里索斯通
John Collesson 约翰·克莱松
John de Lugio 约翰·德·路基奥
John Dee 约翰·迪伊
Josephus 约瑟夫斯

Joshua ben Nun 约书亚·本·农
Jothor 乔瑟
Justin Martyr 殉道者游斯丁

Karl Meyer卡尔·迈耶
karmic 因果报应
Khunrath 坤拉斯
Koran《古兰经》
Korion in Alexandia 亚历山大的考里昂
Kosmos 宇宙

lapis philosophorum 哲人石
latent state 潜伏状态
legion 军团
Leibniz 莱布尼茨
Liber Sententiarum ex Augustino《论奥古斯丁的四部语录》
Liber dc vera religione《真宗教手册》
Linda Fierz-David 琳达·菲尔茨—大卫
Logos 逻各斯
lower triad 下界三元神
Luciferian 路西法
Luciferian opponent 路西法之敌

Magi 东方三博士
Magnae coniunctiones《最大精合》
Magus Philosophus 哲人玛古斯
Mahomet 穆罕默德
Malchuth 马尔丘特
Mandaeans 曼达派教徒
mandala 曼荼罗
Manichaean dualism 摩尼教的二元论
Manu 摩奴
Marduk 马杜克
Mater Alchimia 阿基米亚母亲
maternal Eros 母亲的厄洛斯
Maya 玛雅
mediator 调停者
Meir ben Isaac 梅尔·本·艾萨克
Meister Eckhart 迈斯特·埃克哈特
Melusina 梅露西娜
Mendicant Order 募缘会
mens 精神
Mephistopheles 靡菲斯特
Mercurius 墨丘利
Messiah ben David 弥赛亚·本·大卫
Messiah ben Joseph 弥赛亚·本·约瑟夫
Mestha 人首
metaphysical 形而上学的
Michael Maier 迈克尔·迈尔
Michaias 米夏埃斯
Michel Nostradamus 米歇尔·诺查丹玛斯
Mighty One 大能者
miraculous draught of fishes 捕鱼神迹
Miriam 米利亚姆
Monad 单子
Monoimos 莫诺伊姆斯
Monophysites 基督一性教派
Morienus Romanus 莫里哀努斯·

罗曼努斯
morphomata 形易学
Moses 摩西
Moses ha-Darshan 摩西・哈达山
Moses Quaternio 摩西四元数
Mysterium Coniunctionis《神秘的精合》
mysterium iniquitatis 罪恶的奥秘

Naas 纳斯
Naassenes 纳塞内派
nekyia 尼克亚
Neoplatonic school Harran 新柏拉图学派
New Testament《新约全书》
Nigidius Figulus 尼吉底乌斯・费古路斯
nigredo 黑化
Nippur 尼普尔
notio 观念
nous 努斯
Novum lumen 新生之光
numinosity 圣秘

Oannes 俄安内
Oehler 厄勒
Ogdoad 八神会
Old Church Slavonic dictionary《古教会斯拉夫语辞典》
Old Testament《旧约全书》
opus circulare 环形作品
Origen 奥利金
Osiris 奥西里斯
other person 他者
Oxyrhynchus 俄克喜林库斯

Paedagogus《指导者》
Pan 潘神
Panarium《药柜》
Pandora《潘多拉》
panspermia 生物发生论
Paradise Quaternio 伊甸园四元数
Passover 逾越节
paternal Logos 父亲的逻各斯
Pb aeris 空气之铅
Pectorios 佩克托里奥斯
Peratic 派拉迪克
perceive 感知
perfection 完美
Persephone 珀尔塞福涅
Peter's missionary activity 福传活动
Phaedrus《斐德罗篇》
Philalethes 非拉利西斯
phlogiston theory 燃素说
Physis 弗西斯
Picinellus 皮西尼乌斯
pictorial representation 图形表征
Pierre d'Ailly 皮埃尔・德埃利
Pisces aeon 双鱼座永世
planisphere of Timochares 提莫卡雷斯的星座图
Platonis liber quartorum 柏拉图四部曲
pneuma 普纽玛
Poimandres《赫尔墨斯总集节选》
Poseidon 波塞冬

precession of the equinoxes 岁差
prima materia 原初物质
principium individuationis 自性化原则
Priscillian 普里西利安
privatio boni 善的缺失
projections 投射
Protanthropos 第一人
Protestantism 新教
Proteus 普罗透斯
Protoplast 人类的始祖
psyche 心灵
psychic reality 心理现实
psychopomp 普绪科蓬波斯
psychopompos 冥府使者

Qazvini 卡茨维尼
Qebhsennuf 鹰首
quartile 方照
quaternio 四元数
quaternity 四位一体

Rahath 拉哈斯
rationalistic 理性主义
realism 现实主义
Rebis 同体者
Reitzenstein 赖岑施泰因
Rhabanus Maurus 拉巴努斯・莫鲁斯
Richardus Vitus 理查德斯・维图斯
Riwkah Scharf 里沃卡・沙夫
Roger Bacon 罗杰・培根
Rosinus 罗西努斯

Sabaeans 萨巴人
Sabaoth 萨巴奥特
sal sapientiae 智慧之盐
salvator 救世主
sanctuary 异形庇护所
sapientia 智慧
Sassanids 萨珊王朝
Satan 撒旦
Satanaël 撒旦叶
satori 开悟
Saturn 萨杜恩
Saturnia (植物) 萨图尼亚
Saturninus 萨图尔尼努斯
schemata 图式
self 自性
self-knowledge 自我认识
Sephora 赛弗拉
serpens mercurialis 墨丘利之蛇
Serpent-bearer 蛇夫座
Set 塞特
shadow 阴影
Shadow Quaternio 阴影四元数
Simon Magus 西门・玛古斯
sine qua non 原型要素
Sir George Ripley 乔治・瑞普利爵士
Solomon ben Gabirol 所罗门・本・加比洛尔
Solomon ben Isaac 所罗门・本・艾萨克
Sophia 苏菲亚
Spinning Woman 织女
spiritualis habitus 精神习性

spiritus 精灵
spiritus et anima 精神与灵魂
Spitteler 斯皮特勒
spring-point 荥穴
St.Augustine 圣奥古斯丁
St.Benedict 圣本笃
St.Peter Damian 圣彼得・达弥盎
St.Thomas 圣托马斯
Stoics 斯多葛学派
Subiectum Catholicon 主观万应灵药
Summum Bonum 最高的善
superstitiosos astronomos 天文学迷信
Swedenborg 斯韦登伯格
Syene 西奈
symbolum 信经
synchronicity 共时性
Synesius 西尼西乌斯
synoptic gospels《对观福音书》
Syrian Apocalypse of Baruch《叙利亚的巴录启示录》
syzygies 合朔

Thabit ibn Qurrah 塔比特・伊本・库拉
Tabula smaragdina《翠玉录》
Tacitus 塔西陀
Talmud《塔木德经》
Tanit in Carthage 迦太基的坦尼特
tanninim 坦尼尼姆
tao 道
Tatian 塔蒂安
tebuna 智慧
Tertullian 德尔图良
tetrads 四分体
the Acts of Thomas《托马斯法案》
the air sign Gemini 气宫双子座
the Book of Job《约伯记》
the Chthonic Mother 大母神
the Dominicans 道明会
the ego is assimilated by the self 自我被自性所同化
the fallacy of the enkekalymmenos 恩科卡里梅诺斯谬误
the Franciscans 方济会
the kingdom of God 神的国
the month of Adar 亚达月
the ogdoad 八位一体
the One 太一
the Passion of St.Perpetua《圣蒲柏渡的激情》
the post-Christian spirit 后基督教精神
the Ripley Scroll 瑞普利卷轴
the Second Coming 基督复临
the seventh seal 第七封印
the Song of Solomon《雅歌》
Theodor Bar-Kuni 西奥多・巴尔—库尼
Theologia Germanica《日耳曼神学秘籍》
Theophilus of Antioch 安条克的狄奥菲鲁斯
theoria 静观
Thomas Aquinas 托马斯・阿奎那

Tiamat 提亚马特
Tifereth 迪弗莱特
Tractatus aureus “论黄金”
transconscious 转换意识
Tree of Sephiroth 赛菲罗斯之树
trinity 三位一体
Tuamutef 豺首
Turba philosophorum《哲人汇编》

uroboros 咬尾蛇

Valentinian 瓦伦提尼安
Valentinian syzygies 瓦伦提尼安合朔
Valentinus 瓦伦提尼安教派
value quanta 价值量子
vas 容器
vas naturale 自然的容器
Vedas《吠陀经》
Vedic 吠陀
veritas 真理
Virgo de Virgine 处女的处女
Vishnu 毗湿奴
Vulcan 火神伏尔甘

Waldenses 里昂穷人教派
Wise Old Man 智慧老人

Yahweh 耶和华
Yahwistic law《耶和华法典》
Yehoshua/Yeshua 约书亚

Zipporah 西波拉
Zohar《光明篇》
Zwi Werblowsky 兹维·威尔布罗夫斯基